化学反应工程学

HUAXUE FANYING GONGCHENGXUE

第二版

王安杰　主　编

张守臣　李　翔　副主编

化学工业出版社

·北京·

本书以反应动力学为主线,分析了流动、混合、传递过程等物理因素对反应速率的影响规律。根据各类反应器的结构和操作特点建立其数学模型(操作方程),目标是实现反应器的优化设计和优化操作,提高反应转化率和目标产物选择性。按从均相反应体系到非均相反应体系的顺序,分别分析和研究了理想反应器、非理想流动反应器、气固催化反应器和气液反应器。在此基础上,介绍了近年来出现的新型反应器,如微反应器、超重力反应器、电化学反应器、膜反应器和催化精馏反应器等。

本书可用作高等学校化学工程与技术一级学科本科生和研究生"化学反应工程"和"催化反应工程"课程的教材,也可供生物化工、环境工程和材料工程等其他相关学科师生及有关技术人员参考。

图书在版编目(CIP)数据

化学反应工程学/王安杰主编. —2 版. —北京:
化学工业出版社,2018.10(2024.8 重印)
ISBN 978-7-122-32744-4

Ⅰ.①化… Ⅱ.①王… Ⅲ.①化学反应工程
Ⅳ.①TQ03

中国版本图书馆 CIP 数据核字(2018)第 168491 号

责任编辑:戴燕红   文字编辑:向 东
责任校对:宋 夏   装帧设计:刘丽华

出版发行:化学工业出版社(北京市东城区青年湖南街 13 号 邮政编码 100011)
印   装:北京虎彩文化传播有限公司
787mm×1092mm 1/16 印张 15½ 字数 384 千字 2024 年 8 月北京第 2 版第 3 次印刷

购书咨询:010-64518888   售后服务:010-64518899
网   址:http://www.cip.com.cn
凡购买本书,如有缺损质量问题,本社销售中心负责调换。

定   价:68.00 元

化学反应工程是化学工程与技术一级学科的核心课程之一，主要研究在工业上实现化学反应过程时所面临的工程技术问题。要实现实验室技术的转化和应用，必须研究流动、混合和传递等物理因素对化学反应转化和目标产物选择性的影响规律，消除或减弱物理因素对反应过程的不利影响，避免化工生产中普遍存在的"放大效应"。具体体现在反应器的设计和操作两个方面，即确定最佳设计方案和最佳操作条件。随着材料科学、生物技术、环境技术等领域的迅速发展，反应技术也在这些领域得到广泛应用，本书内容为相关领域的师生和技术人员研究反应器奠定了科学基础。

本书第一版由化学工业出版社于 2005 年出版。本书的修订结合了大连理工大学本科生"反应工程"课程和研究生"反应工程Ⅱ"课程的多年教学实践和心得，融合了周裕之教授编写的《化学反应工程学基础》教材、王安杰教授与周裕之教授合编的《催化反应工程》教材以及王军、张守臣和王立秋编写的《反应工程》的精华，借鉴了日本和美国大学代表性教材，并大量参考了国内已出版的教材和专著。考虑到学时限制和突出重点，本次修订中删去了"聚合反应工程""生化反应工程"和"动力学参数测定方法"三章。为了全面反映新型反应技术及其研究和应用进展，拓展了"反应工程新技术"一章。

本书由王安杰教授主编，张守臣副教授和李翔副教授为副主编。修订中，王安杰编写了第 1、2、5 和 7 章，张守臣编写了第 3 和第 4 章，李翔编写了第 6 和第 8 章，孙志超编写了各章习题并重新绘制了部分插图，李铁夫同学和周学荣同学绘制了部分插图。王安杰审阅了全书。

本书编写过程中参考了国内外许多教材和有关著作，在此向各位作者深表谢意。周裕之教授在大连理工大学《反应工程》课程建设和教材建设方面倾注了大量心血，为本书的编写和出版奠定了坚实的基础。在此，编者向周裕之教授表示由衷的感谢和崇高的敬意。本书再版得到大连理工大学教改基金项目（JC2016031）的资助，在此表示衷心的感谢。

由于编者学识和经验有限，书中错误在所难免，欢迎读者批评指正。有建议和意见欢迎与我们联系，邮箱地址：ajwang@dlut.edu.cn。

编者
2018 年 5 月

目录

1 绪论

化学工业是支撑国民经济发展和关系国计民生的支柱产业之一，化工产品与我们的生产和生活密切相关。工业上，化工产品的生产需要通过一系列单元组成的化工工艺过程实现。一个化工工艺过程的典型流程如图 1-1 所示。

图 1-1　化工产品生产过程

通常情况下，原料在反应前需要分离提纯以满足工艺要求，预处理后的原料在适当的条件下发生化学反应，转化为高附加值的产品，反应后的产物必须经过分离单元实现目标产物与未反应物、溶剂和副产物的有效分离，以满足产品规格和要求。上述分离单元中不发生物质结构变化，为物理过程，属于单元操作范畴。只有反应单元能生产出高附加值产品时整个工艺才具有技术经济性。因此，反应单元是化工工艺的核心，也是实现增值的关键步骤。在一般的化工过程中，反应器及其附属设备的总投资和运行成本只占过程总成本的 10%～25%，但反应器运行的好坏会显著影响分离单元的运行状况和运行成本。因此，反应器设计和操作的好坏在很大程度上决定整个工艺过程的经济性。

在反应器中，物质的结构和性质会连续发生变化，传热和传质过程与反应过程交织在一起，传递过程会影响反应的进程，因而工业反应器呈现出复杂、多样的特点。工业反应器的特性分析和优化是化学反应工程学科的研究内容。在工业反应器中，化学反应速率除了取决于反应本身的动力学特性外，还与许多物理因素如温度、浓度、压力、流体的流动状态、相间传热和传质等密切相关。换句话说，工业反应器中进行的化学反应，其速率受到传递过程和流动状态等物理因素的影响。当这些物理因素影响显著时，工业装置上反应转化率和目标产物选择性会显著低于实验室结果，即出现所谓"放大效应"。化学反应工程就是以化学反应速率为主线，研究传递过程和流动状态等物理因素对反应速率的影响，以趋利避害，优化反应器的设计和操作，其内容可概括为反应动力学和反应器设计与分析两个方面。对于一定的反应物系，反应动力学研究反应物系的化学反应速率与物系温度、浓度和压力之间的定量关系。反应器设计与分析是研究反应器内反应物系的组成、温度和压力等各种因素的变化规律，找出最优工况和最优反应器的型式，以获得最大的经济效益。

化学反应工程的诞生和发展源于化学工业的进步和推动。18～19 世纪，作为化学工业基础的酸和碱的规模化生产标志着化学工业的诞生。20 世纪初至 60～70 年代，化学工业进入大规模生产阶段，合成氨、石油化工、石油炼制、高分子化工和精细化工得到了快速发展。生产规模的大型化对化学反应过程的开发和反应器的设计提出了更高的要求。由于反应过程与分离过程等物理过程的内在联系，早期反应过程的研究与化学工程中的其他过程（如精馏、换热等）一样作为单元操作来处理。比如，将反应过程按化学特征分为加氢、脱氢、磺化、硝化等单元过程。尽管单元操作的概念成功用于处理只含物理变化的化工单元操作，但化学反应过程十分复杂，用单元操作的概念无法解决不同工艺过程大规模连续操作反应器的工程放大问题。

20 世纪初出现的非均相固体催化剂大规模工业应用对反应器的研究提出了新的挑战。1913 年合成氨投入生产，1928 年钒催化剂成功应用于二氧化硫催化氧化，1936 年硅铝催化剂成功应用于粗柴油催化裂化工艺。在研究这些气固催化反应时，研究者发现气固反应中的质量传递和热量传递对反应结果会产生重大影响。在基础研究方面，丹克莱尔（G. Damköhler）和梯尔（E. Thiele）分别对固体催化剂颗粒外的传递过程（外扩散）和孔内扩散过程（内扩散）与化学反应速率的关系进行了系统研究，为化学反应工程学科奠定了基础。20 世纪 50 年代，随着石油化工的兴起，连续操作的大型化工装置日益普遍，而且为了降低能耗提高规模效益，单套装置的生产规模不断增大。在对连续反应过程的研究中，相继提出了返混、停留时间分布、宏观混合、微观混合、反应器的热稳定性和反应器参数的敏感性等重要概念。在上述工业实践和理论研究工作的基础上，1957 年在荷兰阿姆斯特丹召开的一次化学工程学术会议上，与会学者首次使用了化学反应工程（Chemical Reaction Engineering）这一学科名称，并阐明了这一化学工程分支学科的内容和作用，至此化学反应工程学科初步形成。

此后，化学反应工程成为化学工程学科的重要分支，逐步发展并日趋成熟。20 世纪 60 年代石油化学工业的崛起为化学反应工程学的研究提供了用武之地，电子计算机技术的应用、数值计算方法和测试技术的迅猛发展则使反应工程学的研究如虎添翼，化学反应工程的基础理论和实际应用出现了巨大飞跃。进入 20 世纪 80 年代后，随着材料、生物、环境等新技术的发展，在解决这些新兴特定过程反应动力学和反应器相关问题的过程中，又形成了新的化学反应工程学分支，如生化反应工程和聚合反应工程等。

1.1 化学反应的分类

目前，工业上实现的化学反应数量和种类繁多，有多种分类方法。比如，从化学反应的角度，常将化学反应分为无机反应、有机反应和生化反应三大类。而在化学反应工程中，一般从有利于研究反应器的特点和操作的角度对反应进行分类，采用了如下两种分类方法。

① 根据反应过程是否可以用一个化学反应方程式描述，将反应分为单一反应和复合反应。

② 根据反应所涉及的相态数目，将反应分为均相反应和多相反应。

1.1.1 单一反应与复合反应

可用一个反应方程式独立描述的反应称为单一反应。用多个化学反应式才能完整描述的反应称为复合反应。这种分类方法不关心反应机理，而只着眼于独立反应式的数目。

但对于可逆反应，虽然要用正反应和逆反应两个反应式才能完整描述，但可以用一个反应方程式描述参与反应的各物质数量之间的关系，一般将可逆反应作为单一反应处理。

复合反应一般可分为并联反应、串联反应和串-并联反应，如下列各式所示：

并联反应：$A \nearrow$ C（主产物）

$\searrow$ D（副产物）

串联反应：A → C（主产物）→ D（副产物）

串-并联反应：$\begin{cases} A+B \rightarrow C（主产物） \\ C+B \rightarrow D（副产物） \end{cases}$

1.1.2　均相反应与多相反应

从化学的角度来看，由于反应机理、使用的催化剂、操作条件等都不相同，苯的氧化反应与苯的加氢反应是完全不同的两个反应。但是从化学反应工程学的角度看，这两个反应有如下共同点：所用的催化剂都是固体颗粒，在反应器中催化剂都填充成固定床，反应时苯与空气或氢气通入反应器，与床层内的催化剂接触而发生反应。而且，这两个反应所采用的反应器型式、结构和操作方式也相似。因此，虽然这两个反应从化学角度看完全不同，但从反应过程中传递现象、流动状态和反应器的结构等化学反应工程各要素看，将它们归为一类处理就更合理和方便。

在化学反应工程中，常按照上述思路，根据反应体系所涉及物质相态将反应分为均相反应和多相反应。在单一相态中进行的反应称为均相反应；反应物（和催化剂）处于两个或两个以上相态中，且必须通过相界面传质才能实现的反应称为多相反应。前述苯的氧化和加氢反应中存在两个相态，故属于多相反应。

均相反应一般分为气相反应和液相反应两大类。而多相反应根据气、液和固三种相态的不同组合以及是否有催化剂参与存在多种类型。表 1-1 列出了化学反应工程中根据相态区分的代表性反应类型，并给出了相应的工业实例。

表 1-1　化学反应工程中按相态对化学反应的分类

反应类别		应用实例
均相反应	气相反应	石脑油裂解制乙烯，氯化氢的合成
	液相反应	酯化，水解，磺化
多相反应	气固催化反应	合成氨，芳烃烷基化
	气固反应	煤燃烧，炼铁，煤气化
	气液反应	烟道气脱硫脱硝，烃类的氧化、卤化等
	气液固催化反应	汽油的加氢精制，烃类加氢
	液液反应	乳相聚合，磺化反应，硝化反应
	液固反应	离子交换反应
	固固反应	水泥制造，陶瓷制造

应该指出，由于反应器的设计和操作主要着眼于反应器中物质的物理特性（如传递过程和流动状态）对反应过程的影响，而这些物理特性均与反应物的相态密切相关，本书将主要

按相态对反应进行分类，首先分析均相反应及其反应器，然后讨论气固、气液和气液固多相反应及其反应器。

1.2 反应器的分类

工业反应器的结构和操作方法主要取决于所进行的反应体系，按照反应物系的相态可分为均相反应器和多相反应器两大类。

如图 1-2 所示，均相反应器根据形状和结构可分为釜式和管式两大类。釜式反应器可进行间歇、连续和半连续三种操作，而管式反应器通常采用连续操作。

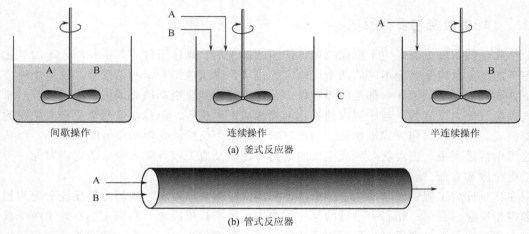

| 间歇操作 | 连续操作 | 半连续操作 |

(a) 釜式反应器

(b) 管式反应器

图 1-2　釜式反应器和管式反应器

多相反应器的种类较多，包括塔式反应器、固定床反应器、流化床反应器、移动床反应器以及滴流床反应器等。塔式反应器主要用于气液反应和液液反应，固定床反应器、流化床反应器和移动床反应器多用于气固反应和液固反应，而滴流床反应器则主要用于气液固反应。多相反应器将在第 5～8 章分析和讨论。

1.2.1 常用反应器的型式与结构

(1) 釜式反应器 图 1-3 示出了釜式反应器的结构和传热方式。在釜式反应器中，一般要设置搅拌器，以保证反应器内流体充分混合，使反应器内各点的温度和浓度相同。反应热的移出（放热反应）或补充（吸热反应）一般有两种方法：①在反应器外设置夹套；②在反应器内设置套管。通过夹套或套管中的换热介质与反应体系进行热交换，可移出反应放出的热量或提供反应所需的热量。

釜式反应器不仅适用于均相反应（通常为液相反应），而且可用于气液反应、气液固反应、液液反应等多相反应，是一种用途广泛的工业反应器。

釜式反应器可以采用间歇、连续、半连续三种操作方式［图 1-2(a)］。

(2) 管式反应器 管式反应器的结构如图 1-4 所示，其中图 1-4(a) 为单管式反应器，图 1-4(b) 为多管式反应器。多管式反应器的结构与列管换热器相似，主要用于反应热效应较大的场合。

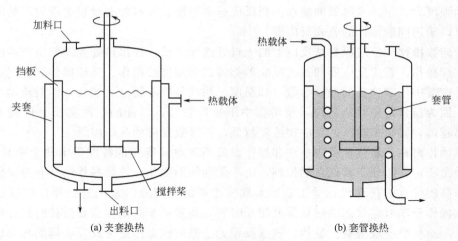

图 1-3 釜式反应器的结构与传热方式

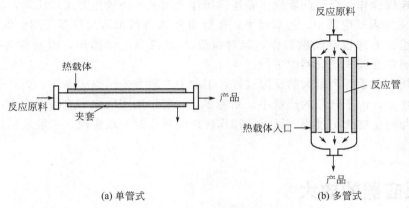

图 1-4 管式反应器的结构

在管式反应器中，一方面，反应物浓度从入口处沿轴向逐渐降低，即沿轴向呈现一定浓度分布；另一方面，因反应放热或吸热速率与反应速率成正比，而反应速率与温度相关，故管式反应器沿轴向通常也存在温度分布。

管式反应器是一种连续操作的反应器。它不仅可用于气相和液相等均相反应，而且可用于气固反应（固定床反应器）、气液反应、气液固反应（滴流床反应器）等多相反应。

1.2.2 反应器的操作方法

反应器的操作方法有间歇、连续和半连续三种。

（1）间歇操作 反应原料一次性加入反应器后开始反应，在反应达到预定转化率时将反应混合物全部取出的操作方式称为间歇操作。间歇操作是一个非定态操作过程，在反应过程中各组分的浓度随时间变化，反应物的浓度逐渐降低。对于反应级数大于零的反应，若转化率很高，则在反应后期在很低反应物浓度下运行，生产效率较低，因而存在反应转化率（或反应时间）的优化问题。间歇操作通常在釜式反应器中进行，在反应过程中不加料也不卸料，反应体系容积不变，即属于恒容过程。

间歇操作时在两批次反应之间，需要计入清洗、加料、升温、降温和卸料所需时间，因而有劳动强度大、生产效率低的缺点。当反应速率很慢、原料处理量较少或者产品附加值很高时，可以采用间歇操作的釜式反应器。

(2) 连续操作 反应原料从反应器的入口处连续供给，在出口处连续取出产品的操作方式称为连续操作。管式反应器和釜式反应器都可以采用连续操作。连续操作属于定态操作过程，即反应器中任意位置的操作参数（如温度、浓度等）不随时间变化，但沿流动方向随位置变化。因为流体边流动边反应，反应器中下游位置与入口处的距离实质上代表了反应时间，距离越远，转化率越高，反应物浓度越低，正级数反应的速率越低。

连续操作时在任意位置反应条件和操作参数不随时间变化的特性带来两个明显的好处：①产品质量稳定；②便于实现自动控制。由于无须辅助操作，连续操作还具有劳动强度低和生产效率高的优点。在现代化学工业，大规模生产的反应器多采用连续操作的反应器。然而，连续操作开车时定常态的建立需要较长时间，装置停车时同样需要较长时间，这期间因生产产品不达标会造成浪费。显然，连续操作无法像间歇操作的釜式反应器那样可以灵活改变产品品种。

(3) 半连续操作 介于间歇操作和连续操作之间的一种操作方式。比如，将反应原料之一的 B 组分先加入反应器中，然后将另一反应组分 A 连续加入反应器 [图 1-2(a)]。在该操作中，对于组分 B 来说是间歇操作，但对组分 A 来说是连续操作，因而称为半连续操作。该操作方式通常在釜式反应器中进行。

对于乙烯和尿素等产量大的反应过程，工业上一般都采用连续操作。而对于精细化学品和药物等的生产，由于产品的产量小、品种多，一般采用间歇或半连续操作方式。对于发酵等微生物参与的生物化工过程，因无菌操作在连续操作时很难实现，一般采用间歇或半连续操作方式。

1.3 反应器的放大

反应器中流体流动和混合的状态以及相间的传递过程会影响反应组分的浓度和温度分布，从而影响反应的速率、选择性和最终转化率。当反应规模变大时，本征反应特性不变，而传递特性有可能发生很大变化，其结果是大装置上的反应结果与实验室小试结果表现出很大差异，而且多数情况下使反应转化率和/或目标产物选择性降低，即出现所谓"放大效应"。所以，在对反应器进行设计和放大时，需要修正和优化工艺参数，优化反应器结构和操作条件，以消除或减轻"放大效应"对反应过程的不利影响。

在反应器放大过程中，所采用的方法一般有三种：①经验放大；②相似放大；③模型放大。

经验放大方法又称逐级放大方法，这也是工业实践中常用的反应器放大方法，通过逐步增大反应器的体积，试验验证和分析物理因素对化学反应的影响规律，直至达到工业生产所需的规模。这种试验探索式的放大方式也反映了反应器开发过程的经验性质。经验放大方法一般包括以下几个阶段，如图 1-5 所示。

经验放大即在实验室小试技术的基础上，通过中间试验（简称中试）考察流动、混合等物理因素对反应的影响，验证反应器的适应性并完成物料和能量衡算，为工业反应器的设计提供工艺包。对于放大倍数很大的过程，中间试验一般要进行多次才能确定最优的工业反应器参数。当涉及多相反应或者特殊流动体系时，有可能还需要做冷模试验，即在没有化学反

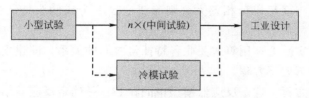

图 1-5 反应器的经验放大

应的条件下，利用水、空气、沙子等模拟研究反应体系的流场分布、流速分布、颗粒浓度分布和混合效果等。经验放大方法的优点是设计参数安全可靠，放大成功率高。其缺点是费时、耗资、耗材，会浪费大量资源且延迟技术的工业实现。

相似放大方法基于相似理论和量纲分析，是化学工程学科中处理物理过程的单元操作时常用的方法。它是基于某种相似状态（如几何特性、流动状态、传递特性等）进行放大的方法，这些状态常用特征数描述，因而又称为特征数放大。比如，基于雷诺数的流体设备放大就属于这一类。对于固定床催化反应器，当反应热效应较小且单程转化率不高时，可以根据空速（催化剂单位时间单位体积所处理的原料体积，即催化剂的处理能力）进行反应器的放大。但是，化学过程不同于物理过程，在化学反应中不仅有量的变化而且有质的变化。一个只有量变的物理过程，按比例放大是可行的。但是对于大多数化学反应来说，其反应的化学相似与反应器的几何相似及时间相似不可能同时满足，所以相似放大的方法在多数情况下并不适用。

模型放大方法以认识化学反应过程本质规律为基础，先建立物理模型（抽提出主要影响因素，忽略次要因素），然后建立数学模型（用方程式关联物理模型中的关键参数），最后以数学模型为基础进行反应器的设计计算和放大。理论上讲，这种放大方法可以实现无限级放大。比如，在丙烯二聚合成异戊二烯的反应系统开发过程中，采用数学模型方法放大，一次放大 17000 倍，其产品质量基本达到实验室开发水平，而且建立起来的数学模型在工业生产过程的闭环控制中也成功地得到应用。模型放大成败的关键在于所建立的物理模型和数学模型在多大程度上正确反应过程的规律和特点。反应器物理模型和数学模型的建立是化学反应工程的主要研究内容。

此外，在工业实践中有时采用半经验法，即将模型放大与经验放大相互结合的一种方法。通过尽可能充分的理论分析来建立具有一定理论依据的数学模型，同时利用现有生产操作或实验测试手段取得必要的数据，以确定所建数学模型中的有关参数，供设计计算时参考。半经验法是一种半理论、半经验的设计方法，在计算技术高度发展的今天已逐渐成为主流工业反应器的设计方法。

1.4 反应器模型的建立

一般来说，建立模型包括建立物理模型和建立数学模型两个步骤。物理模型是在充分认识客观对象的基础上抽象和提取其主要特征而形成的基本物理图像。数学模型是在物理模型的基础上建立各特征量之间的数学关系。

类似于气体状态方程的处理方法，化学反应工程在建立各类反应器物理模型时，首先建立理想反应器的物理模型。若实际反应器能满足或者接近理想模型的条件，则可直接使用。

若实际反应器的特征与理想模型相差大，则需要通过一个或两个特征参数对理想模型进行修正。

数学模型的建立实质上是用等式关联各特征量之间的关系，即建立联立方程组。数学模型的建立主要基于如下五类方程。

(1) 反应动力学方程 这是反应器模型中的核心，是确定反应器结构参数和操作条件的基础，也是分析反应器操作性能的依据。对于工业反应器的设计和分析来说，重要的不仅是反应的本征动力学关系，更应该掌握能反映传递因素对反应速率影响的宏观动力学关系。

(2) 物料衡算方程 物料衡算方程是根据质量守恒定律描述反应系统中物料转化关系的数学方程。与其他化工单元操作不同，反应器的物料衡算关系还要包含参与反应的各组分的物料量变化，即增加了反应量一项。衡算方程的计算通式可表示为：

$$输入量 - 输出量 - 反应量 = 累计量 \tag{1-1}$$

(3) 热量衡算方程 热量衡算方程是在质量与能量守恒基础上描述反应系统中热量转移关系的数学方程。其突出特点是热量衡算方程中增加了反应热效应一项。热量衡算方程式可以使用式(1-1) 所示的计算通式。

(4) 动量衡算方程 与物料衡算方程和热量衡算方程相似，动量衡算方程反映系统中的动量变化关系。然而，对大多数反应器来说，由于其前后压力差很小，一般不列出动量衡算式。

(5) 参数计算式 在反应器设计时需要大量物性参数和传递参数，这些参数往往是温度或物料浓度的函数。因此，在计算时，特别是在进行计算机辅助设计计算时，需要提供相应的参数关联式。这些关联式有些来自文献已发表数据，有些则需要进行必要的实验测定来建立相应的函数关系。

2 化学反应动力学基础

化学反应工程主要研究传递和流动等物理因素对化学反应速率的影响,化学反应速率方程是建立反应器数学模型的基础。本章将首先分析化学反应过程中的计量关系,讨论反应速率的有关定义和表达式,讨论反应速率与浓度和温度的关系,最后介绍两类特殊的反应(自催化反应和可逆反应)中反应速率随浓度和温度的特殊变化关系。

2.1 化学反应中的计量关系

2.1.1 化学进度

若一个化学反应可表示为:

$$a\text{A} + b\text{B} \longrightarrow c\text{C} + d\text{D} \tag{2-1}$$

在反应进行过程中各组分的物质的量都会发生变化,其变化量之间的关系服从方程式(2-1)。该方程式称为**化学计量式**,各组分前的系数称为**化学计量系数**。

根据式(2-1),若反应物 A 反应消耗 a mol,则必同时消耗 b mol 组分 B,同时生成 c mol 产物 C 和 d mol 产物 D。也就是说,反应物消耗物质的量与产物生成物质的量之比取决于它们的化学计量系数的比值。若组分 A、B、C 和 D 的起始物质的量分别为 n_{A0}、n_{B0}、n_{C0} 和 n_{D0},反应一定时间后物质的量变为 n_A、n_B、n_C 和 n_D,则下式成立:

$$(n_A - n_{A0}) : (n_B - n_{B0}) : (n_C - n_{C0}) : (n_D - n_{D0}) = (-a) : (-b) : c : d \tag{2-2}$$

因为随着反应的进行,反应物的物质的量不断减少,故 $n_A - n_{A0} < 0$,$n_B - n_{B0} < 0$;而产物的物质的量随反应的进行增加,所以 $n_C - n_{C0} > 0$,$n_D - n_{D0} > 0$。因此,规定反应物的化学计量系数取负值,产物的化学计量系数取正值。式(2-2)也可表示为:

$$\frac{n_A - n_{A0}}{-a} = \frac{n_B - n_{B0}}{-b} = \frac{n_C - n_{C0}}{c} = \frac{n_D - n_{D0}}{d} = \xi \tag{2-3}$$

该式表明各组分的物质的量变化与其化学计量系数之比为定值,记作 ξ。ξ 称为反应进度,用来描述一个化学反应进行的程度,其值为正。由式(2-3)可知,对于同一反应进度,选择不同反应组分表示时,其物质的量的变化量不同。

2.1.2 转化率

转化率是针对反应物而言的,用于描述反应进行的相对程度,其定义式为:

$$x = \frac{某一反应物的转化量}{该反应物的初始量} \tag{2-4}$$

当系统中反应物不止一个时，若各反应物不是以化学计量比进料，则对于同一反应进度，采用不同反应物计算的转化率数值可能不一样。故在分析反应器时，常选用某一特定反应组分来表示反应的进程，该组分称为限量组分。限量组分往往是系统中的主要反应物，因而也称为**关键组分**。比如，在工业反应器中进行苯和乙烯烷基化合成乙苯的反应时，为了防止催化剂积炭失活并保证乙烯充分转化，需采用苯过量而不是按化学计量比进料，这时应选择乙烯作为限量组分。当乙烯转化率为 100% 时，表明该反应过程已完成。若选用苯为限量组分时，会出现反应已完成而苯转化率小于 100% 的情况。当然，如果按化学计量比进料，则选择任一反应物作限量组分都可以。选定限量组分 A 后，一般对化学计量式作如下数学处理：

$$A + (b/a)B \longrightarrow (c/a)C + (d/a)D \tag{2-5}$$

这样可以很直观地看出每反应 1mol A 时其他各组分的物质的量变化。

转化率的定义式中分母是反应物的初始量，而反应物的初始量与反应物起始状态的选择有关。反应器的操作方式不同，选用的起始状态也不一样。在间歇操作的反应器中，关键组分的初始量为总加入量或其初始浓度；在单个连续操作反应器中，关键组分的初始量为反应器入口处的加入量；在多个串联的连续操作反应器中，关键组分的初始量为第一段反应入口处的加入量。

若化学反应受热力学平衡限制或者热效应非常大时，物料一次性通过反应器的转化率较低或者高转化率时温度难以有效控制，有时需要采用物料循环操作。如图 2-1 所示，为了提高反应物的转化率，将反应出口物料部分循环，循环物料与新鲜的反应原料汇合后进入反应器。对于循环操作的连续流动反应器，依据计算基准不同，有两种不同的转化率，分别是：①以反应器进口物料为基准的单程转化率；②以新鲜原料为基准的全程转化率。显然，全程转化率高于单程转化率。

图 2-1 循环操作的流动反应器

(1) 间歇反应器中的转化率 假定时刻 $t=0$ 时反应器中组分 A 的物质的量为 n_{A0}，$t=t$ 时组分 A 剩余物质的量为 n_A，根据转化率的定义式，组分 A 的**转化率** x_A 可由下式计算得到：

$$x_A = (n_{A0} - n_A)/n_{A0} \tag{2-6}$$

由式(2-6)，组分 A 的反应量 Δn_A 和剩余量 n_A 可分别用 x_A 表示为：

$$\Delta n_A = n_{A0} - n_A = n_{A0} x_A \tag{2-7}$$

$$n_A = n_{A0} - n_{A0} x_A = n_{A0}(1 - x_A) \tag{2-8}$$

对于式(2-1) 表示的反应，每反应 1mol 的组分 A，组分 B 减少 b/a mol。因此，组分 B 的剩余物质的量 n_B 可写成：

$$n_B = n_{B0} - (b/a)n_{A0} x_A = n_{A0}[\theta_B - (b/a)x_A] \tag{2-9}$$

式中，n_{B0} 为组分 B 的初始物质的量；$\theta_B = n_{B0}/n_{A0}$。

类似地，每反应 1mol 的组分 A 将生成 c/a mol 组分 C 和 d/a mol 组分 D。在时刻 $t=t$ 时，体系中两种产物的物质的量分别为：

$$n_C = n_{C0} + (c/a)n_{A0}x_A = n_{A0}[\theta_C + (c/a)x_A] \tag{2-10}$$

$$n_D = n_{D0} + (d/a)n_{A0}x_A = n_{A0}[\theta_D + (d/a)x_A] \tag{2-11}$$

式中，n_{C0} 和 n_{D0} 分别为组分 C 和 D 的初始物质的量；$\theta_C = n_{C0}/n_{A0}$；$\theta_D = n_{D0}/n_{A0}$。

假定反应体系中除了反应组分外，还存在不参与反应的惰性组分 I，惰性组分的物质的量在反应过程中不发生变化，则其在 $t=0$ 和 $t=t$ 时刻的物质的量相等，即

$$n_I = n_{I0} = n_{A0}\theta_I \tag{2-12}$$

式中，$\theta_I = n_{I0}/n_{A0}$。

将式(2-8)～式(2-12) 的两边分别相加可得：

$$n_A + n_B + n_C + n_D + n_I = (n_{A0} + n_{B0} + n_{C0} + n_{D0} + n_{I0}) + [(-a-b+c+d)/a]n_{A0}x_A$$

或

$$n_t = n_{t0} + [(-a-b+c+d)/a]n_{A0}x_A \tag{2-13}$$

式中，n_{t0} 和 n_t 分别为体系初始总物质的量和 $t=t$ 时的总物质的量。

式(2-13) 可改写成：

$$n_t = n_{t0}\left(1 + \frac{-a-b+c+d}{a} \times \frac{n_{A0}}{n_{t0}}x_A\right) \tag{2-14}$$

$$n_t = n_{t0}(1 + \delta_A y_{A0}x_A) \equiv n_{t0}(1 + \varepsilon_A x_A) \tag{2-15}$$

$$\delta_A = (-a-b+c+d)/a \tag{2-16}$$

$$y_{A0} = n_{A0}/n_{t0} \tag{2-17}$$

$$\varepsilon_A = \delta_A y_{A0} \tag{2-18}$$

式中，y_{A0} 为组分 A 的初始摩尔分数；δ_A 称为膨胀因子；ε_A 称为膨胀率。

若 $x_A = 1$，由式(2-15) 可推出：

$$\varepsilon_A = \frac{n_{t,x_A=1} - n_{t0}}{n_{t0}} = \frac{\text{组分 A 全部转化后体系中总物质的量的增量}}{\text{初始总物质的量}} \tag{2-19}$$

由式(2-19) 可见，ε_A 的物理意义是当限量组分 A 完全转化时体系总物质的量的相对变化量。当 ε_A 为正值时，说明反应体系总物质的量增加。若在等压条件下进行气相反应，则 ε_A 的值表示反应体系体积的增长率。当 ε_A 为负值时，反应体系总物质的量减少。当 ε_A 为零时，说明反应体系总物质的量不发生变化。

(2) 连续操作反应器中转化率 对于连续操作的釜式反应器和管式反应器来说，定常态操作时各组分的浓度不随时间变化而随空间位置变化，组分 A 的转化率可表示成：

$$x_A = (F_{A0} - F_A)/F_{A0} \tag{2-20}$$

式中，F_A 为反应器内某一点处组分 A 的摩尔流量；F_{A0} 为反应器入口处组分 A 的摩尔流量。

反应器出口处的各参数用下标 f 表示，如出口处的转化率（最终转化率）表示为 x_{Af}，则：

$$x_{Af} = (F_{A0} - F_{Af})/F_{A0} \tag{2-21}$$

用 F_A 替换间歇反应器中的 n_A，可推导出连续操作反应器中对应的关系式：

$$F_A = F_{A0} - F_{A0}x_A = F_{A0}(1-x_A) \tag{2-22}$$

$$F_B = F_{B0} - (b/a)F_{A0}x_A = F_{A0}[\theta_B - (b/a)x_A] \tag{2-23}$$

$$F_C = F_{C0} + (c/a)F_{A0}x_A = F_{A0}[\theta_C + (c/a)x_A] \tag{2-24}$$

$$F_D = F_{D0} + (d/a)F_{A0}x_A = F_{A0}[\theta_D + (d/a)x_A] \tag{2-25}$$

$$F_I = F_{I0} = F_{A0}\theta_I \tag{2-26}$$

$$F_t = F_{t0}(1 + \delta_A y_{A0} x_A) \equiv F_{t0}(1 + \varepsilon_A x_A) \tag{2-27}$$

其中，$\theta_B = F_{B0}/F_{A0}$，$\theta_C = F_{C0}/F_{A0}$，$\theta_D = F_{D0}/F_{A0}$，$\theta_I = F_{I0}/F_{A0}$。

2.1.3 摩尔分数

对反应式(2-1)，组分 A 的摩尔分数 y_A，在间歇反应器中和连续反应器中的表示方法不相同。

间歇反应器 $\quad\quad\quad\quad\quad\quad y_A = n_A/n_t \tag{2-28}$

连续反应器 $\quad\quad\quad\quad\quad\quad y_A = F_A/F_t \tag{2-29}$

但是，当用转化率 x_A 表示组分 A 的摩尔分数时，二者完全相同，均可表示为式(2-30)。类似地，式中的其他组分 B、C、D 和惰性组分 I 的摩尔分数表达式也可用 x_A 表示，如式(2-31) ~ 式(2-34) 所示。

$$y_A = \frac{y_{A0}(1 - x_A)}{1 + \varepsilon_A x_A} \tag{2-30}$$

$$y_B = \frac{y_{A0}[\theta_B - (b/a)x_A]}{1 + \varepsilon_A x_A} \tag{2-31}$$

$$y_C = \frac{y_{A0}[\theta_C + (c/a)x_A]}{1 + \varepsilon_A x_A} \tag{2-32}$$

$$y_D = \frac{y_{A0}[\theta_D + (d/a)x_A]}{1 + \varepsilon_A x_A} \tag{2-33}$$

$$y_I = \frac{y_{A0}\theta_I}{1 + \varepsilon_A x_A} \tag{2-34}$$

【**例 2-1**】 某反应 $2A + B \longrightarrow 2C$ 在间歇反应器中进行，各组分的初始浓度分别为：$C_{A0} = 2\text{kmol} \cdot \text{m}^{-3}$，$C_{B0} = 5\text{kmol} \cdot \text{m}^{-3}$，$C_{C0} = 1\text{kmol} \cdot \text{m}^{-3}$，$C_{I0} = 10\text{kmol} \cdot \text{m}^{-3}$。其中 I 为溶剂，不参与反应。假定反应过程中反应液的密度不变，试求组分 A 的转化率 $x_A = 80\%$ 时各组分的浓度和摩尔分数。

解 因体系密度不变，为等容过程，各组分的浓度与其物质的量成正比。因此，可用式(2-8)~式(2-12)求解各组分的浓度。

根据题意，$a = 2$，$b = 1$，$c = 2$，$\theta_B = 5/2 = 2.5$，$\theta_C = 1/2 = 0.5$，$\theta_I = 10/2 = 5$，$x_A = 0.8$。设反应体积为 V，则：

$$C_A = \frac{n_A}{V} = \frac{n_{A0}(1 - x_A)}{V} = C_{A0}(1 - x_A) = 2 \times (1 - 0.8) = 0.4 \ (\text{kmol} \cdot \text{m}^{-3})$$

$$C_B = C_{A0}[\theta_B - (b/a)x_A]$$
$$= 2 \times [2.5 - (1/2) \times 0.8] = 4.2 (\text{kmol} \cdot \text{m}^{-3})$$

$$C_C = C_{A0}[\theta_C + (c/a)x_A]$$
$$= 2 \times [0.5 + (2/2) \times 0.8] = 2.6 (\text{kmol} \cdot \text{m}^{-3})$$

$$C_I = C_{A0}\theta_I = 2 \times 5 = 10 (\text{kmol} \cdot \text{m}^{-3})$$

为了计算各组分的摩尔分数，需先计算 δ_A、y_{A0} 和 ε_A 的值：

$$\delta_A = (-2-1+2)/2 = -0.5$$

$$y_{A0} = 2/(2+5+1+10) = 0.111$$

$$\varepsilon_A = \delta_A y_{A0} = -0.5 \times 0.111 = -0.0555$$

$$1 + \varepsilon_A x_A = 1 + (-0.0555) \times 0.8 = 0.956$$

将 δ_A、y_{A0} 和 ε_A 的值代入式(2-30)～式(2-32)和式(2-34)中，可求得各组分的摩尔分数：

$$y_A = \frac{0.111 \times (1-0.8)}{0.956} = 0.0232$$

$$y_B = \frac{0.111 \times (2.5 - \frac{1}{2} \times 0.8)}{0.956} = 0.244$$

$$y_C = \frac{0.111 \times (0.5 + \frac{2}{2} \times 0.8)}{0.956} = 0.151$$

$$y_I = \frac{0.111 \times 5}{0.956} = 0.581$$

2.1.4 收率与选择性

收率（Y）和选择性（S）是针对反应产物而言的。收率的定义如下：

$$Y = \frac{\text{生成目标产物所消耗限量组分的量}}{\text{限量组分的初始量}} \tag{2-35}$$

当进行式(2-1)所示的化学反应时，目标产物 C 的收率可表示成：

$$Y_C = \frac{a \times \text{产物 C 的生成量}}{c \times \text{限量组分 A 的起始量}} \tag{2-36}$$

对于单一反应来说，转化率与收率相等；对于复合反应来说，转化率大于收率。对于循环操作的流动反应器，与转化率类似，收率也有单程收率和全程收率之分。单程收率是指原料一次性通过反应器时目标产物的收率；全程收率则是按进口原料组成和出口物料组成所计算的总收率。

工业实践中，有时采用质量收率表示目标产物的生成量，可表示为：

$$Y = \frac{\text{目标产物的生成质量}}{\text{限量组分的起始质量}} \tag{2-37}$$

由于限量组分与目标产物的分子量不同，而且质量收率中不包含化学计量系数比，质量收率的值有可能大于 100%。

在复合反应中，反应物转化过程中除了生成目标产物之外，还会生成一定量的副产物。显然生成的目标产物比例越大，说明反应过程中对资源（反应物）的利用率越高。限量组分在化学反应过程中转化为目标产物的比例用目标产物的选择性表示，其定义式为：

$$S = \frac{\text{生成目标产物所消耗限量组分的量}}{\text{限量组分的转化量}} \tag{2-38}$$

由于复合反应中存在产生非目标产物的副反应，反应物在转化过程中不可能全部生成目标产物，因此目标产物的选择性恒小于 1。

根据转化率、选择性和收率的定义式，可知转化率（x）、选择性（S）和收率（Y）三者的关系为：

$$Y = x \times S \tag{2-39}$$

2.2 化学反应速率

化学反应速率是单位时间内单位反应混合物体积中反应物的反应量或产物的生成量。随着反应不断进行，反应物不断减少，产物不断增加，各组分的浓度或摩尔分数也不断地变化。因此，反应速率是指某一瞬间状态下的"瞬时反应速率"，其表示方法也随反应过程的不同而有所不同。

2.2.1 单一反应

对于式（2-1）所示的单一反应，其反应速率通常是以某一组分在单位体积、单位时间内物质的量变化来表示的。各组分的反应速率可表示为：

$$r_A = -\frac{dn_A}{V dt} ; \quad r_B = -\frac{dn_B}{V dt} ; \quad r_C = \frac{dn_C}{V dt} ; \quad r_D = \frac{dn_D}{V dt} \tag{2-40}$$

式中，V 为反应器中反应混合物所占的体积；n_A、n_B、n_C 和 n_D 分别为反应物 A、B 和产物 C、D 的瞬时物质的量；t 为反应时间。

随着反应的进行，反应物的物质的量逐渐减少，即 $dn_A/dt < 0$，$dn_B/dt < 0$，因此用反应物表示反应速率时要在微分式前加一负号，以保证反应速率为正值。反应进行过程中，产物的物质的量随时间增加，即 $dn_C/dt > 0$，$dn_D/dt > 0$，故用产物表示反应速率时微分式前符号为正。为了能从形式上判断是反应物表示的反应速率还是产物表示的反应速率，本书约定如下：反应速率取其绝对值，用符号"—"表示反应物的反应速率，该符号不参与运算。例如，$-r_A$ 表示反应组分 A 的反应速率，而 r_C 表示产物 C 的反应速率。

在间歇操作的反应器中，反应物系各组分的浓度等随时间而变化，可以用式（2-40）的定义式描述反应速率。而在连续流动反应器中，反应物连续通入反应器，当系统达到定常态时，反应物系各组分的浓度等不随时间变化，只随空间位置变化，其反应速率可表示为：

$$(-r_A) = -\frac{dF_A}{dV} ; \quad (-r_B) = -\frac{dF_B}{dV} ; \quad r_C = \frac{dF_C}{dV} ; \quad r_D = \frac{dF_D}{dV} \tag{2-41}$$

式中，F_A、F_B、F_C、F_D 分别为组分 A、B、C、D 的摩尔流量，$mol \cdot s^{-1}$；dV 为反应器沿反应物系流动方向的微元体积。

在同一反应进度时，各组分的转化量与其化学计量系数成正比。因此，各组分表示的反应速率大小还与化学计量系数有关。应该指出，虽然各组分的反应速率值不同，但描述的是同一个反应结果，只是着眼点不同而已。若用各计量系数去除相应组分的反应速率，所得商相等，即

$$r = \frac{(-r_A)}{a} = \frac{(-r_B)}{b} = \frac{r_C}{c} = \frac{r_D}{d} \tag{2-42}$$

式中，r 是以化学计量式为基准的反应速率。式（2-41）可改写为：

$$(-r_A) = ar \qquad (-r_B) = br$$
$$r_C = cr \qquad r_D = dr \tag{2-43}$$

所以，各组分的反应速率可用 r 与其化学计量系数的乘积计算求得。

2.2.2 复合反应

若复合反应含有 m 个反应方程式，以 A 为关键组分，则其反应速率（$-r_A$）为各反应中组分 A 的反应速率（r_{1A}，r_{2A}，$\cdots$，r_{iA}，$\cdots$，r_{mA}）的代数和。即

$$(-r_A) = r_{1A} + r_{2A} + \cdots + r_{iA} + \cdots + r_{mA} = \sum_{i=1}^{m} r_{iA} \tag{2-44}$$

式中，r_{iA} 为第 i 个反应中 A 的反应速率。当 A 为反应物时，r_{iA} 取正值；当 A 为产物时 r_{iA} 取负值；当反应式的两边均不含组分 A 时，则其反应速率为 0。

2.2.3 多相反应

式(2-40) 表示的以体积为基准的反应速率表达式多用于均相反应。对于多相反应，为了方便计算，在许多情况下不以体积为基准，而以单位质量或单位界面积为基准来定义反应速率。对于气固催化反应，多采用单位质量催化剂作基准定义反应速率，记作 r_{Am}（mol·kg^{-1}·s^{-1}），反应速率的表达式为 $r_{Am} = \dfrac{dF_A}{dW}$。式中，$F_A$ 为反应物 A 的摩尔流量，mol·s^{-1}；W 为催化剂的质量，kg。对于气液反应，一般用单位气液相界面为基准定义反应速率，记作 r_{As}（mol·m^{-2}·s^{-1}），反应速率的表达式为 $r_{As} = \dfrac{dF_A}{da}$。式中，$F_A$ 为反应物 A 的摩尔流量，mol·s^{-1}；a 为相界面积，m^2。

以反应体积与固体质量及反应相界面为基准表示的反应速率之间可以进行换算。如采用固体催化剂的反应，若 ρ_b 为堆密度，a_V 为比外表面积，则有 $r_A = a_V r_{As} = \rho_b r_{Am}$。

2.3 反应速率方程

化学反应速率与反应本征特性有关外，还与反应条件（如温度、浓度、压力、溶剂、催化剂等）密切相关。对于给定的反应和催化体系，反应速率主要由反应组分的浓度和反应温度决定。描述反应速率与浓度和温度关系的方程式称为反应速率方程，也称为动力学方程。下面分别讨论反应速率随浓度和温度的变化特征。

2.3.1 反应速率与浓度的关系

化学反应根据其涉及的反应步骤的多少可区分为基元反应和非基元反应。一般定义反应过程不能再分割的单一反应或反应路径为**基元反应**。在基元反应中，反应的进行是参与反应的各组分粒子（分子、原子或自由基等）直接碰撞的结果。其反应速率与浓度的关系可用质量作用定律描述。假定式(2-1) 所示的反应为基元反应，则根据质量作用定律可写出其反应速率方程：

$$r = kC_A^a C_B^b \tag{2-45}$$

式中，k 为反应速率常数，它是温度的函数，当温度恒定时数值不变；C_A 和 C_B 分别表示反应物 A 和 B 的浓度。

对于非基元反应，若其机理和路径明确，则可以借助基元反应速率方程推导出其反应速率与浓度的关系。下面以溴与氢反应合成溴化氢为例说明其反应速率方程的推导过程。该反应的化学方程式为：

$$Br_2 + H_2 \longrightarrow 2HBr \tag{2-46}$$

该反应是连锁反应，其反应机理和基元反应路径如下：

引发：　　　　　　$Br_2 \longrightarrow 2Br \cdot$　　　$r_1 = k_1 C_{Br_2}$

传播：　　　　$H_2 + Br \cdot \longrightarrow HBr + H \cdot$　　$r_2 = k_2 C_{H_2} C_{Br \cdot}$

　　　　　　$H \cdot + Br_2 \longrightarrow HBr + Br \cdot$　　$r_3 = k_3 C_{H \cdot} C_{Br_2}$

转移：　　　$H \cdot + HBr \longrightarrow H_2 + Br \cdot$　　$r_4 = k_4 C_{H \cdot} C_{HBr}$

终止：　　　　　　$2Br \cdot \longrightarrow Br_2$　　$r_5 = k_5 C_{Br \cdot}^2$

上式中，5 个反应均为基元反应。对于包含多个基元反应的反应来说，推导出的反应速率方程式通常比较复杂。如果反应中间体（自由基）的活性很高，生成的自由基会瞬间发生反应（因而往往在产物中检测不到该中间体），其净生成速率近似等于零。因为中间体与至少两个反应路径相关，假定其净反应速率为零，则可以列出一个等式，该等式将中间体浓度与反应组分浓度关联起来。这种假定高活性中间体反应过程中净速率近似为零的推导方法称为定态近似法。

上述溴化氢的合成反应涉及两个自由基中间体：$Br \cdot$ 和 $H \cdot$。其中 $Br \cdot$ 涉及全部五个步骤，$H \cdot$ 涉及第 2、3、4 步三个步骤。它们的净反应速率分别为：

$$r_{Br \cdot} = 2 \times k_1 C_{Br_2} - k_2 C_{H_2} C_{Br \cdot} + k_3 C_{H \cdot} C_{Br_2} + k_4 C_{H \cdot} C_{HBr} - 2k_5 C_{Br \cdot}^2 \approx 0 \tag{2-47}$$

$$r_{H \cdot} = k_2 C_{H_2} C_{Br \cdot} - k_3 C_{H \cdot} C_{Br_2} - k_4 C_{H \cdot} C_{HBr} \approx 0 \tag{2-48}$$

等式（2-47）与等式（2-48）两边相加，整理得：

$$C_{Br \cdot} = \left(\frac{k_1}{k_5} C_{Br_2} \right)^{1/2} \tag{2-49}$$

将式（2-49）代入式（2-48），并整理得：

$$C_{H \cdot} = \frac{k_2 C_{H_2}}{k_3 C_{Br_2} + k_4 C_{HBr}} \left(\frac{k_1}{k_5} C_{Br_2} \right)^{1/2} \tag{2-50}$$

由式（2-46）可知：$r = (-r_{Br_2}) = (-r_{H_2}) = 1/2 r_{HBr}$。由反应路径可知，反应物 H_2 所涉及的基元反应数最少，因而用 $(-r_{H_2})$ 的计算最简便：

$$r = (-r_{H_2}) = r_2 - r_4 = k_2 C_{H_2} C_{Br \cdot} - k_4 C_{H \cdot} C_{HBr} \tag{2-51}$$

将式（2-48）和式（2-49）代入式（2-51），可得该反应的速率方程式：

$$r = \frac{k_2 (k_3/k_4)(k_1/k_5)^{1/2} C_{H_2} C_{Br_2}^{1/2}}{(k_3/k_4) + (C_{HBr}/C_{Br_2})} \tag{2-52}$$

工业应用中绝大多数反应都不是基元反应，而且反应机理和路径不明确。因此，反应速率方程通常通过实验来测定，得到反应速率方程的经验式，为了便于数据处理和使用，反应速率方程多表示成幂函数形式。例如，若式（2-1）为非基元反应，其反应速率方程可表示为：

$$r = k C_A^m C_B^n \tag{2-53}$$

式（2-53）给出了反应速率随浓度和温度的变化关系。该式表明，反应速率与组分 A 浓度的 m 次方成正比，与组分 B 浓度的 n 次方成正比。指数 m 和 n 分别为对组分 A 和 B 的反应级数，即反应速率对组分 A 为 m 级反应，对组分 B 为 n 级反应，反应的总级数为

$(m+n)$。经验式表示的反应级数不一定是整数，可以是分数或零，而且可正可负。对于级数为正的反应，若 $m>n$，则说明反应速率对组分 A 的浓度变化比对组分 B 的浓度变化更敏感。反应速率常数 k 反映了温度对反应速率的影响，即速率常数 k 是温度的函数。式(2-53)中 m、n 和 k 称为动力学参数，需要实验测定。

2.3.2 反应速率与温度的关系

如上所述，化学反应速率不仅与反应组分的浓度有关，而且与其反应温度密切相关。温度对反应速率的影响主要体现在反应速率常数上。对于基元反应来说，反应速率常数随温度的变化关系可用 Arrhenius 式表示：

$$k = k_0 \exp\left(-\frac{E}{RT}\right) \tag{2-54}$$

式中，k_0 称为指前因子或频率因子；E 为反应活化能；R 为气体常数，8.314J·mol^{-1}·K^{-1}；T 为反应温度，K。

对式(2-52)两边取对数得：

$$\ln k = \ln k_0 - E/(RT) \tag{2-55}$$

如果改变反应温度 T 并测定对应的反应速率常数 k，然后在单对数坐标系中，以 k 对 $1/T$ 作图可得如图 2-2 所示的直线，其斜率为 $(-E/R)$，截距为 $\ln k_0$。由直线的斜率可求得 E，由截距可求得 k_0。

由图 2-2 和式(2-54)可见，温度对反应速率常数的影响与反应的活化能有关，活化能越高，则反应速率常数对温度越敏感。

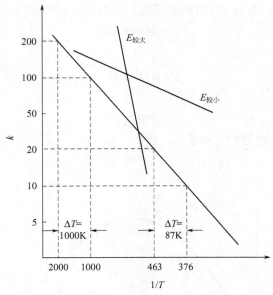

图 2-2 温度对反应速率常数的影响（ΔT 表示反应速率常数提高一倍所需的温升）

反应速率常数随温度变化的快慢还与所处的温度区间有关。如图 2-2 所示，在低温区反应速率提高一倍温度仅需提高 87K，而在高温区要使反应速率提高一倍则温度需提高 1000K。

对于非基元反应，反应速率常数与温度的关系通常也可以用 Arrhenius 式表示，其中活化能为表观活化能。

【例 2-2】 乙烷裂解反应的表观活化能为 $300kJ \cdot mol^{-1}$，该裂解反应在 650℃的反应速率是 500℃时的多少倍？

解 在其他条件相同的条件下，不同温度下的反应速率之比与其速率常数比相等，因此：

$$\frac{k_{650}}{k_{500}} = \frac{k_0 \exp\left[-\dfrac{E}{R \times (650 + 273)}\right]}{k_0 \exp\left[-\dfrac{E}{R \times (500 + 273)}\right]} = \exp\left[\frac{300 \times 10^3}{8.314} \times \left(\frac{1}{773} - \frac{1}{923}\right)\right] = 1954$$

即该裂解反应在 650℃的反应速率是 500℃时的 1954 倍。

2.4 自催化反应

在普通的催化反应过程中催化剂的量在反应前后总是保持恒定的，而反应速率随着反应物浓度降低而逐渐下降。但是，有一类催化反应，其生成的产物本身是反应的催化剂，反应速率起始较低，随着反应的进行其速率不断提高，在达到最大值后开始逐渐降低，这类反应称为**自催化反应**。丙酮的溴化反应是自催化反应的一个典型例子：

$$CH_3COCH_3 + Br_2 \xrightarrow{H^+} CH_3COCH_2Br + HBr$$

该反应生成的 HBr 为强酸，在水溶液中会离解而生成 H^+。随着反应的进行，催化剂的浓度不断提高，反应速率随之加快。

实验测得该反应的速率与 Br_2 的浓度无关，而与催化剂的浓度有关：

$$r = kC_{丙酮}C_{H^+} \tag{2-56}$$

某一自催化反应：

$$A + B \xrightarrow{C} C + D$$

其反应速率方程式为：

$$r = kC_A^m C_C^n \tag{2-57}$$

设 A 和 C 的初始浓度分别为 C_{A0} 和 C_{C0}，则：

$$C_C = C_{C0} + (C_{A0} - C_A) \tag{2-58}$$

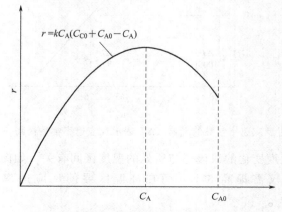

图 2-3 自催化反应速率随浓度的变化关系

代入式(2-57)得：

$$r = kC_A^m (C_{C0} + C_{A0} - C_A)^n \tag{2-59}$$

若取 $m=n=1$，即反应为 2 级反应，则反应速率随组分 A 浓度（C_A）的变化关系如图 2-3 所示。可见，自催化反应的速率呈现一个最大值。由于自催化反应的这一特殊行为，在反应器的选型和设计上存在特殊优化的问题。有关内容将在第 3 章中予以介绍。

2.5 可逆反应

对于可逆反应来说，由于存在正、逆两个方向的反应，温度对正、逆反应的影响程度因各自活化能的差别而表现出较大的差异。因此，可逆反应速率随温度变化关系与不可逆反应随温度变化关系呈现出不同的特点。

可逆反应的速率等于正向反应速率与逆向反应速率之差，即

$$r = \overrightarrow{k} f_1(x_A) - \overleftarrow{k} f_2(x_A) \tag{2-60}$$

式中，$\overrightarrow{k}$ 和 $\overleftarrow{k}$ 分别为正反应和逆反应的速率常数；$f_1(x_A)$ 和 $f_2(x_A)$ 分别为正反应速率和逆反应速率与反应组分浓度的关系，与反应温度无关，根据前述的化学计量关系，各组分的浓度都可以表示成限量组分 A 的转化率 x_A 的函数。当温度升高时，$\overrightarrow{k}$ 和 $\overleftarrow{k}$ 都随之变大，但作为正、逆反应速率之差的总反应速率 r 是否一定增加呢？

首先，将式(2-60)两边对温度 T 求导得：

$$\frac{\partial r}{\partial T} = f_1(x_A) \frac{d\overrightarrow{k}}{dT} - f_2(x_A) \frac{d\overleftarrow{k}}{dT} \tag{2-61}$$

假定正反应和逆反应的速率常数与温度的关系均符合 Arrhenius 式，则：

$$\overrightarrow{k} = \overrightarrow{k_0} \exp\left(-\frac{\overrightarrow{E}}{RT}\right) \tag{2-62}$$

$$\overleftarrow{k} = \overleftarrow{k_0} \exp\left(-\frac{\overleftarrow{E}}{RT}\right) \tag{2-63}$$

将式(2-62)两边对 T 求导：

$$\frac{d\overrightarrow{k}}{dT} = \overrightarrow{k_0} \exp\left(-\frac{\overrightarrow{E}}{RT}\right) \times \frac{\overrightarrow{E}}{RT^2} = \overrightarrow{k} \frac{\overrightarrow{E}}{RT^2} \tag{2-64}$$

类似地，对于逆反应有：

$$\frac{d\overleftarrow{k}}{dT} = \overleftarrow{k} \frac{\overleftarrow{E}}{RT^2} \tag{2-65}$$

将式(2-64)和式(2-65)代入式(2-61)得：

$$\frac{\partial r}{\partial T} = \overrightarrow{k} f_1(x_A) \frac{\overrightarrow{E}}{RT^2} - \overleftarrow{k} f_2(x_A) \frac{\overleftarrow{E}}{RT^2} \tag{2-66}$$

可逆反应净速率：$r = \overrightarrow{k} f_1(x_A) - \overleftarrow{k} f_2(x_A) \geqslant 0$

即

$$\overrightarrow{k} f_1(x_A) \geqslant \overleftarrow{k} f_2(x_A) \tag{2-67}$$

对于可逆吸热反应来说，$\overrightarrow{E} > \overleftarrow{E}$，式(2-66)的代数式中第一项的值恒大于第二项，即

$$\frac{\partial r}{\partial T} > 0$$

可见，可逆吸热反应的速率与不可逆反应类似，随温度的升高而增大。图 2-4 为可逆吸热反应的速率与温度和转化率的关系。在该图中，同一曲线上所有点的反应速率相等，该曲线称为等反应速率线或 $T\text{-}x_A$ 图。速率的大小顺序为 $r_4 > r_3 > r_2 > r_1 > r = 0$，其中 $r = 0$ 的曲线称为平衡曲线，是反应进行的极限。

对于放热反应来说，$\overrightarrow{E} < \overleftarrow{E}$，因而 $\partial r / \partial T$ 的值可为正，亦可为零或为负。因此，r 随 T 的变化关系必出现一极值，如图 2-5 所示。图中曲线是在转化率恒定的条件下绘制的 $r\text{-}T$ 曲线，称为等转化率曲线。对应于 r 的极大值处的温度称为最佳反应温度 T_{opt}，该温度是研究可逆反应的一个重要参数。

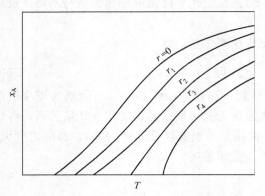

图 2-4　可逆吸热反应速率与温度和转化率的关系

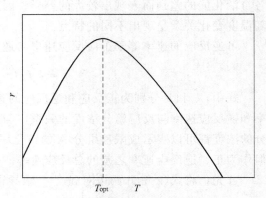

图 2-5　可逆放热反应速率与温度的关系

要确定 T_{opt}，可令 $\dfrac{\partial r}{\partial T} = 0$，即

$$\frac{\partial r}{\partial T} = \frac{\overrightarrow{E}}{RT^2}\overrightarrow{k}f_1(x_A) - \frac{\overleftarrow{E}}{RT^2}\overleftarrow{k}f_2(x_A) = 0 \tag{2-68}$$

由此可得，可逆放热反应速率最大的条件是：

$$\frac{\overrightarrow{E}\,\overrightarrow{k}_{opt}}{\overleftarrow{E}\,\overleftarrow{k}_{opt}} = \frac{f_2(x_A)}{f_1(x_A)}$$

或

$$\frac{\overrightarrow{E}\,\overrightarrow{k}_0\exp\left(-\dfrac{\overrightarrow{E}}{RT_{opt}}\right)}{\overleftarrow{E}\,\overleftarrow{k}_0\exp\left(-\dfrac{\overleftarrow{E}}{RT_{opt}}\right)} = \frac{f_2(x_A)}{f_1(x_A)} \tag{2-69}$$

假定转化率为 x_A 时，反应达到平衡的温度为 T_e，则应满足下述条件：

$$r = \overrightarrow{k}_e f_1(x_A) - \overleftarrow{k}_e f_2(x_A) = 0 \tag{2-70}$$

上式可改写为：

$$\frac{f_2(x_A)}{f_1(x_A)} = \frac{\overrightarrow{k}_e}{\overleftarrow{k}_e} = \frac{\overrightarrow{k}_0\exp\left(-\dfrac{\overrightarrow{E}}{RT_e}\right)}{\overleftarrow{k}_0\exp\left(-\dfrac{\overleftarrow{E}}{RT_e}\right)} \tag{2-71}$$

将式(2-71)代入式(2-69)整理得:

$$\frac{\overrightarrow{E}}{\overleftarrow{E}}\exp\left(\frac{\overleftarrow{E}}{RT_{\text{opt}}}-\frac{\overrightarrow{E}}{RT_{\text{opt}}}\right)=\exp\left(\frac{\overleftarrow{E}}{RT_{\text{e}}}-\frac{\overrightarrow{E}}{RT_{\text{e}}}\right) \tag{2-72}$$

式(2-72)两边取对数,并整理得:

$$T_{\text{opt}}=\frac{T_{\text{e}}}{1+\dfrac{RT_{\text{e}}}{\overrightarrow{E}-\overleftarrow{E}}\ln\dfrac{\overleftarrow{E}}{\overrightarrow{E}}} \tag{2-73}$$

不同温度下的平衡常数可用下列两式计算:

$$K_{eT}=\exp\left(\frac{-\Delta G_{T}^{\ominus}}{RT}\right) \tag{2-74}$$

$$K_{eT}=\exp\left[\frac{-\Delta H_{r298}}{RT}-\left(\frac{-\Delta H_{r298}}{298R}-\ln K_{e298}\right)\right] \tag{2-75}$$

式中,K_{eT} 为温度 T 时的平衡常数;$\Delta G_{T}^{\ominus}$ 为温度 T 时的标准生成自由焓;ΔH_{r298} 为 298K 时的标准生成焓。因为 298K 时的热力学常数(如 $\Delta G_{298}^{\ominus}$ 和 ΔH_{r298})容易得到,所以在求任意温度下的平衡常数时,一般先用式(2-74)求出 K_{e298},然后按式(2-75)确定 K_{eT} 与 T 的关系。

图 2-6 为可逆放热反应的 $T\text{-}x_{\text{A}}$ 图(等反应速率线)。$r=0$ 为平衡曲线,其他曲线的反应速率大小顺序为 $r_5>r_4>r_3>r_2>r_1$。由图可见,每一条等反应速率曲线都有一个极大值,即最高转化率,所对应的温度即为最佳温度。各曲线的极大值点连成的线称为最佳温度曲线(图 2-6 中虚线)。可逆反应若能沿该最佳曲线操作,则在整个反应过程中反应都能以最快的速率进行。工业生产中操作条件的选择应尽可能靠近该曲线。

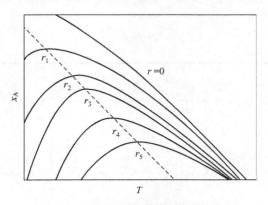

图 2-6 可逆放热反应等反应速率线

【**例 2-3**】 某液相 1 级可逆反应 $A \rightleftharpoons P$,已知 $G_{298}^{\ominus}=-14.121\text{kJ}\cdot\text{mol}^{-1}$,$\Delta H_{r298}=-75.312\text{kJ}\cdot\text{mol}^{-1}$。反应原料 A 的初始浓度 $C_{A0}=1\text{mol}\cdot\text{L}^{-1}$,其中原料中不含产物 P。动力学实验测得如下两组数据:65℃,反应 $t_1=2\text{min}$ 时,A 的转化率 $x_{A1}=0.784$;25℃,反应 $t_2=5\text{min}$ 时,A 的转化率 $x_{A2}=0.365$。试绘出该反应的 $T\text{-}x_{\text{A}}$ 图。

解 对于 1 级可逆反应:

$$K_{e}=\frac{C_{Pe}}{C_{Ae}}=\frac{C_{A0}-C_{Ae}}{C_{Ae}}=\frac{x_{Ae}}{1-x_{Ae}} \tag{a}$$

$$x_{Ae} = \frac{K_e}{1+K_e} \tag{b}$$

由式（2-74）得：

$$K_{e,298} = \exp\left(\frac{14121}{8.314 \times 298}\right) = 298.7$$

代入式（2-75）求得 K_{eT} 与 T 的关系式：

$$K_{eT} = \exp\left[\frac{75312}{8.314T} - \left(\frac{75312}{8.314 \times 298} - \ln 298.7\right)\right] = \exp\left(\frac{75312}{8.314T} - 24.7\right) \tag{c}$$

在 5～110℃温度范围内以 10℃间隔取 T 值，按上式计算平衡常数 K_{eT}，然后按式（b）求得平衡转化率 x_e，结果列于表 2-1 中。根据表中数据可绘出 T-x_A 图中的平衡线，如图 2-7 所示。

表 2-1 不同温度下反应的平衡常数和平衡转化率

温度		$\ln K_e$	K_e	x_{Ae}
℃	K			
5	278	7.90	2700	0.999
15	288	6.76	860	0.999
25	298	5.70	300	0.993
35	308	4.70	110	0.991
45	318	3.79	44.2	0.978
55	328	2.91	18.4	0.949
65	338	2.10	8.17	0.892
75	348	1.33	3.79	0.791
85	358	0.61	1.84	0.648
95	368	-0.08	0.92	0.480
105	378	-0.74	0.48	0.324
110	383	-1.05	0.35	0.260

$$(-r_A) = -\frac{dC_A}{dt} = -\frac{dC_{A0}(1-x_A)}{dt} = C_{A0}\frac{dx_A}{dt} \tag{d}$$

对于 1 级可逆反应：

$$(-r_A) = \overrightarrow{k}C_A - \overleftarrow{k}C_P = \overrightarrow{k}C_{A0}\left[(1-x_A) - \frac{\overleftarrow{k}}{\overrightarrow{k}} \times \frac{C_P}{C_{A0}}\right] = \overrightarrow{k}C_{A0}\left(1-x_A - \frac{x_A}{K_{eT}}\right) \tag{e}$$

将式（b）代入式（e）得：

$$(-r_A) = \overrightarrow{k}C_{A0}\left[1-x_A - \frac{x_A(1-x_{Ae})}{x_{Ae}}\right] = \overrightarrow{k}C_{A0} \tag{f}$$

联立式（d）和式（f）得：

$$C_{A0}\frac{dx_A}{dt} = \overrightarrow{k}C_{A0}\left(1-\frac{x_A}{x_{Ae}}\right)$$

$$\overrightarrow{k}\,dt = \frac{dx_A}{1-\dfrac{x_A}{x_{Ae}}}$$

按边界条件：$t=0$ 时 $x_{A0}=0$，积分上式得：

$$-\vec{k}t=x_{Ae}\ln\left(1-\frac{x_A}{x_{Ae}}\right)$$

$$\vec{k}=-\frac{x_{Ae}}{t}\ln\left(1-\frac{x_A}{x_{Ae}}\right)\tag{g}$$

将实验数据和表 2-1 中对应的 x_{Ae} 代入式（g）得各温度下的正向反应速率常数，如：

$$\vec{k}_{338}=-\frac{0.892}{2}\ln\left(1-\frac{0.784}{0.892}\right)=0.942\,\text{min}^{-1}$$

$$\vec{k}_{298}=-\frac{0.993}{5}\ln\left(1-\frac{0.365}{0.993}\right)=0.091\,\text{min}^{-1}$$

根据 Arrhenius 公式可知：

$$\vec{E}=\frac{R\ln\dfrac{\vec{k}_{T_1}}{\vec{k}_{T_2}}}{\dfrac{1}{T_2}-\dfrac{1}{T_1}}=\frac{8.314\times\ln\dfrac{0.091}{0.942}}{\dfrac{1}{338}-\dfrac{1}{298}}=48922\,\text{J}\cdot\text{mol}^{-1}$$

$$\vec{k}_0=\frac{\vec{k}}{\exp\left(-\dfrac{\vec{E}}{RT}\right)}=\frac{0.942}{\exp\left(-\dfrac{48922}{8.314\times338}\right)}=3.426\times10^7$$

该可逆反应的正向速率常数为：

$$\vec{k}=\vec{k}_0\exp\left(-\frac{\vec{E}}{RT}\right)=3.426\times10^7\exp\left(-\frac{48922}{8.314T}\right)=\exp\left(17.35-\frac{48922}{8.314T}\right)\tag{h}$$

$$\because\qquad K_{eT}=\frac{\vec{k}}{\overleftarrow{k}}$$

$$\overleftarrow{k}=\frac{\vec{k}}{K_{eT}}=\frac{\exp\left(17.35-\dfrac{48922}{8.314T}\right)}{\exp\left(\dfrac{75312}{8.314T}-24.7\right)}=\exp\left(42.05-\frac{1.242\times10^5}{8.314T}\right)\tag{i}$$

可逆反应的速率为：

$$(-r_A)=\vec{k}C_A-\overleftarrow{k}C_P=\vec{k}C_{A0}(1-x_A)-\overleftarrow{k}C_{A0}x_A$$

$$\therefore\qquad x_A=\frac{\vec{k}C_{A0}-(-r_A)}{(\vec{k}+\overleftarrow{k})C_{A0}}$$

将已知数据代入上列各式，可求出不同 $(-r_A)$ 时 x_A 与 T 的关系。以 T 为横坐标，x_A 为纵坐标便可绘制出如图 2-7 所示的 T-x_A 图（等反应速率线）。

【例 2-4】　合成氨反应：$N_2+3H_2 \Longleftrightarrow 2NH_3$ 为一可逆放热反应。进料中 H_2 和 N_2 的摩尔比为 3，且不含 NH_3。已知：$\vec{E}=58.62\,\text{kJ}\cdot\text{mol}^{-1}$，$\overleftarrow{E}=167.48\,\text{kJ}\cdot\text{mol}^{-1}$，$\lg K_e=(2172.26+19.65p)/T-(4.24+0.02p)$，$p$ 为反应压力。

试求在下述条件下的最佳反应温度。

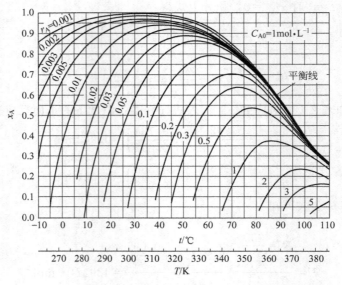

图 2-7 T-x_A曲线

（1）总压为 25MPa，氨含量为 15%；

（2）总压为 25MPa，氨含量为 12%；

（3）总压为 30MPa，氨含量为 12%。

解 （1）因进料中 N_2/H_2 比与化学计量比相同，且 NH_3 的初始浓度为 0，所以混合气中各组分的组成为：

$$y_{NH_3} = 0.15$$
$$y_{N_2} = (1-0.15)/4 = 0.2125$$
$$y_{H_2} = 3\times(1-0.15)/4 = 0.6375$$

该反应的平衡常数：

$$K_e = \frac{p_{NH_3}}{p_{H_2}^{1.5} p_{N_2}^{0.5}} = \frac{y_{NH_3} p_t}{(y_{H_2} p_t)^{1.5}(y_{H_2} p_t)^{0.5}} = \frac{0.15\times25}{(0.6375\times25)^{1.5}\times(0.2125\times25)^{0.5}} = 0.026$$

代入 K_e 和 T 的关系式，可求得该转化率条件下的平衡温度：

$$\lg 0.026 = (2172.26+19.65\times25)/T_e - (4.24+0.02\times25)$$
$$T_e = 844.2(K)$$

将 $T_e = 844.2$ 代入式（2-73），可求得最佳温度：

$$T_{opt} = \frac{844.2}{1+\dfrac{8.314\times844.2}{(167.48-58.62)\times10^3}\ln\dfrac{167.48}{58.62}} = 790.7(K)$$

（2）当含量为 12% 时各组分的组成为：

$$y_{NH_3} = 0.12$$
$$y_{N_2} = (1-0.12)/4 = 0.22$$
$$y_{H_2} = 3\times(1-0.12)/4 = 0.66$$

该反应的平衡常数：

$$K_e = \frac{p_{NH_3}}{p_{H_2}^{1.5} p_{N_2}^{0.5}} = \frac{y_{NH_3} p_t}{(y_{H_2} p_t)^{1.5}(y_{H_2} p_t)^{0.5}} = \frac{0.12\times25}{(0.66\times25)^{1.5}\times(0.22\times25)^{0.5}} = 0.019$$

代入 K_e 和 T 的关系式，可求得该转化率条件下的平衡温度：

$$\lg 0.019 = (2172.26 + 19.65 \times 25)/T_e - (4.24 + 0.02 \times 25)$$
$$T_e = 883.3(\text{K})$$

将 $T_e = 883.3$ 代入式(2-73)，可求得最佳温度：

$$T_{opt} = \frac{883.3}{1 + \frac{8.314 \times 883.3}{(167.48 - 58.62) \times 10^3} \ln \frac{167.48}{58.62}} = 824.9(\text{K})$$

(3) 当总压为 30MPa 时，其组成同 (2)，代入平衡常数计算式：

$$K_e = \frac{p_{NH_3}}{p_{H_2}^{1.5} p_{N_2}^{0.5}} = \frac{y_{NH_3} p_t}{(y_{H_2} p_t)^{1.5}(y_{H_2} p_t)^{0.5}} = \frac{0.12 \times 30}{(0.66 \times 30)^{1.5} \times (0.22 \times 30)^{0.5}} = 0.015$$

代入 K_e 和 T 的关系，可求得该转化率条件下的平衡温度。

$$\lg 0.015 = (2172.26 + 19.65 \times 30)/T_e - (4.24 + 0.02 \times 30)$$
$$T_e = 915.7(\text{K})$$

将 $T_e = 915.7$ 代入式(2-74)，可求得最佳温度：

$$T_{opt} = \frac{915.7}{1 + \frac{8.314 \times 915.7}{(167.48 - 58.62) \times 10^3} \ln \frac{167.48}{58.62}} = 853.1(\text{K})$$

可见，转化率提高，最佳温度降低；而系统压力提高，最佳温度升高。

习　题

1. 某反应方程式为 $2A+B = 3C$，若以反应物 A 表示的反应速率为 $(-r_A) = 2C_A C_B^2$，试写出以反应物 B 和产物 C 表示的反应速率方程。

2. 某液相反应 $2A+B = C+D$，反应原料不含 D，各组分的初始浓度分别为：$C_{A0} = 2\text{kmol} \cdot \text{m}^{-3}$，$C_{B0} = 2\text{kmol} \cdot \text{m}^{-3}$，$C_{C0} = 1\text{kmol} \cdot \text{m}^{-3}$，$C_{I0} = 5\text{kmol} \cdot \text{m}^{-3}$。其中，I 为溶剂，不参与反应。假定反应液的密度不变，试求 $x_A = 0.9$ 时各组分的浓度、摩尔分数和反应物 B 的转化率。

3. 已知某气相反应 $2A+B = C+D$。假定 A 和 B 按化学计量比混合，惰性气体的体积流量为原料总流量的 50%。已知：反应器入口压力为 2atm（1atm = 101325Pa），温度为 400K，出口压力为 2atm，温度 500K。求转化率为 80% 时各组分的浓度。

4. 已知下述气相反应：$2SO_2(A) + O_2(B) = 2SO_3(C)$。原料气中含 25% SO_2 和 75% 空气，总压为 2000kPa，反应温度为 532.2K。试推导各组分浓度与 x_A 的关系式，并根据上述关系式绘出各组分浓度与转化率的关系图。

5. 对气相基元反应：$2A+B \longrightarrow C$，反应速率常数 $k = 0.01\text{L}^2 \cdot \text{mol}^{-2} \cdot \text{s}^{-1}$。已知 $C_{A0} = 2\text{mol} \cdot \text{L}^{-1}$，反应开始时组分 B 过量 50%，惰性组分 I 与 A 的物质的量浓度相等。试推导 $(-r_A)$ 与组分 A 转化率的关系式。

6. 气相反应 $A+B \longrightarrow 2C+D$ 的反应速率方程为 $(-r_A) = kC_A C_B$，若该反应在 500℃ 下等温进行，原料气中 A 与 B 的摩尔比为 1:4，且反应速率常数 $k = 0.01\text{m}^3 \cdot \text{min} \cdot \text{mol}^{-1}$，试求：(1) 反应在恒容下进行，系统初始总压为 0.1013MPa，当 A 的转化率为 90% 时，C 和 D 的生成速率各是多少？(2) 反应在恒压下进行，其他条件同 (1)，C 的生成速率是多少?

7. 甲苯气相加氢脱烷基反应方程式为: $C_6H_5CH_3 + H_2 \longrightarrow C_6H_6 + CH_4$,该反应由下述基元反应构成:

(1) $H_2 \underset{k_2}{\overset{k_1}{\rightleftharpoons}} 2H \cdot$

(2) $H \cdot + C_6H_5CH_3 \overset{k_3}{\longrightarrow} C_6H_5 \cdot + CH_4$

(3) $C_6H_5 \cdot + H_2 \overset{k_4}{\longrightarrow} C_6H_6 + H \cdot$

试用定态近似法推导该反应的反应速率表达式。

8. 有氯气存在时,臭氧发生如下分解反应: $2O_3 \longrightarrow 3O_2$,该反应由如下基元反应构成:

(1) $Cl_2 + O_3 \overset{k_1}{\longrightarrow} ClO \cdot + ClO_2 \cdot$

(2) $ClO_2 \cdot + O_3 \overset{k_2}{\longrightarrow} ClO_3 \cdot + O_2$

(3) $ClO_3 \cdot + O_3 \overset{k_3}{\longrightarrow} ClO_2 \cdot + 2O_2$

(4) $2ClO_3 \cdot \overset{k_4}{\longrightarrow} Cl_2 + 3O_2$

(5) $2ClO \cdot \overset{k_5}{\longrightarrow} Cl_2 + O_2$

其中,自由基均为活性很高的中间体。试用定态近似法导出臭氧分解反应的速率方程。

9. 壬烷进行热裂化的反应为不可逆反应,其反应速率方程为 $r_A = kC_A^n$。在 1100K 时要使 A 的转化率达到 30% 需 9s,而在 1000K 达到同样的转化率需要 180s,求该反应的活化能。

10. 牛奶高温杀菌过程,60℃ 反应时需要 30min,74℃ 反应时则只需 15s,求该杀菌反应的活化能。

11. 对于气相反应,其反应速率方程为 $r_A = kC_A^n$。若反应混合物可视为理想气体,试分别推导以分压 p_i、浓度 C_i 和摩尔分数 y_i 表示反应物系的组成时,所对应的反应速率常数 k_p、k_C 和 k_y,并证明其相互关系为 $k_C = (RT)^n k_p = (RT/p)^n k_y$。

12. 在 373K 条件下,某气相反应速率表达式为: $(-r_A) = \mathrm{d}n_A/(V\mathrm{d}t) = 7.12 C_A^2 \, \text{mol} \cdot \text{L}^{-1} \cdot \text{s}^{-1}$。(1) 速率常数的单位是什么? (2) 若将反应表达式转化为以分压表示,$(-r_A) = \mathrm{d}p_A/\mathrm{d}t = k_p p_A^2 (\text{MPa} \cdot \text{s}^{-1})$ 时,求 k_p 的值。

13. 下图是某可逆反应的 $T\text{-}x_A$ 关系图,其中 AB 为平衡曲线,COD 为最佳温度的轨

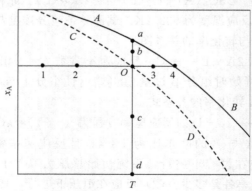

迹，有一条等转化率线和一条等温线与最佳温度轨迹线交于点 O。

试回答下列问题：

（1）该反应是吸热反应还是放热反应？

（2）在等温线上，a、b、O、c 和 d 各点中，哪一点的速率最大？哪一点的速率最小？

（3）在等转化率曲线上，1、2、O、3 和 4 各点中，哪一点的速率最大？哪一点的速率最小？

（4）1 和 2 点哪一点速率大？

（5）c 和 d 点哪一点速率大？

（6）图中所标的九点中，哪一点的速率最大？哪些点的速率最小？

14. 在 0.1MPa，钒催化剂上进行如下可逆反应 $SO_2 + \frac{1}{2}O_2 \Longleftrightarrow SO_3$，该反应的正反应活化能为 92.1kJ·mol^{-1}，平衡常数与温度的关系式为：$\lg K = 4905.5/T - 4.15$。试求：（1）当反应热效应为 $\Delta H_r = -96.3$kJ·mol^{-1}，原料气摩尔分数为：7% SO_2、11% O_2 和 82% N_2 时，SO_2 转化率为 80% 时的最佳温度；（2）若以纯氧代替空气，逆反应活化能为 201.2kJ·mol^{-1}，气体摩尔分数为 40% SO_2、40% O_2 及 20% SO_3 时的最佳反应温度。

15. 在恒温条件下进行酯化反应 $A + B \longrightarrow R + H_2O$，其中 B 大量过剩。常压下测得 A 的浓度随反应时间变化数据如下：

反应时间/min	0	30	60	120	180	240
C_A/mol·L^{-1}	1	0.625	0.455	0.294	0.217	0.172
反应时间/min	300	360	420	480	540	600
C_A/mol·L^{-1}	0.143	0.122	0.106	0.094	0.085	0.077

试求反应时间为 60min 和 180min 时 A 的酯化反应速率。

16. 等温条件下进行液相反应 $A \longrightarrow 2B + C$，其反应速率方程为 $r_A = 0.1C_A^2$（mol·L^{-1}·min^{-1}），若 A 的初始浓度为 5mol·L^{-1}，求：（1）反应 10min 时，A 的浓度和转化率；（2）A 的浓度降低为 $C_A = 1$mol·L^{-1} 时所需反应时间。

17. 等温条件下进行 0 级、1 级和 2 级不可逆液相反应，若反应物初始浓度相同，分别求出转化率由 0 达到 0.9 所需的时间（t_1）与转化率由 0.9 达到 0.99 所需时间（t_2）之比。比较不同级数反应的差别，并说明原因。

3 理想反应器

任何化学反应都是在反应器中进行的，在不同形式的反应器中同一化学反应即使在相同的操作条件下进行，反应结果也会不同。对于不同的反应器形式，因反应器结构不同反应器内物料的流速、温度和浓度分布也不尽相同，从而造成反应结果的差异。

对于工业反应器，反应结果由化学反应和物理过程两种因素决定。当反应器不受任何物理传递过程因素影响时，化学因素决定反应的最终结果。对于均相反应，因为反应过程中不存在相间传递过程，影响反应速率的物理因素只有物料的流动状态和混合两个因素。所谓理想反应器是指流动和混合达到两种极限的反应器，按完全混合和完全不混合分为两类理想反应器，即理想混合反应器和理想管式反应器。理想混合反应器按操作方式可分为间歇反应器和全混流反应器。理想管式反应器是连续流动的管式反应器，又称为活塞流或平推流反应器。搅拌充分的釜式反应器有时可以接近间歇反应器和全混流反应器，而高流速、高长径比的管式反应器，有时可以相当接近活塞流反应器。因而，很多工业反应器可以直接用理想反应器模型来近似处理。

本章的主要目的在于介绍工业反应器设计和开发计算中的基本原理，以反应动力学为基础，根据反应的特点和反应器的性能，确定化学反应器的形式和最佳操作条件，以及要完成规定的生产任务所必需的反应器体积及生产能力等。本章依据混合和流动特性，介绍以下三种理想反应器：

① 间歇釜式反应器；
② 全混流反应器（连续流动釜式反应器）；
③ 理想管式反应器（活塞流或平推流反应器）。

3.1 间歇釜式反应器（batch reactor，BR）

间歇反应器的特点是分批装料、分批操作和分批卸料，操作灵活、简单，是最常用的一种反应器，在医药、试剂、助剂等精细化学品生产、高分子聚合反应和生物化工等领域得到广泛应用。间歇反应器的优点是操作灵活，易于满足不同操作条件和不同产品品种，适用于规模小、反应时间长的反应。其缺点是装料、卸料等辅助操作耗时长，设备利用率低，产品质量也不稳定。

3.1.1 等温间歇反应器的数学模型

间歇反应器如图 3-1 所示。反应物料按一定比例一次加入反应器中，通过剧烈搅拌，使

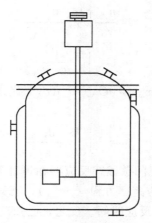

图 3-1　间歇反应器示意图

反应器内温度和浓度保持均匀。经过一段时间，反应达到所要求的转化率后，将反应器内的物料全部排出，经过清洗，即完成了一个生产周期。间歇反应器的特点是，分批操作，一次装料，一次卸料。反应器内瞬时温度、浓度均匀，全部物料在反应器中的反应时间是相同的。反应器内的浓度、转化率、反应速率等只随反应时间变化而不随反应器内的位置变化。

　　如果反应器在等温条件下进行操作，由于消除了传递因素的影响，因而反应结果将唯一地取决于化学反应动力学规律。

　　假定反应器中进行如下反应：$A + B \longrightarrow P$ 其中 A 为关键组分。反应初始时关键组分 A 的量为 n_{A0}，由于反应期间没有物料加入或流出，根据物料衡算方程式(3-1) 可以写出 dt 时间内全釜的物料恒算：

$$\begin{array}{cccc} \text{单位时间} \\ \text{A 的输入量} \end{array} = \begin{array}{c} \text{单位时间} \\ \text{A 的输出量} \end{array} + \begin{array}{c} \text{单位时间} \\ \text{A 的消耗量} \end{array} + \begin{array}{c} \text{单位时间} \\ \text{A 的累积量} \end{array} \tag{3-1}$$

$$0 \qquad\qquad 0 \qquad\qquad (-r_A)V_R \qquad\qquad -\frac{dn_A}{dt}$$

所以，

$$0 = 0 + (-r_A)V_R - \frac{dn_A}{dt} \tag{3-2}$$

　　式中，n_A 为时刻 t 反应器内关键组分 A 的物质的量；V_R 为反应体积。

　　若用 A 的转化率来表示，则

$$n_A = n_{A0}(1 - x_A) \tag{3-3}$$

$$\frac{dn_A}{dt} = -n_{A0}\frac{dx_A}{dt} \tag{3-4}$$

代入式(3-2) 整理得：

$$(-r_A)V_R = n_{A0}\frac{dx_A}{dt} \tag{3-5}$$

式(3-5) 积分得：

$$t = n_{A0}\int_0^{x_A}\frac{dx_A}{(-r_A)V_R} \tag{3-6}$$

　　式中，x_A 为 t 时刻的转化率。反应体积 V_R 一般为恒定，所以：

$$t = \frac{n_{A0}}{V_R} \int_0^{x_A} \frac{dx_A}{(-r_A)}$$

$$= C_{A0} \int_0^{x_A} \frac{dx_A}{(-r_A)} \tag{3-7}$$

对恒容体系：$C_A = C_{A0}(1 - x_A)$，$dC_A = -dx_A$，代入式（3-7）可得以浓度作变量的计算式：

$$t = -\int_{C_{A0}}^{C_A} \frac{dC_A}{(-r_A)} \tag{3-8}$$

式（3-7）和式（3-8）即为理想间歇釜式反应器在恒容条件下的操作方程，也称为操作方程。由式（3-8）可知，当给定反应速率方程（$-r_A$），已知初始浓度 C_{A0}，即可确定达到一定浓度 C_A 或转化率 x_A 所需要的反应时间。反之，已知反应时间 t 和初始浓度 C_{A0}，即可确定反应器所能达到的浓度 C_A 或转化率 x_A。值得注意的是，在间歇反应器中进行反应时，达到一定浓度或转化率所需时间只与反应速率有关，而与反应器大小无关。

对于间歇反应器的设计，主要目标是确定反应器的体积。所以，建立数学模型的目的是确定反应体积与反应结果（即最终转化率）之间的关系。

间歇反应器的反应体积与单位时间内物料的处理量有关，反应器的有效体积大小由下式确定：

$$V = v_0(t + t_0) \tag{3-9}$$

式中，v_0 为每个操作循环单位时间内处理反应物料的体积；t 为操作方程计算的反应时间；t_0 为辅助时间，包括加料时间、卸料时间和反应器清洗时间等，即

$$t_0 = 装料时间 + 卸料时间 + 清洗时间$$

由于反应器装填物料后要留有一定空间，所以实际体积要比有效体积大，考虑到装填系数，实际体积为：

$$V_t = V/\varphi \tag{3-10}$$

式中，装填系数 φ 视物料性质而定，一般为 0.4～0.85。通常对沸腾和发泡的液体，$\varphi = 0.4～0.6$；非沸腾和发泡液体，$\varphi = 0.7～0.85$。

在间歇反应器中，当反应速率方程确定时，可以根据式（3-7）和式（3-8）进行积分求解。如果反应速率复杂，或者只有动力学关系的数据而没有动力学方程，可能就无法利用操作方程进行解析积分，这时可以采用图解的方法进行求解。根据间歇反应器的操作方程，如果反应要求最终浓度为 C_{Af} 或转化率为 x_{Af}，采用图 3-2 图解法可以求得反应所需时间。

$$t = C_{A0} \int_0^{x_{Af}} \frac{dx_A}{(-r_A)} = C_{A0} \times 积分面积\ S_1 \tag{3-11}$$

或

$$t = -\int_{C_{A0}}^{C_{Af}} \frac{dC_A}{(-r_A)} = 积分面积\ S_2 \tag{3-12}$$

对于恒容 1 级不可逆反应，其反应速率方程为：

$$(-r_A) = kC_{A0}(1 - x_A) \tag{3-13}$$

代入式（3-7）得：

$$t = C_{A0} \int_0^{x_{Af}} \frac{dx_A}{kC_{A0}(1 - x_A)} \tag{3-14}$$

等温下反应时，反应速率常数 k 为定值，上式积分得：

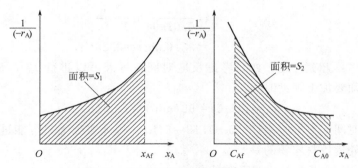

图 3-2　间歇反应器图解计算示意图

$$t = \frac{1}{k} \ln \frac{1}{1-x_{Af}} \tag{3-15}$$

对于其他级数的反应，可类似以上述的推导方法，求出在间歇反应器中进行反应时所需反应时间与最终转化率的关系。

不同级数的不可逆反应在间歇釜式反应器中进行反应时所需反应时间与最终转化率的关系式列于表 3-1 中。

表 3-1　间歇反应器的操作方程

反应	动力学方程	操作方程
0 级，A $\longrightarrow$ P	$(-r_A)=k$	$kt=C_{A0}-C_A$
1 级，A $\longrightarrow$ P	$(-r_A)=kC_A$	$kt=\ln \dfrac{C_{A0}}{C_A}=\ln \dfrac{1}{1-x_A}$
2 级，2A $\longrightarrow$ P	$(-r_A)=kC_A^2$	$kt=\dfrac{1}{C_A}-\dfrac{1}{C_{A0}}=\dfrac{1}{C_{A0}}\dfrac{x_A}{1-x_A}$
2 级，A+B $\longrightarrow$ P	$(-r_A)=kC_AC_B$	$kt=\dfrac{1}{C_{B0}-C_{A0}}\ln \dfrac{C_BC_{A0}}{C_AC_{B0}}=\dfrac{1}{C_{B0}-C_{A0}}\ln \dfrac{1-x_B}{1-x_A}$

反应器单位处理量大的设备造价低，但搅拌效果一般较差，易导致反应器内浓度和温度分布不均匀。小反应器搅拌效果好，物料的温度和浓度分布均匀，但反应器数目多时辅助设备增加，单位处理量小的反应器设备造价也高。因此，反应器大小和数目的选择必须从反应物料的性质、操作稳定性和经济性等多方面综合分析才能确定。

【例 3-1】　在间歇反应器进行一个不可逆的 1 级反应，反应温度为 100℃。已知反应速率常数 $k=0.01994\text{min}^{-1}$，反应物 A 的初始浓度 $C_{A0}=8\text{mol} \cdot \text{L}^{-1}$。每天操作不超过 12h。产物的产量 $n_p=4752\text{mol}$；每次装料和加热操作耗时 54min，每次冷却和卸料操作耗时 15min，装料系数 $\varphi=0.6$。求：（1）转化率达 99% 所需反应时间。（2）所需反应体积及反应器体积。

解　（1）由表 3-1 知，对于 1 级不可逆反应：

$$kt=\ln \frac{1}{1-x_{Af}}$$

$$t=\frac{1}{k} \ln \frac{1}{1-x_{Af}}$$

$$= \frac{1}{0.01994} \ln \frac{1}{1-0.99}$$

$$= 231(\text{min}) = 3.85(\text{h})$$

（2）每天操作不超过 12h，如只考虑反应时间，每天可以进行 12/3.85＝3.1 批操作。但每批操作还必须要加上辅助时间：

$$t_0 = 15 + 54 = 69(\text{min}) = 1.15(\text{h})$$

所以，每批操作时间 $t_B = t + t_0 = 3.85 + 1.15 = 5(\text{h})$，每天实际上只可能进行 2 批生产。反应体积应为每天处理原料容积的一半。

由转化率 x_{Af} 可求得每天处理原料量为：

$$n_{A0} = \frac{n_p}{x_{Af}} = \frac{4752}{0.99} = 4800(\text{mol} \cdot \text{d}^{-1})$$

所以，所处理的原料体积：$V_A = \dfrac{n_{A0}}{C_{A0}} = \dfrac{4800}{8} = 600(\text{L} \cdot \text{d}^{-1})$

反应体积：$V_R = \dfrac{600}{2} = 300(\text{L})$

反应器体积：$V = \dfrac{V_R}{\varphi} = \dfrac{300}{0.6} = 500(\text{L})$

3.1.2　最优反应时间

反应器的最佳反应条件总是围绕着一定的优化目标来选择的，比如使产品的成本最低或使单位时间内产量最大。对于间歇反应器操作来说，辅助时间一般为定值，随着反应时间的延长，反应物浓度不断降低，但反应速率也会随之降低。虽然产物的产量是增加的，但单位操作时间内产品的产量并不一定增加。所以，以单位操作时间的产品产量最大为目标，必定存在一最优反应时间，此时单位时间产物的产率最大，生产效率最高。

对于反应 $A \longrightarrow P$，当反应体积一定时，因辅助时间 t_0 为定值，若产物浓度 C_P 确定，则单位操作时间内产物的产量 F_P 为：

$$F_P = \frac{C_P V_R}{t + t_0} \tag{3-16}$$

上式对 t 求导得：

$$\frac{dF_P}{dt} = V_R \frac{(t+t_0)\dfrac{dC_P}{dt} - C_P}{(t+t_0)^2} \tag{3-17}$$

F_P 取极大值时应满足：

$$\frac{dF_P}{dt} = 0$$

整理得：

$$\frac{dC_P}{dt} = \frac{C_P}{t+t_0} \tag{3-18}$$

式（3-18）为单位时间内产物产量最大的必要条件。求最佳反应时间时，既可将上式积分用解析法求得，也可用图解法求解（如图 3-3 所示）。图中曲线 OMN 为产物浓度 C_P 随反应时间 t 的变化关系。

通过点 $A(-t_0,0)$ 对曲线作切线 AM，其斜率等于 MD/AD。因为 $MD = C_P$，$AD = t + t_0$，所以 M 点的斜率为：

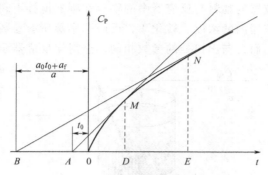

图 3-3　间歇反应器最优反应时间

$$\left.\frac{\mathrm{d}C_P}{\mathrm{d}t}\right|_M = \frac{MD}{AD} = \frac{C_P}{t+t_0}$$

因此，M 点的横坐标值即为最佳反应时间。

上述最优反应时间是以单位时间产品产量最大为目标，若要生产的总费用最低为目标，优化的目标函数不同，则最佳反应时间就会不同。

设单位时间所需的反应操作费用为 a，单位时间辅助操作的费用为 a_0，固定费用为 a_f，则单位产量的总费用为：

$$A = \frac{at+a_0t_0+a_f}{V_R C_P} \tag{3-19}$$

上式对 t 求导得：

$$\frac{\mathrm{d}A}{\mathrm{d}t} = \frac{1}{V_R C_P^2}\left[aC_P - (at+a_0t_0+a_f)\frac{\mathrm{d}C_P}{\mathrm{d}t}\right] \tag{3-20}$$

令 $\frac{\mathrm{d}A}{\mathrm{d}t}=0$，整理可得总费用最少的必要条件：

$$\frac{\mathrm{d}C_P}{\mathrm{d}t} = \frac{C_P}{t+(a_0t_0+a_f)/a} \tag{3-21}$$

同理，也可用图解法求出最佳反应时间：先从横轴上找到点 $\left(\dfrac{a_0t_0+a_f}{a}, 0\right)$，即图中的 B 点。然后，从 B 点向曲线作切线，该直线的斜率满足式(3-21)，故切点 N 的横坐标值即为最佳反应时间。

3.2　全混流反应器（continuous stirred tank reactor，CSTR）

连续流动釜式反应器又称为全混流反应器或连续搅拌理想反应器，与间歇釜式反应器相比，二者在形式上完全相同，但由于操作方式不同，导致混合状况不同，反应器的性能有很大差别。由于流动过程中，全混流反应器中反应物料的停留时间存在一定分布，因而会影响反应最终的结果。

3.2.1　等温全混流反应器的数学模型

连续釜式反应器几乎都是在定态条件下操作的，在反应过程中连续加入反应原料并连续排出反应产物，流入反应器的物料与反应器中的物料在剧烈搅拌下瞬间达到温度和浓度的均一。在这种定态下，反应器内的浓度、转化率、反应速率等所有参数既不随时间变化，也不随反应器内的位置变化，而且与出口处的参数相同。全混流反应器示意图见图 3-4。

图 3-4 全混流反应器示意图

定常态下，对于等温恒容反应 $A \longrightarrow P$，根据物料衡算方程式(3-1) 对关键组分 A 作物料衡算得：

$$v_0 C_{A0} = v_0 C_{Af} + (-r_A) V_R \tag{3-22}$$

若反应前后体积流量不变，均为 v_0，则：

$$V_R = \frac{v_0 (C_{A0} - C_{Af})}{(-r_A)_f} \tag{3-23}$$

因为 $C_{Af} = C_{A0}(1 - x_{Af})$，所以：

$$V_R = \frac{v_0 C_{A0} x_{Af}}{(-r_A)_f} \tag{3-24}$$

式(3-24) 也可改写为：

$$\tau = \frac{V_R}{v_0} = \frac{C_{A0} - C_{Af}}{(-r_A)_f} = \frac{C_{A0} x_{Af}}{(-r_A)_f} \tag{3-25}$$

其中 τ 称为空间时间，简称空时：

$$\tau = \frac{V_R}{v_0} = \frac{\text{反应器体积}}{\text{进口流量}} \tag{3-26}$$

空时 τ 表示物料流过反应器所经历停留时间的长短。空时的倒数称为空速，即

$$S_V = \frac{1}{\tau} = \frac{v_0}{V_R} \tag{3-27}$$

空速的意义是单位反应体积单位时间所处理物料的量，所以它表示反应器生产能力的大小。

式(3-23)、式(3-24) 和式(3-25) 是用不同形式表示的全混流反应器的操作方程。可见，它们都是代数式，比间歇反应器的操作方程更易于求解。对整级数反应，可以求出解析解。比如，对于 1 级不可逆反应：

$$(-r_A) = k C_A$$

初始浓度 C_{A0}，出口浓度 C_{Af}，带入式(3-25) 可得：

$$\tau = \frac{C_{A0} - C_{Af}}{k C_{Af}} \tag{3-28}$$

整理得：

$$C_A = \frac{C_{A0}}{1 + k\tau} \tag{3-29}$$

当然，在难于求取解析解时，也可以用图解法求取，如图 3-5 所示。

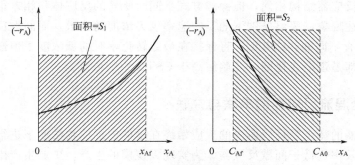

图 3-5　全混流反应器图解计算示意图

式(3-24) 可改写成：
$$V_R = v_0 C_{A0}(x_{Af} - 0)\frac{1}{(-r_A)_f} = v_0 C_{A0} \times 面积 S_1 \qquad (3-30)$$

式(3-23) 可改写成：
$$V_R = v_0(C_{A0} - C_{Af})\frac{1}{(-r_A)_f} = v_0 \times 面积 S_2 \qquad (3-31)$$

【例 3-2】 己二酸（A）与己二醇（B）在硫酸催化下进行缩聚反应以生产醇醛树脂。反应速率方程为 $(-r_A) = kC_A C_B$，实验测得反应速率常数为 $1.97 \times 10^{-6} \ m^3 \cdot mol^{-1} \cdot min^{-1}$，反应混合物中己二酸的初始浓度为 $4 mol \cdot L^{-1}$，己二酸和己二醇的摩尔比为 1 : 1。若每天处理己二酸 2400kg，要求己二酸的转化率为 80%。试求：（1）该反应在间歇反应器中进行时所需反应体积，假定每批操作的辅助时间为 1h。（2）若该反应在 CSTR 中进行，所需的反应体积为多少？

解　（1）该缩聚反应为 2 级反应，且己二醇和己二酸的摩尔比为 1 : 1，可直接应用表 3-1 中的积分式求算间歇反应器中所需反应时间：
$$t = \frac{x_{Af}}{kC_{A0}(1 - x_{Af})} = \frac{0.8}{1.97 \times 10^{-6} \times 4000 \times (1 - 0.8)} = 508(min)$$

所以，操作时间为：
$$t_B = t + t_0 = 508 + 60 = 568(min)$$

根据己二酸的处理量和初始浓度，可求出单位时间内需处理的反应物料体积：
$$v_0 = \frac{2400 \times 1000}{24 \times 146 \times 4 \times 1000} = 0.171(m^3 \cdot h^{-1})$$

所需的反应体积为：
$$V_R = t_B v_0 = \frac{568}{60} \times 0.171 = 1.62(m^3)$$

（2）在 CSTR 中进行反应时：
$$V_R = \frac{v_0 C_{A0}(x_{Af} - x_{A0})}{kC_{Af}^2}$$
$$= \frac{v_0 C_{A0}(x_{Af} - x_{A0})}{k[C_{A0}(1 - x_{Af})]^2}$$
$$= \frac{v_0 x_{Af}}{kC_{A0}(1 - x_{Af})^2}$$
$$= \frac{0.171 \times 0.8}{1.97 \times 10^{-6} \times 60 \times 4 \times 1000 \times (1 - 0.8)^2} = 7.23(m^3)$$

可见，尽管反应器结构相同，但操作方式不同时所需的反应体积相差很大。从反应动力学也可以解释上述现象：等温条件下的反应速率仅为浓度的函数，而间歇反应器中反应物浓度与 CSTR 中是有不同的，CSTR 一直保持在最终转化率时的低浓度下恒速反应，间歇反应器内反应物浓度却是逐渐变化的，并始终高于 CSTR 中的浓度。

3.2.2 等温全混流反应器的串联与并联

全混流反应器的特点是反应器内的反应始终在最低的反应物浓度下进行，因而降低了反应速率，导致其效率远低于间歇反应器。为实现大规模的生产，工业生产中常使用多级全混流反应器串联操作，以减小反应器的总体积。下面分析 CSTR 串联操作的情况。

若反应对反应物为正级数动力学，即反应速率随浓度的增加而增大，随转化率的提高而降低，则可用图解法确定反应器的最优组合，使反应器总体积最小。以两段全混釜串联为例，如图 3-6 所示。

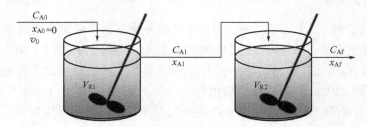

图 3-6　全混流反应器串联示意图

图解计算如图 3-7 所示。

第一段反应器：

$$V_{R1} = v_0(C_{A0} - C_{A1}) \frac{1}{(-r_A)_{C_{A1}}} = v_0 \times 矩形\ EDGF\ 面积$$

第二段反应器：

$$V_{R2} = v_0(C_{A1} - C_{Af}) \frac{1}{(-r_A)_{C_{Af}}} = v_0 \times 矩形\ ABFH\ 面积$$

串联后的总体积：

$$V_{RN} = v_0 C_{A0} \times (矩形\ EDGF\ 面积 + 矩形\ ABFH\ 面积)$$

如果采用单釜进行操作，其反应体积为：

$$V_R = v_0(C_{A0} - C_{Af}) \frac{1}{(-r_A)_{C_{Af}}} = v_0 \times 矩形\ ACGH\ 面积$$

显而易见，若达到相同转化率，单釜操作对应的矩形面积大于两釜串联操作矩形面积之和，所以单釜操作所需要的体积 V_R 大于串联操作所需要的总体积 $\sum_1^n V_{RN}$。

如反应为负级数反应，即当浓度减小或转化率增加，反应速率提高，两釜串联操作图解计算如图 3-8 所示。当给定最终转化率 x_{Af} 时，

第一段反应器：

$$V_{R1} = v_0 C_{A0}(x_{A1} - 0) \frac{1}{(-r_A)_{x_{A1}}} = v_0 C_{A0} \times 矩形\ ABF0\ 面积$$

第二段反应器：

$$V_{R2} = v_0 C_{A0}(x_{Af} - x_{A1})\frac{1}{(-r_A)_{x_{Af}}} = v_0 C_{A0} \times 矩形\ ECDF\ 面积$$

串联后的总体积：

$$V_R = v_0 C_{A0}(矩形\ ABF0\ 面积 + 矩形\ ECDF\ 面积)$$

如采用单釜进行操作：

$$V_{RN} = v_0 C_{A0}(x_{Af} - 0)\frac{1}{(-r_A)_{x_{Af}}} = v_0 \times 矩形\ GCD0\ 面积$$

由图 3-8 中可见，对于负级数的反应，与正级数的情况相反，达到相同转化率时单釜操作所需要的体积 V_R 小于串联操作所需要的总体积 $\sum_1^n V_{RN}$ 。

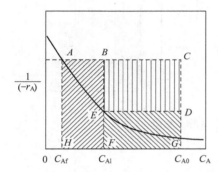

图 3-7　正级数反应两釜 CSTR 串联操作

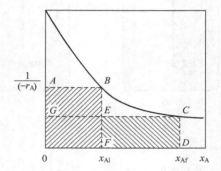

图 3-8　负级数反应两釜 CSTR 串联操作

当单釜操作所需要的反应体积过大或者加工制造困难时，有时可以使用多个全混釜进行并联操作，并联方式如图 3-9 所示。

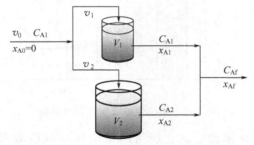

图 3-9　两釜 CSTR 并联操作示意图

两釜 CSTR 并联操作时，各釜进料量分配的原则，一般有要求：$v_0 = v_1 + v_2$；$C_{Af} = C_{A1} = C_{A2}$。

第一釜体积：

$$V_{R1} = \frac{v_1(C_{A0} - C_{Af})}{(-r_A)} \tag{3-32}$$

第二釜体积：

$$V_{R2} = \frac{v_2(C_{A0} - C_{Af})}{(-r_A)} \tag{3-33}$$

式（3-32）除以式（3-33）得：

$$\frac{V_{R1}}{V_{R2}} = \frac{v_1}{v_2} \quad 或 \quad \frac{V_{R1}}{v_1} = \frac{V_{R2}}{v_2} \tag{3-34}$$

亦即，$\tau_1 = \tau_2$，并联操作时保证各段反应釜空时相同，各釜出口浓度或转化率相同。

3.2.3 等温多级串联全混流反应器图解计算

全混釜的主要特点是釜内反应物浓度低至出料的水平，正级数反应（绝大多数反应过程）始终在低反应速率下进行，效率很低。若要用釜式反应器实现连续操作又要求获得较大的反应速率，唯一的办法是将多个 CSTR 反应器串联起来，如图 3-10 所示。如果使用单釜，反应的浓度始终保持在 C_{Af}，当多釜串联时各釜的浓度依次减小，只有最后一釜的浓度才是最终出口浓度 C_{Af}。也就是说，除了最后一釜外，其他各釜都保持在比 C_{Af} 高的水平，这样就可以获得比较大的反应速率。图解计算如图 3-11 所示。

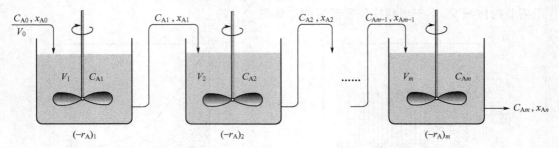

图 3-10 m 段全混流反应器的示意图

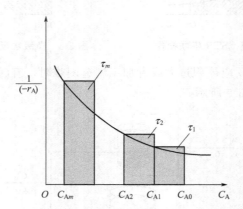

图 3-11 多段全混流反应器示意图

在生产强度和最终转化率给定时，所需的反应体积与段数和各段的转化率有关。设 x_{A1}、x_{A2}、$\cdots$、x_{Am} 分别为第 1、2、$\cdots$、m 段的出口转化率，各段的反应体积分别为 V_{R1}、V_{R2}、$\cdots$、V_{Rm}。下面以 1 级不可逆反应为例推导多段 CSTR 的操作方程。

由全混流反应器的操作方程知，对于任一段反应器，其反应体积与反应物浓度间的关系为：

$$\tau_i = \frac{C_{Ai-1} - C_{Ai}}{k_i C_{Ai}} \tag{3-35}$$

或

$$C_{Ai} = \frac{C_{Ai-1}}{1 + k_i \tau_i} \tag{3-36}$$

所以，第 1 段出口浓度为：

$$C_{A1} = \frac{C_{A0}}{1 + k_1 \tau_1}$$

第 2 段出口浓度为：

$$C_{A2} = \frac{C_{A1}}{1 + k_2 \tau_2} = \frac{C_{A0}}{1 + k_1 \tau_1} \times \frac{1}{1 + k_2 \tau_2}$$

……

第 m 段出口浓度为：　　$C_{Am}=\dfrac{C_{Am}}{1+k_m\tau_m}=\dfrac{C_{A0}}{1+k_1\tau_1}\times\dfrac{1}{1+k_2\tau_2}\times\cdots\times\dfrac{1}{1+k_m t_m}$

$$=C_{A0}\prod_{i=1}^{m}\left(\dfrac{1}{1+k_i\tau_i}\right)$$

对于等温反应，各段的反应速率常数相等，即 $k_1=k_2=\cdots=k_m$。若各段的反应体积相同，则 $\tau_1=\tau_2=\cdots=\tau_m$，上式简化为：

$$C_{Am}=\dfrac{C_{A0}}{(1+k\tau_i)^m}\tag{3-37}$$

或

$$x_{Am}=1-\dfrac{1}{(1+k\tau_i)^m}\tag{3-38}$$

式(3-37) 和式(3-38) 可改写成：

$$\tau_i=\dfrac{1}{k}\left[\left(\dfrac{C_{A0}}{C_{Am}}\right)^{\frac{1}{m}}-1\right]\tag{3-39}$$

$$\tau_i=\dfrac{1}{k}\left[\left(\dfrac{1}{1-x_{Am}}\right)^{\frac{1}{m}}-1\right]\tag{3-40}$$

多段全混流反应器的总反应时间，即总空时：

$$\tau_T=\sum_{1}^{m}\tau_i=m\tau_i=\dfrac{m}{k}\left[\left(\dfrac{C_{A0}}{C_{Am}}\right)^{\frac{1}{m}}-1\right]\tag{3-41}$$

如果已知 V_R、v_0、C_{A0} 和 C_{Am}（或 x_{Af}），可求得等体积多段全混流反应器所需个数。式(3-40) 可改写为：

$$m=\dfrac{-\ln(1-x_{Am})}{\ln(1+k\tau_i)}\tag{3-42}$$

【例 3-3】　在 CSTR 中进行某 1 级不可逆反应，其速率方程为 $(-r_A)=0.02C_A(\text{mol}\cdot\text{min}^{-1})$，日处理量 4800mol，原料中 $C_{A0}=8\text{mol}\cdot\text{L}^{-1}$，要求反应最终转化率为 99%。试求：(1) 单段 CSTR 反应时所需反应体积。(2) 用三段体积为 45L 的 CSTR 反应器串联操作，能否达到要求的转化率？(3) 若达到原定的转化率，用四段等体积的 CSTR 进行时，反应器体积为多少？(4) 若现有有效容积为 200L 的反应器若干，要达到原定转化率，采用几段？

解　(1) 根据 CSTR 的操作方程：

$$t=\dfrac{V_R}{v_0}=\dfrac{C_{A0}x_{Af}}{(-r_A)}=\dfrac{C_{A0}x_{Af}}{kC_{A0}(1-x_{Af})}=\dfrac{x_{Af}}{k(1-x_{Af})}$$

$$V_R=\dfrac{v_0 x_{Af}}{k(1-x_{Af})}$$

已知，$x_{Af}=0.99$，$v_0=\dfrac{4800}{24\times 8}=25(\text{L}\cdot\text{h}^{-1})$，$k=0.02\text{min}^{-1}$

用单段 CSTR 进行反应时所需的反应体积为：

$$V_R=\dfrac{25\times 0.99}{60\times 0.02\times(1-0.99)}=2062(\text{L})$$

(2) 若 $m=3$ 且 $V_{R1}=V_{R2}=V_{R3}=45\text{L}$，则 $\tau_i=\dfrac{45}{25}\times 60=108(\text{min})$，代入式(3-38) 得：

$$x_{Am} = 1 - \frac{1}{(1+k\tau)^m}$$

$$= 1 - \frac{1}{(1+0.02\times108)^3} = 0.968 < 0.99$$

即不能满足对反应转化率的要求。

（3）若采用四段等体积 CSTR 反应器，则每一段的空间时间为：

$$\tau_i = \frac{V_R}{v_0} = \frac{1}{k}\left[\left(\frac{1}{1-x_{Am}}\right)^{\frac{1}{m}} - 1\right]$$

所以有：

$$V_{Ri} = \frac{v_0}{k}\left[\left(\frac{1}{1-x_{Am}}\right)^{\frac{1}{m}} - 1\right]$$

$$= \frac{25}{0.02\times60}\left[\left(\frac{1}{1-0.99}\right)^{\frac{1}{4}} - 1\right] = 45(L)$$

多段 CSTR 反应器的总反应体积 $\sum\limits_1^4 V_{Ri} = 4\times45 = 180(L)$

（4）若每个反应器有效体积 $V_R = 200L$，则每个反应器中的空间时间 $\tau_i = \frac{200}{25}\times60 = 480$ (min)，代入式（3-37）得：

$$m = \frac{-\ln(1-x_{Am})}{\ln(1+k\tau_i)}$$

$$= \frac{-\ln(1-0.99)}{\ln(1+0.02\times480)} = 1.95$$

取整 $n=2$，即用两段 CSTR 反应器可以满足转化率要求。

上例的计算结果汇总于表 3-2 中。

表 3-2　多段 CSTR 总反应体积与段数间的关系

n	1	2	3	4	5
ΣV_R	2062	400	228	180	157
$\Delta\Sigma V_R$	1662		172		48		23

由上表可见，①反应段数越多，则所需总反应体积越小；②随着段数的增加，总反应体积差别变小，而且反应段数增加就将导致设备投资和操作费用的增加，因此段数的选择应综合考虑，才能确定。

对于 1 级反应，当各釜体积相等、操作温度相同时，无须逐釜计算，根据式（3-38）即可求出最终转化率。而对于非 1 级反应则需要逐釜计算，并通过试差才能求得反应器体积。此外，有时实验所测得的速率与浓度的关系只是一些离散的数据点，无法建立准确的速率方程式。这种情况就需用图解法来分析计算。

在解析法中，各段转化率是通过联立求解 CSTR 的操作方程和动力学方程而得到的，在几何上方程组的解就是两条曲线的交点。任一段 CSTR 的操作方程：

$$\tau_i = \frac{C_{A0}(x_{Ai} - x_{Ai-1})}{(-r_A)_i}$$

上式可改写为：

$$(-r_A)_i = \frac{C_{A0}}{\tau_i} x_{Ai} - \frac{C_{A0}}{\tau_i} x_{Ai-1} \qquad (3\text{-}43)$$

当各段反应器处理的物料量和各段的反应体积一定时，则空时 τ_i 为定值。式(3-43) 为第 i 釜的操作线方程，描述第 i 段 CSTR 中反应速率与转化率间的关系，绘制在 $(-r_A)\text{-}x_i$ 图上为一直线，如图 3-12 所示。直线的斜率为 (C_{A0}/τ_i)，截距为 $(-C_{A0}x_{Ai-1}/\tau_i)$。操作线与反应速率线的交点所对应的转化率为该段出口的转化率。

图解法求取各段出口转化率的步骤如下：

① 以 $(-r_A)$ 为纵坐标，x_A 为横坐标，绘制动力学曲线，见图 3-12 中 MN 曲线。

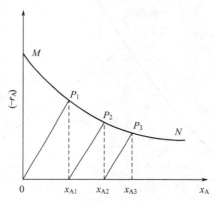

图 3-12 多段全混流反应器的图解计算

② 以原点 0 为起点，以 C_{A0}/τ_i 为斜率作直线 $0P_1$ 交 MN 曲线为 P_1 点，P_1 点的横坐标 x_{A1} 即是第一段反应器出口的转化率。

③ 以 x_{A1} 为起点，以 C_{A0}/τ_i 为斜率作直线交 MN 曲线为 P_2 点，P_2 点的横坐标为 x_{A2}；即第二段反应釜的出口转化率。由于各釜体积相同，串联各釜的空时 τ_i 相等，所以各段直线的斜率相同。

④ 依此类推，以前一釜出口转化率为起点，作直线 $0P_1$ 的平行线，直至所作出的操作线交动力学曲线 MN 上交点的横坐标大于或等于要求的最终转化率 x_{Af}。操作线的个数即为要达到要求的转化率所需 CSTR 反应器的段数。

若各反应器的体积不同，则各段的操作线斜率不同；若各釜的反应温度不同，则需要作出各段不同温度下的动力学曲线，再按上述方法求出所需段数。

如果已确定了串联的釜数和最终转化率，作图顺序与上述相同，但要进行试差。先假定第一釜操作线 $0P_1$ 的斜率，按照上述方法分别作各釜操作线，看给定的釜数内能否完成规定的最终转化率。若不能满足，则需要重新假定操作线斜率，直至最后一段的出口转化率大于等于规定的最终转化率。

【例 3-4】 某反应 $A+B \longrightarrow P$ 为 2 级反应，其速率方程为：

$$(-r_A) = kC_A C_B, \quad k = 4 \times 10^{-5}\ \mathrm{m^3 \cdot mol^{-1} \cdot min^{-1}}$$

计划在多段 CSTR 中进行上述反应，原料进料流量为 $0.05\ \mathrm{m^3 \cdot min^{-1}}$，原料中组分 A 和 B 的初始物质的量浓度为：$C_{A0} = 3 \times 10^3\ \mathrm{mol \cdot m^{-3}}$，$C_{B0} = 4.5 \times 10^3\ \mathrm{mol \cdot m^{-3}}$，原料中不含产物 P。要求组分 A 的转化率达到 80%。用图解法求：

（1）在单段 CSTR 中反应时所需的反应体积。

（2）在 2 段等体积 CSTR 中反应时所需的反应体积。

解 先确定反应速率与 C_A 的关系：

$$(-r_A) = kC_A C_{B0} - (C_{A0} - C_A) = 4 \times 10^{-5} C_A \times (1500 + C_A)$$

根据上式，以 $(-r_A)$ 对 C_A 作图，得到如图 3-13 所示的曲线。转化率 $x_{Af} = 0.80$ 时对应的出口浓度 C_{Af} 和反应速率 $(-r_{Af})$ 分别为：

$$C_{Af} = C_{A0}(1 - x_{Af}) = 3 \times 10^3 \times (1 - 0.8) = 6 \times 10^2 (\text{mol} \cdot \text{m}^{-3})$$

$$(-r_{Af}) = (4 \times 10^{-5}) \times (6 \times 10^2) \times (1.5 \times 10^3 + 600) = 50.4 (\text{mol} \cdot \text{m}^{-3} \cdot \text{min}^{-1})$$

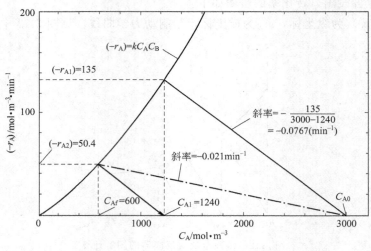

图 3-13 例 3-4 配图

（1）在单段 CSTR 中反应时，在图中操作线用点划线表示，其斜率为：

$$-\frac{1}{\tau} = -\frac{v}{V_R} = \frac{-50.4}{(3 - 0.6) \times 10^3} = -0.021$$

因此，所需的反应体积为：

$$V_R = \frac{v}{0.021} = \frac{0.05}{0.021} = 2.38 (\text{m}^3)$$

（2）在两段等体积 CSTR 中反应时，试算可估算出第 1 段出口的浓度 C_{A1} 约为 600mol·min^{-1}，图 3-13 中的两条相互平行的实线即为在两段 CSTR 的操作线。由第 1 段反应器的操作线可求得其斜率为：

$$-\frac{1}{\tau} = -\frac{v_0}{V_{R1}} = \frac{-0.135 \times 10^3}{(3 - 1.24) \times 10^3} = -0.0767$$

第 1 段反应体积为：$V_{R1} = 0.652 (\text{m}^3)$

总的反应体积：$V_R = 2V_{R1} = 2 \times 0.652 = 1.30 (\text{m}^3)$

3.2.4 多段全混流反应器体积的优化设计

对于大多数化学反应，在生产任务（C_{A0}、C_{Af}、v_0）和段数 m 给定时，采用等体积全混釜串联，所需的总体积比单釜体积要小。当串联操作的各釜体积不等时，为了使总体积最小，各釜的反应体积存在一最佳比例，这就是各段反应体积的最优分配问题。

对于 m 段全混流反应器，其总反应体积为：

$$V_R = \sum_{i=1}^{m} V_{Ri} = v_0 C_{A0} \left[\frac{x_{A1} - x_{A0}}{(-r_A)_1} + \frac{x_{A2} - x_{A1}}{(-r_A)_2} + \cdots + \frac{x_{Ai} - x_{Ai-1}}{(-r_A)_i} + \frac{x_{Ai+1} - x_{Ai}}{(-r_A)_{i+1}} + \cdots + \frac{x_{Am} - x_{Am-1}}{(-r_A)_m} \right]$$

为使总体积 V_R 最小，将上式对 x_{Ai} 求导，得：

$$\frac{\partial V_R}{\partial x_{Ai}} = v_0 C_{A0} \left[\frac{1}{(-r_A)_i} - \frac{1}{(-r_A)_{i+1}} + (x_{Ai} - x_{Ai-1}) \frac{\partial \frac{1}{(-r_A)_i}}{\partial x_{Ai}} \right]$$

令 $\dfrac{\partial V_R}{\partial x_{Ai}} = 0$，则

$$\frac{1}{(-r_A)_{i+1}} - \frac{1}{(-r_A)_i} = (x_{Ai} - x_{Ai-1}) \frac{\partial \frac{1}{(-r_A)_i}}{\partial x_{Ai}} \quad (i=1,2,\cdots,m-1) \quad (3\text{-}44)$$

式(3-44)为总体积最小的条件式，该式是包括 $m-1$ 个方程的方程组。因共有 x_{A1}，x_{A2}，$\cdots$，x_{Ai}，$\cdots$，x_{Am-1} 等 $m-1$ 个未知数，所以解方程组即可求出各段的转化率，从而求出各釜的反应体积。但是，因多数情况下反应速率方程的形式较复杂，而上式又涉及偏微分，一般很难用解析法求解。所以，常用图解法进行求解。

如果进行的是 1 级不可逆反应 $(-r_A) = k C_{A0}(1 - x_A)$，则有：

$$\frac{\partial \frac{1}{(-r_A)_i}}{\partial x_{Ai}} = \frac{1}{k C_{A0}(1 - x_{Ai})^2} \quad (i=1,2,\cdots,m-1)$$

若各釜等温，将上式代入式(3-44)，化简得：

$$\frac{x_{Ai} - x_{Ai-1}}{(1 - x_{Ai})} = \frac{x_{Ai+1} - x_{Ai}}{(1 - x_{Ai+1})} \quad (i=1,2,\cdots,m-1)$$

上式两边同时乘以 $v_0 C_{A0}/(k C_{A0})$

$$\frac{v_0 C_{A0}(x_{Ai} - x_{Ai-1})}{k C_{A0}(1 - x_{Ai})} = \frac{v_0 C_{A0}(x_{Ai+1} - x_{Ai})}{k C_{A0}(1 - x_{Ai+1})} \quad (i=1,2,\cdots,m-1)$$

式中左侧是第 i 段的反应体积 V_{Ri}，右侧是第 $i+1$ 段的体积 V_{Ri+1}。由此可见，全混釜串联操作进行 1 级不可逆反应时，当各釜体积相等时，总反应体积最小。

非 1 级反应不能用上述方法直接解析求出各釜最佳体积，需要求解非线性方程组(3-44)，以求各釜出口转化率，或者根据图解法求得各釜出口转化率，然后再计算各釜反应体积。

如图 3-14 所示，首先根据反应速率方程或动力学实验数据绘制 $\dfrac{1}{(-r_A)}$-x_A 曲线。若已知 x_{Ai-1} 和 x_{Ai}（第 i 段的入口和出口转化率），则最佳 x_{Ai+1}（第 $i+1$ 段的出口转化率）可用下面的图解法求得。

过点 $\left(x_{Ai}, \dfrac{1}{(-r_A)} \right)$ 作 $\dfrac{1}{(-r_A)}$-x_A 曲线的切线 AC。

该切线的斜率为：
$$\frac{\partial \frac{1}{(-r_A)_i}}{\partial x_{Ai}} = \frac{AD}{CD} = \frac{AD}{x_{Ai} - x_{Ai-1}}$$

或
$$AD = (x_{Ai} - x_{Ai-1}) \frac{\partial \frac{1}{(-r_A)_i}}{\partial x_{Ai}}$$

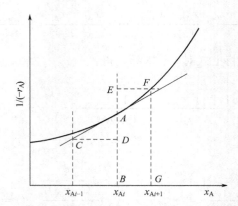

图 3-14　多段全混流反应器各段转化率最佳分配的图解计算

而

$$AB = \frac{1}{(-r_A)_i}, \quad FG = \frac{1}{(-r_A)_{i+1}}$$

所以，

$$AE = FG - AB = \frac{1}{(-r_A)_{i+1}} - \frac{1}{(-r_A)_i}$$

若 $AD = AE$，则 F 点的坐标可满足最佳操作条件式(3-44)，其横坐标即为第 $i+1$ 段最佳出口转化率。

上述图解方法是在已知某段进、出口转化率的前提下，求解下一段最佳出口转化率，在各段转化率求出以后，就可以计算各釜体积。而在实际应用中，往往只知道第一段的入口转化率和最后一段的出口转化率，而第一段出口的组成或转化率未知，所以必须采用试差法进行求算。试算的判别标准是最后一段的出口转化率与要求的最终转化率相符，这个过程常需要反复数次。

应当指出，非 1 级反应在多段全混流反应器中进行反应时，如果按总体积最小的条件式(3-44)确定反应体积，确定的各段反应体积可能不相等，但是与等体积设计时的总体积一般差别不会超过 10%。而体积不等时，对设备的购置和维修等会带来许多困难，所以一般都选用等体积方案。

一般说来，用全混流反应釜串联操作进行反应，当反应级数大于 1 时，小釜在前，大釜在后最优。当反应级数等于 1 时，各釜体积相等为最佳。当反应级数小于 1 时，大釜在前、小釜在后时最佳。

3.2.5　全混流反应器的热稳定性

全混流反应器内反应物料温度、浓度均一，而且在定态操作时反应器内的温度、浓度不随时间和反应器内的位置而变化。但该条件下反应器是否是稳定的呢？若反应进行过程中温度发生小的波动，反应器温度能否保持稳定就至关重要，它是连续操作的反应器必须关注的问题。

在定常态下操作的全混流反应器，其反应温度是由整个反应器的物料衡算式和热量衡算式来决定的。由于能同时满足物料衡算式和热量衡算式的操作温度不止一个，由此会产生多定态的问题。本节就全混釜热稳定性问题，介绍基本的知识和内容。

由于整个反应器内反应物料的温度和浓度均一，可对整个反应器作热量衡算。设进入反应器反应物料的体积流量为 v_0，反应物料进入反应器的温度为 T_0，冷却介质的温度为 T_c，则在定常态下，可列出下列热量衡算式：

$$v_0 \rho \overline{c_p}(T-T_0)-(-r_A)V_R(-\Delta H_r)+KA(T-T_c)=0 \qquad (3\text{-}45)$$

式中，A 为传热面积；K 为传热系数；$\overline{c_p}$ 为 $T \sim T_0$ 间的平均定压比热容。

$$v_0 \rho \overline{c_p}(T-T_0)+KA(T-T_c)=(-r_A)V_R(-\Delta H_r) \qquad (3\text{-}46)$$

式(3-46) 的左边项为移热速率，右边项为反应放热速率。若进行的是复杂反应，其反应热应为各反应放热的总和。

下面以 1 级不可逆放热反应为例，分析放热速率线的特性。反应的放热速率为：

$$Q_g=(-r_A)V_R(-\Delta H_r)$$

其中，$(-r_A)=kC_A$，$C_A=\dfrac{C_{A0}}{1+k\tau}$，$V_R=v_0\tau$，代入上式并整理得：

$$Q_g=k \times \frac{C_{A0}}{1+k\tau} \times v_0\tau(-\Delta H_r)$$

$$=(-\Delta H_r)v_0 C_{A0}\frac{k\tau}{1+k\tau}$$

根据 Arrhenius 方程，$k=k_0\exp\dfrac{-E}{RT}$，代入上式得：

$$Q_g=\frac{(-\Delta H_r)v_0 C_{A0}\tau k_0 \exp\dfrac{-E}{RT}}{1+\tau k_0 \exp\dfrac{-E}{RT}} \qquad (3\text{-}47)$$

在给定的 τ 下，以 Q_g 对 T 作图，可得一条 S 形曲线，如图 3-15 所示。

移热速率也称换热速率线的方程：

$$Q_r=v_0\rho\overline{c_p}(T-T_0)+KA(T-T_c)$$

$$=(v_0\rho\overline{c_p}+KA)T-(v_0\rho\overline{c_p}+KA)T_c \qquad (3\text{-}48)$$

可见，当进料流量一定时，移热速率 Q_r 与 T 的关系为一条直线。如图 3-14 所示，直线的斜率为 $v_0\rho\overline{c_p}+KA$，其值恒大于 0。

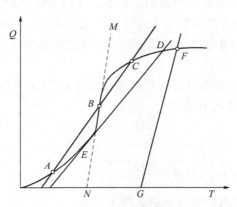

图 3-15　移热线与放热线的交点

在定常态操作时，操作温度应满足 $Q_g=Q_r$，即图中放热线和移热线的交点，该点称为**定态点**。由图 3-15 可知，当移热线的斜率大于放热线的最大斜率（拐点处的斜率）时，两条曲线只有一个交点；然而，当移热线的斜率小于放热线的最大斜率时，二者就可以有多个交点。当交点多于一个时，这个系统称为多定态的操作系统。应该注意的是，在多定态时，有些定态点是不稳定的。

系统的操作受到干扰而偏离定态点后是否具有回复到原定态的自衡能力是判断该定态点稳定与否的先决条件。在图 3-16 中，交点 A、B 和 C 均为定态点。在 C 点，定态点温度为 T_C，当温度有一个小的波动升高到 T_M，这时 $Q_r > Q_g$，即移热速率大于放热速率，温度会降低而回到 T_C；当温度小幅降低至 T_N，这时放热速率大于移热速率 $Q_g > Q_r$，因而温度会回升到 T_C。可见在 T_C 温度下进行反应，无论温度升高或降低波动，最终都会自动回复到原来的定态点，所以 C 点是真正的稳定点。A 点和 C 点相同，温度发生波动，都可以回复到原来的定态温度，所以 A、C 均为稳定的定态点。在实际生产操作中，通常取 T_C 点作为稳定的操作温度，因为 C 点的温度高，对反应更有利。

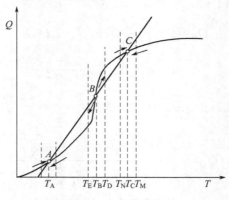

图 3-16　多定态分析图

我们再来分析 B 点。假定反应在温度 T_B 下进行，当受外界影响使温度上升到 T_D 时，此时 $Q_g > Q_r$，即放热速率大于移热速率，所以体系的温度会继续升高，直到 $T_C (Q_g = Q_r)$ 时才能稳定下来；当受温度波动下降到 T_E 时，此时 $Q_r > Q_g$，体系的温度会继续下降直到 T_A 才能稳定下来。由此可知，在 B 点上因外界干扰引起操作点偏移后，系统不可能自动回复到原来的定态点，所以 B 点是不稳定的定态点，或称假稳定点。

从上面的分析可知，只有稳定的定态点才可作为操作点。不稳定的定态点不能作为操作点，因为即使因电网电压的微小波动引起的微小温度变化也会使体系温度急剧变化，直到达到相邻的稳定定态点。

由图 3-16 可以看出，定态点稳定的必要条件是放热线在定态点处斜率小于移热线的斜率，稳定定态点 A 和 C 都满足下式：

$$\frac{dQ_r}{dT} > \frac{dQ_g}{dT}$$

对于不稳定的定态点 B 点，则有：$\dfrac{dQ_r}{dT} < \dfrac{dQ_g}{dT}$

所以，全混流反应器定态操作稳定的必要条件是：

$$Q_g = Q_r, \frac{dQ_r}{dT} > \frac{dQ_g}{dT} \tag{3-49}$$

当改变操作条件时，定态点的个数和位置也会发生变化。下面讨论进料温度或进料流量改变时，定态点如何变化。如图 3-17 所示，当进料流量一定时，改变进料温度或冷却介质温度，可得到一组平行的移热线。无论是进料温度还是冷却介质的温度升高，移热线均向右

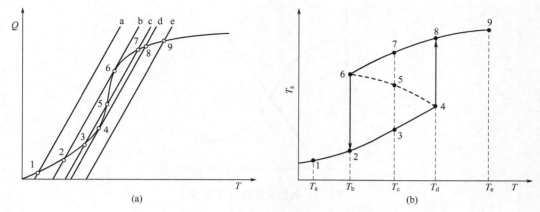

图 3-17 进料温度与定态温度的关系

侧平移。

进料温度改变时，放热线不变，移热线则发生平移。图 3-17 中 a～e 五条直线表示进料温度分别为 T_a、T_b、T_c、T_d 和 T_e 时的移热线，点 1～9 为各条件下的定态点。分为三种情况：只有 1 个定态点（a 线和 e 线），有 2 个定态点（b 线和 d 线），有 3 个定态点（c 线）。如果缓慢提高进料温度，可使定态点温度从 1 点变至 4 点。因 4 点为不稳定定态点，只要温度稍有升高，便会向稳定的定态点移动，不经 5、6、7 点而直接跳至 8 点，因而温度会急剧升高。如果进料温度继续提高，则会从 8 点变到 9 点。如果进料温度从 T_e 逐渐降至 T_b，定态点从 9 点变至 6 点时，因该点为不稳定的定态点，再降温时就不经 5、4、3 点而直接跳到 2 点，温度快速下降。可见，4 点和 6 点是两个特殊定态点，4 点称为**着火点**（即导致温度骤升），6 点称为**熄火点**（引起温度骤降）。

当进料的流量变化时，移热线和放热线均发生变化。与进料温度变化时的情况相似，在某一流量时也会出现着火点或熄火点。

着火点和熄火点对于反应器的操作非常重要，尤其是在反应器的开工期间。在着火点附近操作时，进料温度稍有变化便会引起反应体系温度的急剧变化，出现操作事故。在熄火点附近操作时，则进料温度稍有变化便会使反应体系温度骤降，对反应过程产生不利影响。但是，如果操作控制得当，也可以利用着火点的操作特性，缩短系统开工时间，使反应系统快速达到正常的操作状态；反之，也可以利用熄火点的操作特性，使系统迅速降温，缩短停工时间。

对吸热反应，Q-T 曲线如图 3-18 所示。吸热反应的特点是不存在多定态点，这是因为吸热线的斜率（$\mathrm{d}Q_g/\mathrm{d}T$）总是负值，恒小于供热线的斜率，所以吸热反应的定态点是唯一的。

【例 3-5】 在一绝热 CSTR 中进行某液相反应 A＋B ⟶ C。该反应为 2 级，其速率方程为：

$$(-r_A)=k_0\exp\left(-\frac{E}{RT}\right)C_A C_B$$

其中 $k_0=2.5\times10^6\,\mathrm{mol\cdot m^3\cdot s^{-1}}$，$E/R=1.007\times10^4\,\mathrm{K}$，组分 A 和 B 的初始物质的量浓度 C_{A0} 和 C_{B0} 均为 $4\times10^3\,\mathrm{mol\cdot m^{-3}}$，进料流量为 $6\times10^{-5}\,\mathrm{m^3\cdot s^{-1}}$，反应器有效体积 V_R 为 $0.025\,\mathrm{m^3}$，反应液的密度 ρ 为 $1000\,\mathrm{kg\cdot m^{-3}}$，反应液的平均比热 $\overline{c}_{pm}$ 为 $4.2\times10^3\,\mathrm{J\cdot kg^{-1}}$，

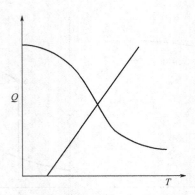

图 3-18 吸热反应的 Q-T 曲线

原料进口温度为 300K，反应热 $\Delta H_r = -1.26 \times 10^5 \text{J} \cdot \text{mol}^{-1}$。试确定反应的稳定操作点温度及其对应的转化率。

解 绝热操作时对 CSTR 作热量衡算：

$$QC_{A0} x_A (-\Delta H_r) = Q\rho \bar{c}_{pm}(T - T_0) \tag{a}$$

可得操作线：

$$x_A = \frac{\rho \bar{c}_{pm}}{C_{A0}(-\Delta H_r)}(T - T_0) = \frac{1000 \times 4.2 \times 10^3}{4 \times 10^3 \times 1.26 \times 10^5}(T - T_0) = 8.333 \times 10^{-3}(T - T_0) \tag{b}$$

在 x_A-T 坐标系中它应为一条直线。

令 $x_A = 1$，可求得反应器可能达到的最大温度 $T_{\max}$：

$$T_{\max} = 300 + 1/(8.333 \times 10^{-3}) = 300 + 120 = 420(\text{K})$$

根据 CSTR 的操作方程：

$$\tau = \frac{V_R}{v} = \frac{C_{A0} x_A}{(-r_A)}$$

即 $$x_A = \frac{V_R}{v C_{A0}}(-r_A) = \frac{V_R k_0 \exp\left(-\dfrac{E}{RT}\right) C_{A0}^2 (1-x_A)^2}{v C_{A0}} = \frac{V_R k_0 \exp\left(-\dfrac{E}{RT}\right) C_{A0}(1-x_A)^2}{v}$$

令 $a = \dfrac{V_R k_0 C_{A0} \exp\left(-\dfrac{E}{RT}\right)}{v}$，代入上式并解方程可得放热速率方程：

$$x_A = \frac{1 + 2a - \sqrt{1+4a}}{2a} \tag{c}$$

a 的值可由下式求得：

$$a = \frac{0.025}{6 \times 10^{-5}} \times (4 \times 10^3) \times (2.5 \times 10^6) \exp\left(-1.007 \times \frac{10^4}{T}\right)$$

$$= 4.167 \times 10^{12} \exp(-1.007 \times 10^4/T) \tag{d}$$

在 $T = 300 \sim 420 \text{K}$ 范围内取点，先由式(d) 求得 a，代入式(c) 可求得对应温度下的转化率。将求得的数据标绘在 x_A-T 坐标系中，并平滑连接各点可得放热曲线。

在绝热操作时的 CSTR 中反应放热线和移热线如图 3-19 所示。可见，反应时存在 3 个定态点，其中点 L 和 H 为稳定的操作点，而点 M 为不稳定的定态点。由于点 L 处的转化率很低，因此点 H 是所要求的稳定操作点。此时的反应温度为 407K，转化率为 89%。应注意的是，要想在此操作点下进行反应，反应的初始温度必须高于点 M 所对应的温度（347.5K）。

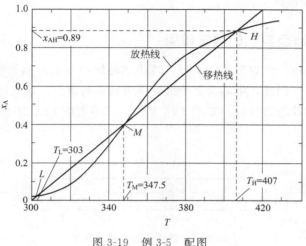

图 3-19　例 3-5　配图

3.3　活塞流反应器（piston/plug flow reactor，PFR）

　　长度远大于直径的一类反应器称为管式反应器，工业生产中很多反应是在管式反应器中进行的。流体在管内流动时，其径向流速分布通常是不均匀的，中心处的流速最大，靠器壁处的流速最小。当流速较低时，流体呈层流流动，其径向流速分布呈抛物面状，如图 3-19（a）所示。当流速增加，中心处的流速与器壁处的流速差别变小，如图 3-19（b）所示。显然，管中心的流体粒子的停留时间短，而器壁处流体粒子的停留时间长，停留时间的差别必然导致反应进行程度的不同。此外，反应器内的混合也是一个重要影响因素，这种混合分为径向和轴向两种，其中径向混合有利于径向浓度和温度均匀分布。轴向混合则会使停留时间发生变化。

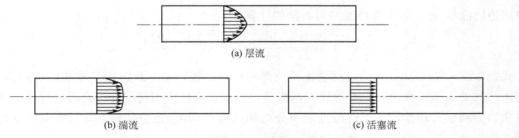

(a) 层流

(b) 湍流　　　　　　　　　　　　　　　　(c) 活塞流

图 3-20　径向流速分布

　　活塞流反应器是一种理想流动的管式反应器，又称**平推流**反应器。活塞流实际上并不存在，只有当流速高、长径比很大时，才比较接近这种理想流动。它假定流体粒子像活塞一样向前流动，即所有流体粒子均以相同的速度从反应器进口向出口流动。所以，所有流体粒子在反应器中的停留时间都相同，而径向不存在流速分布，如图 3-20（c）所示。

活塞流反应器具有以下特点：

① 反应器内的浓度、反应速率等参数只随轴向位置变化。

② 在径向温度和浓度是均一的。

3.3.1 等温活塞流反应器的数学模型

在活塞流反应器中，随着反应的进行，转化率沿轴向逐渐升高而反应物浓度逐渐降低，即轴向存在浓度分布。因此，不能对整个反应器进行物料衡算，而只能在反应器内取一浓度差别可忽略的微元薄片进行分析。如图 3-21 所示，在厚度为 dz、体积为 dV_R 的薄片内对组分 A 作物料衡算：

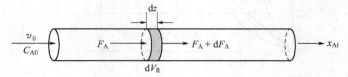

图 3-21　活塞流反应器示意图

同样依照式（3-1）物料衡算式可得：

$$F_A = F_A + dF_A + (-r_A)dV_R + 0$$

整理得：

$$-dF_A = (-r_A)dV_R \tag{3-50}$$

$$dF_A = v_0 dC_A$$

$$dV_R = -\frac{v_0 dC_A}{(-r_A)}$$

对上式积分，可得活塞流反应器的操作方程：

$$V_R = -v_0 \int_{C_{A0}}^{C_{Af}} \frac{dC_A}{(-r_A)} \tag{3-51}$$

将 $C_A = C_{A0}(1-x_A)$ 代入式（3-51）整理得：

$$V_R = v_0 C_{A0} \int_0^{x_{Af}} \frac{dx_A}{(-r_A)} \tag{3-52}$$

上式两边同除以 v_0，可求得所需空间时间的计算式：

$$\tau = \frac{V_R}{v_0} = C_{A0} \int_0^{x_{Af}} \frac{dx_A}{(-r_A)} = -\int_{C_{A0}}^{C_{Af}} \frac{dC_A}{(-r_A)} \tag{3-53}$$

式（3-51）～式（3-53）为等温活塞流反应器的操作方程，是一组常用且重要的基础方程。它们描述的关系是一样的，只是形式不同而已，可根据具体应用情况选用合适的形式。如果反应速率方程形式较简单，则可通过求积分得到反应体积 V_R 或空间时间 τ。如果反应速率方程式较复杂，则一般通过图解法求解，如图 3-22 所示。

$$V_R = v_0 C_{A0} \int_0^{x_{Af}} \frac{dx_A}{(-r_A)} = v_0 C_{A0} S_1$$

$$V_R = -v_0 \int_{C_{A0}}^{C_{Af}} \frac{dC_A}{(-r_A)} = v_0 S_2$$

将式（3-53）与式（3-7）和式（3-8）比较可知，在恒容过程中的活塞流反应器的操作方程

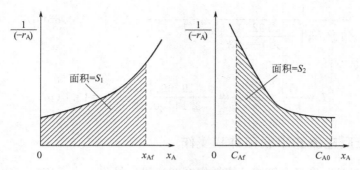

图 3-22 活塞流反应器图解示意图

与间歇反应器的操作方程完全相同。这是因为在活塞流反应器中各个微元体中温度和浓度均一，各微元体可近似看成一个个小型间歇反应器。因而，可直接利用表 3-1 中的积分式进行设计计算。但是，对于变容过程，反应速率方程中的各浓度项需要同时考虑化学反应和容积改变所引起的浓度变化。

【例 3-6】 在一管径 $d=12.6\text{cm}$ 的管式反应器中于恒温恒压下进行纯气体 A 的热分解反应，$A \longrightarrow R+S$ 速率方程为 $(-r_A)=kC_A$。

已知：反应压力 $p=5\text{atm}$（$1\text{atm}=101325\text{Pa}$），反应温度 $T=500\text{℃}$，$k=7.80\times10^9\exp\left(-\dfrac{19220}{T}\right)$。要求 A 的分解率达到 90%，原料气的处理流量为 $F_{A0}=1.55\text{kmol}\cdot\text{h}^{-1}$。试求所需反应器的长度和空间时间。

解 反应气体的入口体积流量

$$v_0=\frac{F_{A0}RT}{p}=\frac{1.55\times10^3\times8.314\times(500+273)}{5\times101325}=19.66(\text{m}^3\cdot\text{h}^{-1})$$

反应气体的体积流量 v 与 x_A 的关系式为：

$$v=\frac{FRT}{p}=\frac{F_0(1+\delta_A y_{A0}x_A)RT}{p}$$

因 $F_0=F_{A0}$（纯气体 A），所以 $y_{A0}=1.0$。根据化学反应方程可知，$\delta_A=(2-1)/1=1$。代入上式得：

$$v=\frac{F_{A0}(1+x_A)RT}{p}$$

根据理想气体状态方程：

$$pV=n_{A0}RT$$
$$C_{A0}=n_{A0}/V=p/(RT)$$

即

$$1/C_{A0}=RT/p$$

所以，

$$v=F_{A0}(1+x_A)/C_{A0}$$

$$C_A=\frac{F_A}{v}=\frac{F_{A0}(1-x_A)}{F_{A0}(1+x_A)/C_{A0}}=\frac{1-x_A}{1+x_A}C_{A0}$$

代入操作方程得：

$$\tau=C_{A0}\int_0^{x_{Af}}\frac{\mathrm{d}x_A}{k\dfrac{1-x_A}{1+x_A}C_{A0}}=\frac{1}{k}\int_0^{x_{Af}}\frac{(1+x_A)\mathrm{d}x_A}{1-x_A}=\frac{1}{k}\left(2\ln\frac{1}{1-x_A}-x_A\right)$$

$$= \frac{1}{7.80 \times 10^9 \exp\left(-\frac{19220}{500+273}\right)} \left(2\ln\frac{1}{1-0.9} - 0.9\right) = 0.0083(\text{h})$$

所需反应器的长度为：

$$L = \frac{4V_R}{\pi d^2} = \frac{4v_0\tau}{\pi d^2} = \frac{4 \times 19.66 \times 0.0083}{3.14 \times 0.126^2} = 13.0(\text{m})$$

3.3.2 活塞流反应器的串联和并联操作

工业生产中有时也将多个管式反应器组合起来进行操作。当反应速率很慢时，采用多级管式反应器串联，可以有效提高反应物料的停留时间，从而达到提高转化率的目的。另外，对大规模的生产，有时也将多个管式反应器并联起来操作，也可以达到提高原料处理量的目的，同时便于操作和维修。

串联操作的活塞流反应器如图 3-23 所示。两段的操作方程分别为：

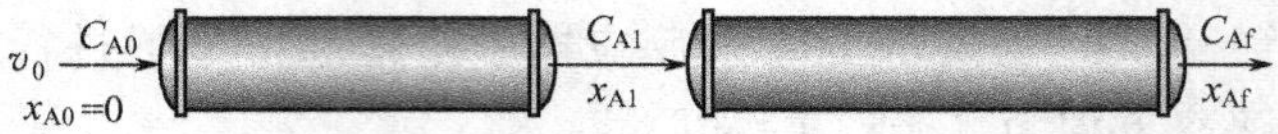

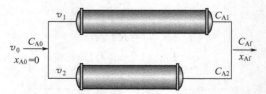

图 3-23 活塞流反应器串联操作示意图

$$V_{R1} = C_{A0}v_0 \int_0^{x_{A1}} \frac{\mathrm{d}x_A}{(-r_A)} \tag{3-54}$$

$$V_{R2} = C_{A0}v_0 \int_{x_{A1}}^{x_{Af}} \frac{\mathrm{d}x_A}{(-r_A)} \tag{3-55}$$

两段组合的体积之和为：

$$V_{RN} = V_{R1} + V_{R2} = C_{A0}v_0 \left[\int_0^{x_{A1}} \frac{\mathrm{d}x_A}{(-r_A)} + \int_{x_{A1}}^{x_{Af}} \frac{\mathrm{d}x_A}{(-r_A)}\right] \tag{3-56}$$

单段活塞流反应器进行上述反应时的反应体积为：

$$V_{总} = C_{A0}v_0 \int_0^{x_{Af}} \frac{\mathrm{d}x_A}{(-r_A)} \tag{3-57}$$

从式(3-56) 和式(3-57) 可以看出，两个活塞流反应器 V_{R1} 和 V_{R2} 的串联，其效果相当于一个体积等于 $V_{R1}+V_{R2}$ 的单个活塞流反应器。对于 N 个活塞流反应器的串联，其结果也一样。

并联操作的活塞流反应器如图 3-24 所示。

图 3-24 活塞流反应器并联操作示意图

两个反应器的操作方程分别为：

$$V_{R1} = -v_1 \int_{C_{A0}}^{C_{A1}} \frac{\mathrm{d}C_A}{(-r_A)} \qquad \tau_1 = -\int_{C_{A0}}^{C_{A1}} \frac{\mathrm{d}C_A}{(-r_A)} \tag{3-58}$$

$$V_{R2} = -v_2 \int_{C_{A1}}^{C_{A2}} \frac{dC_A}{(-r_A)} \qquad \tau_2 = -\int_{C_{A1}}^{C_{A2}} \frac{dC_A}{(-r_A)} \tag{3-59}$$

由式(3-58) 和式(3-59) 可见，与全混流反应器一样，要求 $C_{A1}=C_{A2}=C_{Af}$；$v_0 = v_1 + v_2$，则 $\tau_1 = \tau_2$，也就是说，若满足并联反应器出口浓度或转化率相同，则要求各反应器的空时相同。

3.3.3 非等温操作的活塞流反应器

工业生产中绝大多数反应器都是变温操作的，尤其是活塞流反应器，反应速率是沿轴向变化的，所以实际生产操作中很难维持等温操作，多数反应是在绝热或变温条件下进行的。因此，对管式反应器的设计，除了物料衡算式，还必须增加热量衡算式才能完整地描述反应器的操作状态。

对于等压过程，对微元体作热量衡算：

$$dq = dH \tag{3-60}$$

也就是说，此微元体与外界交换的能量等于其焓变。设反应器的直径为 d_t，取长度为 dl 的微元体，则该微元体与外界交换的热量为：

$$dq = K(T - T_c)\pi d_t dl$$

设此微元体中反应物料的温度变化为 dT，则其焓变为：

$$dH = (-\Delta H_r)(-r_A)\left(\frac{\pi}{4}d_t^2 dl\right) + \frac{\pi}{4}d_t^2 G c_p dT$$

将上述两式代入式(3-60) 并整理，可得活塞流反应器的能量方程：

$$G c_p \frac{dT}{dl} = (-r_A)(-\Delta H_r) + \frac{4K}{d_t}(T - T_c) \tag{3-61}$$

式中，K 为总传热系数；T_c 为外界（冷却介质）的温度；G 为反应物料的质量流速；c_p 为反应物系的比热容。

对该微元体作物料衡算得：

$$\frac{\pi}{4}d_t^2 G w_{A0} dx_A = (-r_A)M_A\left(\frac{\pi}{4}d_t^2 dl\right)$$

化简得：

$$G w_{A0} \frac{dx_A}{dl} = (-r_A)M_A \tag{3-62}$$

式中，w_{A0} 为反应器入口处物料中关键组分 A 的质量分数；M_A 为组分 A 的分子量。联立式(3-61) 和式(3-62) 并整理得：

$$G c_p \frac{dT}{dl} = \frac{(-\Delta H_r)G w_0}{M_A} \times \frac{dx_A}{dl} + \frac{4K}{d_t}(T - T_c) \tag{3-63}$$

若反应在绝热条件下进行，则上式右边第二项的换热项的值为 0。上式化简为：

$$c_p dT = \frac{(-\Delta H_r)w_{A0}}{M_A} dx_A \tag{3-64}$$

在整个反应器中物料的比热容 c_p 可近似看作常数，以平均比热容 $\overline{c_p}$ 表示。积分上式得：

$$T - T_0 = \frac{(-\Delta H_r)w_{A0}}{\overline{c_p}M_A}x_A = \lambda x_A \tag{3-65}$$

式中，T_0 为反应器入口处物料的温度。式(3-65) 为管式反应器的绝热操作线方程。

其中,

$$\lambda = \frac{(-\Delta H_r)w_{A0}}{\overline{c_p}M_A} = \frac{C_{A0}(-\Delta H_r)}{\rho \overline{c_p}} = \frac{y_{A0}(-\Delta H_r)}{\overline{c_p}} \tag{3-66}$$

λ 在一定反应条件下近似为一常数,称为绝热温升。由式(3-65)可知,λ 的物理意义是:在绝热条件下,反应物系中组分 A 全部转化($x_A = 1$)时所引起的温度变化。吸热反应时,$\lambda < 0$;放热反应时,$\lambda > 0$。由此式还可以看出,在绝热条件下物系的温度变化与转化率成正比。

将上述温度与转化率的关系式代入活塞流反应器的操作方程所含的反应速率常数项中,便可得到非等温反应器的操作方程。

【例 3-7】 在一绝热管式反应器中进行某气相反应 A $\longrightarrow$ C+D,该反应为 1 级,330K 时的反应速率常数 $k = 2.6 \times 10^{-3} \text{s}^{-1}$,活化能 $E = 25 \text{kJ} \cdot \text{mol}^{-1}$。反应原料中组分 A 和惰性组分 I 各占 50%,进料流量 $F_t = 10 \text{mol} \cdot \text{s}^{-1}$,入口温度为 $T_0 = 330 \text{K}$,反应压力为 506.5kPa。已知反应热效应为:$\Delta H_r(T) = -1.2 \times 10^4 + 8 \times (T - 298.2) \text{J} \cdot \text{mol}^{-1}$,反应物系的比热容为:$\overline{c_p} = 73.5 + 4x_A \text{J} \cdot \text{mol}^{-1} \cdot \text{K}^{-1}$。求转化率为 40% 时所需的反应体积和出口温度。

解 先根据 Arrhenius 式求得指前因子 k_0:

$$k_0 = k e^{\frac{E}{RT}} = 3.6 \times 10^{-3} \exp \frac{25 \times 10^3}{8.314 \times 330} = 32.63 (\text{s}^{-1})$$

所以,反应速率方程可表示为:

$$(-r_A) = 32.63 \exp(-3007.0/T) C_A$$

根据化学计量式知,$\delta_A = (1+1-1)/1 = 1$。已知 $y_{A0} = 0.5$,可求得膨胀率:

$$\varepsilon_A = \delta_A y_{A0} = 0.5$$

转化率为 x_A 时组分 A 的浓度为:

$$C_A = C_{A0} \frac{1 - x_A}{1 + 0.5 x_A} \times \frac{T_0}{T}$$

330K 时的反应热可由下式计算:

$$\Delta H_r(330) = -1.2 \times 10^4 + 8 \times (330 - 298.2) = -1.175 \times 10^4 (\text{J} \cdot \text{mol}^{-1})$$

根据式(3-65)可求得转化率为 x_A 时,绝热 PFR 反应器中物料的温度为:

$$T = 330 + \frac{0.5 \times 1.175 \times 10^4 x_A}{73.5 + 4x_A} \tag{a}$$

将 $x_A = 0.4$ 代入上式,可求得反应器出口温度为:

$$T = 330 + \frac{0.5 \times 1.175 \times 10^4 \times 0.4}{73.5 + 4 \times 0.4} = 361.3 (\text{K})$$

将反应速率方程和浓度代入 PFR 的操作方程得:

$$\tau = C_{A0} \int_0^{0.4} \frac{\mathrm{d}x_A}{(-r_A)} = C_{A0} \int_0^{0.4} \frac{\mathrm{d}x_A}{32.63 \exp(-3007/T) C_{A0} \frac{1 - x_A}{1 + 0.5 x_A} \times \frac{T_0}{T}}$$

$$= \int_0^{0.4} \frac{(1 + 0.5x_A)T}{32.63 \exp(-3007/T)(1 - x_A)T_0} \mathrm{d}x_A$$

令

$$h(x_A) = \frac{(1 + 0.5x_A)T}{32.63 \exp(-3007/T)(1 - x_A)T_0} \tag{b}$$

则上式简化为：

$$\tau = \int_0^{0.4} h(x_A) \mathrm{d} x_A \tag{c}$$

在 $0 \sim 0.4$ 之间，取步长 $\Delta x_A = 0.05$ 改变 x_A 的值，然后按式（a）求得对应的 T，再由式（b）求 $h(x_A)$，以 $h(x_A)$ 对 x_A 作图，得到如图 3-25 所示的曲线。用 Simpson 积分法可求得转化率为 0.4 时所需要的时间：

$$\tau = \frac{V_R}{v_0} = \frac{V_R C_{A0}}{F_{A0}} = 107.4 (\mathrm{s})$$

而

$$C_{A0} = \frac{p_t y_{A0}}{R T_0} = \frac{506.5 \times 10^3 \times 0.5}{8.314 \times 330} = 92.3 (\mathrm{mol \cdot m^{-3}})$$

所以所需的反应体积为：

$$V_R = \frac{F_{A0} t}{C_{A0}} = \frac{(F_t y_{A0}) t}{C_{A0}} = \frac{(10 \times 0.5) \times 107.4}{92.3} = 5.82 (\mathrm{m^3})$$

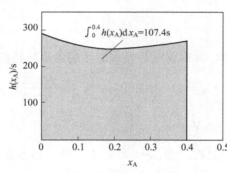

图 3-25　例 3-7　配图

3.3.4　循环操作的活塞流反应器

在工业生产中，有些反应过程的单程转化率不高，为了提高原料的利用率，或者控制反应物的温度，或者为了在保证一定线速度的情况下提高物料在反应器内的停留时间，常采用将部分物料进行循环的操作方法，如图 3-26 所示。它广泛应用于自催化反应、生化反应和一些自热反应中。

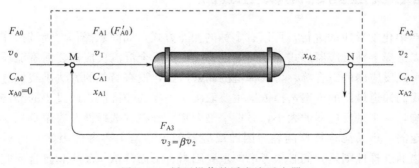

图 3-26　循环操作的活塞流反应器

如图 3-26 所示，新鲜物料进料中，A 的摩尔流量为 F_{A0}、浓度为 C_{A0}、转化率 $x_{A0} = 0$，离开反应器 A 的转化率为 x_{A2}、浓度为 C_{A2}。其中，出口物料中有摩尔流量为 F_{A3} 的流体返回入口，和新鲜物料混合后一起进入反应器，混合后的浓度为 C_{A1}，，转化率为 x_{A1}。

循环操作的结果使反应器入口转化率的值发生了变化，但反应物料在反应器内进行反应时仍符合活塞流反应器的特征，其操作方程仍适用。即

$$V_R = v_1 C_{A1} \int_{x_{A1}}^{x_{A2}} \frac{dx_A}{(-r_A)} \tag{3-67}$$

设循环物料的体积流量 v_3 与离开反应系统的体积流量 v_0 之比为循环比 β，则：

$$\beta = \frac{v_3}{v_0}$$

$$v_0 + v_3 = (1+\beta)v_0$$

在 M 点作衡算：
$$v_0 C_{A0} + \beta v_0 C_{A2} = v_0 C_{A1}$$
$$C_{A2} = C_{A0}(1 - x_{A2})$$
$$v_0 C_{A0} + \beta v_0 C_{A0}(1 - x_{A2}) = (1+\beta)v_0 C_{A0}(1 - x_{A1}) \tag{3-68}$$

解式（3-68）可得：

$$x_{A1} = \frac{\beta x_{A2}}{1+\beta} \tag{3-69}$$

将式（3-69）代入式（3-67）中，可得到循环操作的活塞流反应器的操作方程：

$$V_R = (1+\beta)v_0 C_{A0} \int_{\frac{\beta x_{A2}}{1+\beta}}^{x_{A2}} \frac{dx_A}{(-r_A)} \tag{3-70}$$

或
$$V_R = -v_0 \int_{\frac{C_{A0}+\beta C_{A2}}{1+\beta}}^{C_{A2}} \frac{dC_A}{(-r_A)} \tag{3-71}$$

其中，循环比 β 的值在 $1\sim\infty$ 之间。当 $\beta=0$ 时，上式变为活塞流反应器的操作方程：

$$V_R = -v_0 \int_{C_{A0}}^{C_{A2}} \frac{dC_A}{(-r_A)}$$

循环比 $\beta=\infty$ 时，从式（3-69）可以看出，$x_{A1}=x_{Af}$，整个系统相当于一个全混流反应器。实际上，只要 β 足够大，当 $\beta>25$，就可以看成是等浓度操作。高循环比的操作除了工业上的需求之外，实验室中也常利用循环反应器进行反应动力学的研究，因为循环反应器除了有较好的等温等浓度状态外，数据处理上也较为方便。

3.4 理想反应器的比较与组合

工业生产中化学反应的进行，可以有多种的操作方式，如间歇操作、连续操作、半间歇操作等；也可以选择多种反应器形式，如间歇釜式反应器、全混流反应器、活塞流反应器，还可以进行各种形式反应器的组合等。可选择范围非常广泛，没有简单的方法供我们进行最优方案的确定。但我们知道最后的方案选择依据主要取决于过程的经济性，而过程的经济性主要受两个因素的影响，一个是反应器的大小，另一个是产物的分布（选择性、收率等）。对单一反应，其产物是确定的，产品无选择性问题，因此反应器的尺寸是主要考虑因素。而对复合反应来说，目标产物的选择性则是我们必须考虑的重要因素。下面分单一反应和复合反应分别讨论。

3.4.1 单一反应

速率随浓度增加而提高的正级数反应和速率随浓度增加而降低的负级数反应在三种不同

形式的理想反应器（间歇釜式、活塞流反应器、全混流反应器）中进行等容反应时，结果有一定差异，下面分别讨论。

（1）**正级数反应** 比如，单一反应 $(-r_A)=kC_A^n$，反应速率随浓度的增加而升高，随转化率的提高而降低。在已知进口浓度 C_{A0}、物料处理量 v_0 和要求的出口转化率 x_{Af} 的条件下，对三种理想反应器体积进行分析比较，如图 3-27 所示。

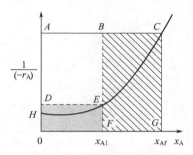

图 3-27 理想反应器图解计算

如果采用全混流反应器，根据其基础操作方程可以得到反应器体积：

$$V_{RC}=\frac{v_0 C_{A0} x_{Af}}{(-r_A)_f}$$

$$=C_{A0}v_0 \times 矩形\ ACG0\ 面积$$

如果采用活塞流反应器，其反应体积为：

$$V_{RP}=C_{A0}v_0 \int_0^{x_{Af}} \frac{dx_A}{(-r_A)}$$

$$=C_{A0}v_0 \times 曲线\ HEC\ 下积分面积$$

如果采用间歇反应器，其反应体积为：

$$V_{RB}=v_0 t=C_{A0}v_0 \int_0^{x_{Af}} \frac{dx_A}{(-r_A)}$$

$$=C_{A0}v_0 \times 曲线\ HEC\ 下积分面积$$

如果采用两段全混流反应器串联操作，则两段 CSTR 的反应体积分别为：

$$V_{R1}=v_0 C_{A0} \frac{x_{A1}-0}{(-r_A)_{x_{A1}}}$$

$$=C_{A0}v_0 \times 矩形\ DEF0\ 面积$$

$$V_{R2}=v_0 C_{A0} \frac{x_{Af}-x_{A1}}{(-r_A)_{x_{Af}}}$$

$$=C_{A0}v_0 \times 矩形\ BCGF\ 面积$$

总反应体积为：

$$V_{RN}=V_{R1}+V_{R2}=C_{A0}v_0 \times (矩形\ DEF0\ 面积+矩形\ BCGF\ 面积)$$

因为曲线 HEC 曲线下积分面积<（矩形 $DEF0$ 面积＋矩形 $BCGF$ 面积）<矩形 $ACG0$ 面积，所以，在达到相同转化率的情况下，活塞流反应器和间歇反应器所需要的体积相同，并且活塞流反应器和间歇反应器需要的体积要小于全混釜串联操作的体积。多段全混流反应器的体积小于单段全混流反应器。当反应器体积相同时，活塞流反应器和间歇反应器的出口转化率大于多段全混流反应器的转化率，多段全混流反应器的转化率又大于单段全混流反应

器的转化率。

此外，由图 3-27 可以看出，当全混流反应器串联个数无限多时，串联的反应器总体积和单一的活塞流反应器体积相同。一般情况下，串联个数大于 20 即可按活塞流处理。

(2) 负级数反应 单一反应 $(-r_A)=kC_A^n$，其反应速率随浓度的增加而降低，随转化率的提高而升高，如图 3-28 所示。

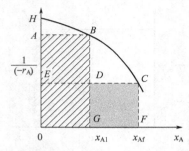

图 3-28 理想反应器中进行负级数反应时的图解计算

对于全混流反应器，其反应体积为：

$$V_{RC}=\frac{v_0 C_{A0} x_{Af}}{(-r_A)_f}$$
$$=C_{A0} v_0 \times 矩形\ ECF0\ 面积$$

对于活塞流反应器，其反应体积为：

$$V_{RP}=C_{A0} v_0 \int_0^{x_{Af}} \frac{dx_A}{(-r_A)}$$
$$=C_{A0} v_0 \times 曲线\ HBC\ 下积分面积$$

对于间歇反应器，其反应体积为：

$$V_{RB}=v_0 t=C_{A0} v_0 \int_0^{x_{Af}} \frac{dx_A}{(-r_A)}$$
$$=C_{A0} v_0 \times 曲线\ HBC\ 下积分面积$$

如果采用两段全混流反应器串联操作，两段反应器体积分别为：

$$V_{R1}=v_0 C_{A0} \frac{x_{A1}-0}{(-r_A)_{x_{A1}}}$$
$$=C_{A0} v_0 \times 矩形\ ABG0\ 面积$$

$$V_{R2}=v_0 C_{A0} \frac{x_{Af}-x_{A1}}{(-r_A)_{x_{Af}}}$$
$$=C_{A0} v_0 \times 矩形\ DCFG\ 面积$$

两段总反应体积为：

$$V_{RN}=V_{R1}+V_{R2}=v_0 C_{A0} \times (矩形\ ABG0\ 面积+矩形\ DCFG\ 面积)$$

因为曲线 HBC 曲线下积分面积＞（矩形 ABG0 面积＋矩形 DCFG 面积）＞矩形 ECF0 面积，与正级数反应相反，在达到相同转化率时全混流反应器体积小于多段全混流反应器的总体积；而多段全混流反应器的总体积又小于活塞流反应器和间歇反应器的体积。当反应器体积相同时，转化率的变化规律与正级数反应的正好相反，全混流反应器的转化率最大，活塞流反应器和间歇釜的转化率最小。

（3）自催化反应 自催化反应中，产物对反应会有一定的催化作用，反应初期，由于产物很少，所以反应速率较低，随着反应的进行，产物增加，反应速率会达到一个最大值。之后，因反应物浓度较低而使反应速率下降。这类反应在生化反应过程中比较常见。如图3-29所示，自催化反应速率随浓度降低或转化率的增加出现一个极大值。

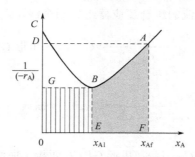

图 3-29 自催化反应的图解计算

如果采用单一反应器，对于低转化率的自催化反应，全混流反应器优于活塞流反应器；在高转化率的自催化反应中，用活塞流管式反应器优于全混流反应器。但是由于自催化反应中需要有生成物才能进行反应，所以，除非初始反应物中有一定的产物组分，否则在活塞流反应器中是不能进行的。当反应物中没有生成物组分时，可采用循环反应器，将一定比例的出口物料返回到进口中。

在循环活塞流反应器进行自催化反应时，循环比过大或过小反应效率都不高，就是说，自催化反应在循环操作的 PFR 中进行时存在一个最佳的循环比 β_{opt}。最佳循环比的求取，可以根据前面导出的循环反应器基础操作方程式（3-70）确定。式（3-70）对 β 求导，并令其等于零：

$$\frac{d(V_R/F_{A0})}{d\beta}=0 \tag{3-72}$$

可求得满足 β_{opt} 的条件式：

$$\frac{1}{(-r_A)_{x_{A1}}}=\frac{\int_{x_{A1}}^{x_{A2}}\frac{dx_A}{(-r_A)}}{x_{A2}-x_{A1}} \tag{3-73}$$

由式（3-73）可知，在最佳循环比下操作时，反应器入口处的反应速率的倒数应等于反应速率的倒数在整个反应器内的平均值。

为了使反应器的总体积最小，可以设计反应器组合的方法来实现。以反应速率最高点对应的转化率 x_{Aopt} 为分界，在 $0 \sim x_{Aopt}$，由于速率随转化率增加而升高，类似于负级数反应，可以采用全混流反应器。转化率在 $x_{Aopt} \sim x_{Af}$ 间时，反应速率随转化率增加而降低，与正级数反应类似，可采用活塞流反应器。

自催化反应可写为：
$$A+P \longrightarrow P+P$$
其动力学方程为：
$$(-r_A)=kC_AC_P$$
$$C_P=C_{P0}+(C_{A0}-C_A)$$
$$(-r_A)=kC_A(C_{P0}+C_{A0}-C_A) \tag{3-74}$$
反应速率出现极值的条件式：
$$\frac{d(-r_A)}{dC_A}=0$$

$$\frac{\mathrm{d}(-r_A)}{\mathrm{d}C_A} = k(C_{P0} + C_{A0}) - 2kC_A = 0$$

反应速率最大处的浓度为：
$$C_{Aopt} = (C_{P0} + C_{A0})/2 \qquad (3\text{-}75)$$

反应速率最大处的转化率为：
$$x_{Aopt} = (C_{A0} - C_{P0})/(2C_{A0}) \qquad (3\text{-}76)$$

如果采用先全混流后活塞流的组合反应器组，则全混流反应器的反应体积为：

$$V_{R1} = C_{A0} v_0 \frac{x_{Aopt}}{(-r_A)_{x_{Aopt}}} = C_{A0} v_0 \times \text{矩形 } GBE0 \text{ 面积}$$

活塞流反应器反应体积：

$$V_{R2} = C_{A0} v_0 \int_{x_{Aopt}}^{x_{Af}} \frac{\mathrm{d}x_A}{(-r_A)} = C_{A0} v_0 \times \text{曲线 } AB \text{ 下积分面积}$$

反应器组总的反应体积为：

$$V_{RN} = V_{R1} + V_{R2} = C_{A0} v_0 \times (\text{矩形 } GBE0 \text{ 面积} + \text{曲线 } AB \text{ 下积分面积})$$

这样，反应器组的总体积将比单一的 PFR 和单一的 CSTR 都要小。

在总反应体积相同的情况下，对单一反应进行反应器选择的一般性原则如下：①对于正级数反应，活塞流反应器优于全混流反应器；多级全混流反应器优于单段全混流反应器，且串联釜数多的优于釜数少的。②当反应级数 $n > 1$ 时，多级全混流反应器的体积不等时，体积较小的全混流反应器放在最前面，体积大的放在后面。当 $n = 1$ 时，多级全混反应器各釜体积相等为最优。当 $0 < n < 1$ 时，多级全混流反应器的体积则按照从大到小依此排列。③对负级数反应（反常动力学），全混流反应器优于活塞流反应器；采用多级全混流反应器时，釜数少的优于釜数多的。当多级全混流反应器各釜体积不等时，一般按照体积较大在前体积小在后的顺序依次排列。

【例 3-8】 乙酸乙酯（A）水解反应是乙酸（C）催化下的自催化反应，其反应速率与乙酸乙酯和乙酸的浓度的乘积成正比。该反应在间歇反应器中进行时，A 的转化率为 70% 时所需的时间为 $5.4 \times 10^3 \mathrm{s}$，反应时 A 和 C 的初始浓度分别为 $500 \mathrm{mol \cdot m^{-3}}$ 和 $50 \mathrm{mol \cdot m^{-3}}$。

（1）求反应速率常数；

（2）绘制反应速率随 A 的转化率的变化关系，求最大反应速率 $(-r_{Amax})$ 及其对应的转化率 x_{Aopt}；

（3）假定反应时 A 和 C 的初始浓度分别为 $500 \mathrm{mol \cdot m^{-3}}$ 和 $50 \mathrm{mol \cdot m^{-3}}$，求该反应在 CSTR 中进行时转化率达到 80% 所需的空间时间 τ_m；

（4）在 PFR 中反应时所需的空间时间 τ_p；

（5）为了使空间时间最小，在 CSTR 和 PFR 组成的反应器组中进行上述反应，求所需空间时间；

（6）假定反应原料中 A 的初始浓度为 $500 \mathrm{mol \cdot m^{-3}}$ 但不含组分 C，反应在循环操作的 PFR 中进行，要求转化率为 80%。求使空间时间最小的循环比 β 和空间时间。

解 （1）该反应可表示为：

$$A + B \xrightarrow{\text{C（催化剂）}} C + D \qquad (-r_A) = kC_A C_C$$

因为，$C_A = C_{A0}(1 - x_A)$，$C_C = C_{A0}(\theta_C + x_A)$，所以

$$(-r_A) = kC_{A0}^2 (1 - x_A)(\theta_C + x_A) \qquad (a)$$

代入间歇反应器的操作方程，并积分得：

$$kC_{A0}\tau = \frac{1}{\theta_C + 1}\ln\frac{\theta_C + x_A}{\theta_C(1-x_A)} \tag{b}$$

已知，$C_{A0}=500\text{mol}\cdot\text{m}^{-3}$，$\tau=5400\text{s}$，$\theta_C = C_{C0}/C_{A0}=50/500=0.1$，$x_A=0.7$。代入上式可求得反应速率常数：

$$k=1.106\times10^{-6}(\text{m}^3\cdot\text{mol}^{-1}\cdot\text{s}^{-1})$$

（2）式（a）整理得：

$$\begin{aligned}(-r_A) &= kC_{A0}^2 - x_A^2 + (1-\theta_C)x_A + \theta_C = 1.106\times10^{-6}\times500^2 - x_A^2 + (1-0.1)x_A + 0.1\\ &= 0.2765(-x_A^2 + 0.9x_A + 0.1)\end{aligned} \tag{c}$$

以$(-r_A)$对x_A作图，可得如图 3-30(a) 所示的曲线。该曲线存在一最大值，曲线在最大值处的斜率为 0，即

$$\text{d}(-r_A)/\text{d}x_A = kC_{A0}^2 - 2x_A + (1-\theta_C) = 0$$

所以，反应速率最大时的转化率为：

$$x_{A\text{opt}} = (1-\theta_C)/2 = (1-0.1)/2 = 0.45 \tag{d}$$

将式（d）代入式（c）可求得最大反应速率：

$$\begin{aligned}(-r_{A\max}) &= kC_{A0}^2(1+\theta_C)^2/4 = 1.106\times10^{-6}\times500^2\times(1+0.1)^2/4\\ &= 8.364\times10^{-2}(\text{mol}\cdot\text{m}^{-3}\cdot\text{s}^{-1})\end{aligned} \tag{e}$$

（3）根据 CSTR 的操作方程可求得转化率为 80% 时所需空时 τ_m：

$$\begin{aligned}\tau_m &= \frac{C_{A0}x_A}{(-r_A)} = \frac{C_{A0}x_A}{kC_{A0}^2(1-x_A)(\theta_C+x_A)} = \frac{0.8}{1.106\times10^{-6}\times500\times(1-0.8)\times(0.1+0.8)}\\ &= 8.037\times10^3(\text{s}) = 2.23(\text{h})\end{aligned}$$

（4）根据 PFR 的操作方程可求得转化率为 80% 时所需空时 τ_p：

$$\begin{aligned}\tau_p &= C_{A0}\int_0^{x_A}\frac{\text{d}x_A}{kC_{A0}^2(1-x_A)(\theta_C+x_A)} = \frac{1}{kC_{A0}(1+\theta_C)}\int_0^{x_A}\left(\frac{1}{1-x_A}+\frac{1}{\theta_C+x_A}\right)\text{d}x_A\\ &= \frac{1}{kC_{A0}(1+\theta_C)}\ln\frac{\theta_C+x_A}{(1-x_A)\theta_C} = \frac{1}{1.106\times10^{-6}\times500\times(1+0.1)}\ln\frac{0.1+0.8}{(1-0.8)\times0.1}\\ &= 6258(\text{s}) = 1.74(\text{h})\end{aligned}$$

（5）如图 3-30(b) 所示，在达到最大反应速率对应的转化率 $x_{A\text{opt}}=0.45$ 前采用 CSTR，之后采用 PFR，则可以使空间时间 τ_{m+p} 最小：

$$\begin{aligned}\tau_{m+p} &= \frac{C_{A0}\,x_{A\text{opt}}}{(-r_A)_{x_{A\text{opt}}}} + C_{A0}\int_{x_{A\text{opt}}}^{x_A}\frac{\text{d}x_A}{(-r_A)}\\ &= \frac{C_{A0}\,x_{A\text{opt}}}{kC_{A0}^2(1-x_{A\text{opt}})(\theta_C+x_{A\text{opt}})} + \frac{1}{kC_{A0}(1+\theta_C)}\left[\ln\frac{\theta_C+x_A}{1-x_A}\right]_{x_{A\text{opt}}}^{x_A}\\ &= \frac{0.45}{1.106\times10^{-6}\times500\times(1-0.45)(0.1+0.45)}\\ &\quad + \frac{1}{1.106\times10^{-6}\times500\times(1+0.1)}\ln\frac{(0.1+0.8)(1-0.45)}{(1-0.8)(0.1+0.45)}\\ &= 2690+2473 = 5163(\text{s}) = 1.43(\text{h})\end{aligned}$$

（6）将 $\theta_C=0$ 代入式（a）可得到反应速率的表达式，然后反应速率方程代入循环操作的 PFR 的操作方程：

$$\tau_r = C_{A0}(1+\beta) \int_{\frac{\beta x_{Af}}{1+\beta}}^{x_{af}} \frac{dx_A}{kC_{A0}^2(1-x_A)x_A} = \frac{1+\beta}{kC_{A0}} \ln\left[\frac{1+\beta(1-x_{Af})}{\beta(1-x_{Af})}\right] \tag{f}$$

上式对 β 求微分，并令 $\dfrac{d\tau}{d\beta}=0$，则：

$$\frac{1+\beta}{\beta[1+\beta(1-x_{Af})]} = \ln\left[\frac{1+\beta(1-x_{Af})}{\beta(1-x_{Af})}\right] \tag{g}$$

将 $x_{Af}=0.8$ 代入上式，用试差法可求得最佳循环比 β_{opt}：

$$\beta_{opt}=0.7304$$

将 β_{opt}、k、C_{A0} 和 x_{Af} 代入式(g)，可求得最佳循环比时所需空间时间：

$$\tau_r = \frac{1+0.7304}{1.106\times10^{-6}\times500} \ln \frac{1+0.7304\times(1-0.8)}{0.7304\times(1-0.8)} = 6446(s) = 1.79(h)$$

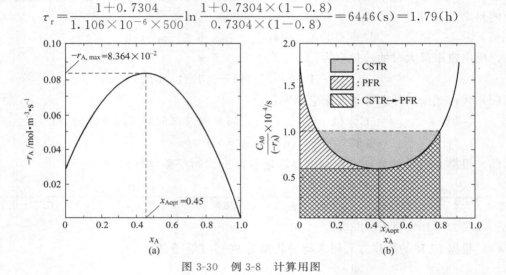

图 3-30　例 3-8　计算用图

3.4.2 复合反应

单一反应我们关心的是速率和转化率，而对于复合反应来说速率和转化率不足以说明反应的结果。例如，在银催化剂上乙烯氧化制环氧乙烷的反应可用下列两式来表示：

$$C_2H_4 + \frac{1}{2}O_2 \longrightarrow C_2H_4O$$

$$C_2H_4 + 3O_2 \longrightarrow 2CO_2 + 2H_2O$$

如果只知道关键组分乙烯的速率和转化率高，并不能说明目标产物环氧乙烷生成的情况。只说明了乙烯的反应和转化总的结果，无法知道有多少乙烯转化为目的产物环氧乙烷，有多少乙烯转化为副产物二氧化碳。所以除了使用转化率说明反应物的转化程度以外，还需引入目的产物的收率和选择性概念才能完整地描述复合反应的结果。

为了说明反应过程中选择性的变化，定义瞬时选择性 $S(t)$，即任意时刻生成目的产物时关键组分的消耗速率与关键组分的总消耗速率之比。反应的瞬时选择性 $S(t)$ 是指某瞬间时的选择性，所以，瞬时选择性在反应过程中是一个变量。

由于复合反应中副反应的存在，反应物转化后不都生成目的产物，有部分转变为副产品。显然，S 和 $S(t)$ 的值都小于等于 1。

对恒容体系，总选择性 S 和瞬时选择性 $S(t)$ 的关系是：

$$S = -\frac{1}{C_{A0}-C_{Af}}\int_{C_{A0}}^{C_{Af}} S(t)\mathrm{d}C_A \tag{3-77}$$

对全混流反应器，由于釜内浓度均一，且与出口浓度相等，所以瞬时选择性和总选择性相等，即

$$S = S(t)$$

收率表示目的产物的相对生成量，一般小于1，而**转化率**则表示关键组分的转化程度。三者存在着下列关系：

$$Y = x_A S \tag{3-78}$$

所以，转化率、收率及选择性三者知其二即可评价复合反应进行的优劣。或者说，转化率反映了反应的量，收率或选择性则反映了反应的质，两者结合才能保证质量。

下面分别讨论反应器形式对平行反应和连串反应选择性的影响。

（1）平行反应 乙醇分解反应：

$$C_2H_5OH \longrightarrow C_2H_4 + H_2O$$
$$C_2H_5OH \longrightarrow CH_3CHO + H_2O$$

是一个典型的平行反应，乙烯及乙醛的生成量取决于这两个反应的速率。

设等温下进行平行反应：

$$A+B \xrightarrow{k_1} P$$
$$A+B \xrightarrow{k_2} S$$

前一个反应为主反应，后一个反应为副反应，其反应动力学方程分别为：

$$r_P = k_1 C_A^{a_1} C_B^{b_1}$$
$$r_s = k_2 C_A^{a_2} C_B^{b_2}$$
$$(-r_A) = r_P + r_s = k_1 C_A^{a_1} C_B^{b_1} + k_2 C_A^{a_2} C_B^{b_2}$$

根据定义，目的产物P的瞬时选择性为：

$$S(t) = \frac{r_P}{(-r_A)} = \frac{k_1 C_A^{a_1} C_B^{b_1}}{k_1 C_A^{a_1} C_B^{b_1} + k_2 C_A^{a_2} C_B^{b_2}}$$

$$S(t) = \frac{1}{1 + \frac{k_2}{k_1} C_A^{a_2-a_1} C_B^{b_2-b_1}} = \frac{1}{1 + \frac{k_{20}}{k_{10}} \mathrm{e}^{\frac{E_1-E_2}{RT}} C_A^{a_2-a_1} C^{b_2-b_1}} \tag{3-79}$$

由式(3-79)可以看出，目标产物P的瞬时选择性主要受温度和浓度的影响。下面分别讨论。

① 温度对选择性的影响：

a. 当 $E_1 > E_2$ 时，温度升高，$\frac{E_1-E_2}{RT}$ 减小，选择性 $S(t)$ 增大，所以高温有利于提高选择性。

b. 当 $E_1 < E_2$ 时，温度升高，$\frac{E_1-E_2}{RT}$ 增大，选择性 $S(t)$ 降低，所以低温不利于提高选择性。

② 浓度对选择性的影响：

a. 当主反应级数大于副反应级数，即 $a_1 > a_2$、$b_1 > b_2$ 时，浓度升高，选择性提高。所

以维持较高的 C_A、C_B 对提高选择性是有利的。因为平推流反应器和间歇反应器浓度是从 C_{A0} 逐渐降到 C_{Af} 的,反应器中浓度相对最高,所以采用 PFR 或 BR 可以得到较高的选择性。其次,可以选择多釜串联反应器,并且反应器体积逐渐增大。

b. 当主反应级数小于副反应级数,即 $a_1 < a_2$、$b_1 < b_2$ 时,浓度降低,选择性提高。所以,维持较低的 C_A、C_B 对提高选择性是有利的。因为全混流反应器的浓度始终维持在最低浓度 C_{Af},反应器中浓度相对最低,所以采用 CSTR 可以得到较高的选择性。如果选择多釜串联反应器,反应器体积逐渐减小,也有利于选择性的提高。

c. 当 $a_1 < a_2$、$b_1 > b_2$ 时,C_A 降低和 C_B 提高时,选择性增大。对这样的浓度要求,以上的反应器型式都不是最佳的选择,我们可以设计一些特殊的加料和操作方式来满足对 A、B 不同浓度的要求。

如果采用管式的活塞流反应器,可以在活塞流的基础上改变加料方式。如图 3-31 所示,组分 B 以活塞流方式连续流过反应器,而 A 则在管式的活塞流反应装置上加侧线,分批少量加入,这样可以满足 C_B 高浓度且 C_A 低浓度的要求,从而使 P 的选择性增大。

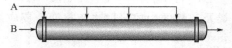

图 3-31 带有侧线的活塞流反应器示意图

图 3-32 示出在全混流反应器的操作方式,在反应器入口 A 和 B 加料的配比中,使组分 A 的初始浓度较低,而组分 B 大量过剩。反应过程中也可以保持高浓度的 B 和低浓度的 A,反应器流出后经过一个分离器,分离出产品 P 后 B 再返回到全混流反应器中进行反应。

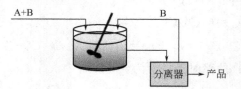

图 3-32 带有回流的全混流反应器

也可以采用图 3-33 所示的半间歇反应器。组分 B 一次性加入反应釜中,而组分 A 则少量加入、连续操作。这样的结果也可以保证 A、B 浓度的不同要求。

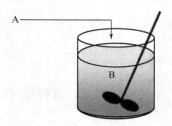

图 3-33 半间歇反应器

图 3-34 为多段全混流反应器,反应物 B 正常依次流经各釜,反应物 A 则分别加入各釜,各釜反应物 A 的浓度均保持较低水平,从而可提高总选择性。

一般说来:①高的反应物浓度有利于反应级数高的反应;②低的反应物浓度有利于反应级数低的反应;③主副反应级数相同的平行反应,浓度的高低不影响产物的分布。

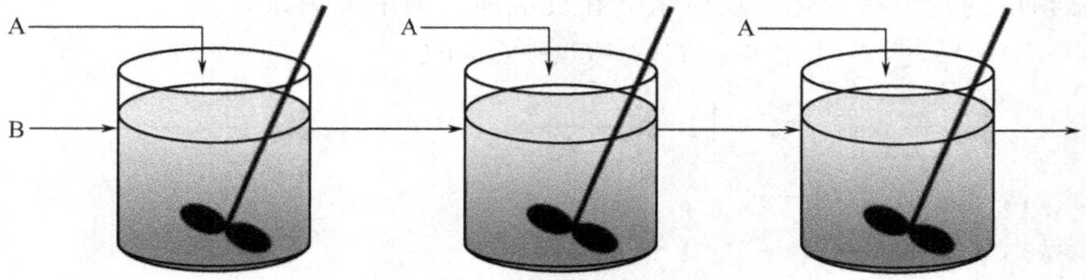

图 3-34　多段全混流反应器

（2）连串反应　连串反应是指生成目标产物的同时，部分目标产物继续转化为其他物质的反应。

许多取代、加氢和氧化反应都属于连串反应。例如，甲烷的氯化：

$$CH_4 + Cl_2 \longrightarrow CH_3Cl + HCl$$
$$CH_3Cl + Cl_2 \longrightarrow CH_2Cl_2 + HCl$$
$$CH_2Cl_2 + Cl_2 \longrightarrow CHCl_3 + HCl$$
$$CHCl_3 + Cl_2 \longrightarrow CCl_4 + HCl$$

在氧化反应中，目的产物往往会被继续氧化生成不需要的产物，如一氧化碳、二氧化碳及水蒸气等。例如，以银或氧化铁和氧化钼作催化剂，将甲醇氧化成甲醛的过程中，有部分甲醛被氧化成二氧化碳和水蒸气，其反应式为：

$$2CH_3OH + O_2 \longrightarrow 2HCHO + 2H_2O$$
$$HCHO + O_2 \longrightarrow CO_2 + H_2O$$

也可写成：

$$CH_3OH \xrightarrow{O_2} HCHO \xrightarrow{O_2} CO_2$$

在有机合成中，由于连串反应而生成不希望的树脂及焦油状的物质也很常见。

假定在活塞流反应器中，等温下进行连串反应：

$$A \xrightarrow{k_1} P \xrightarrow{k_2} S$$

两个反应均为 1 级不可逆反应，其动力学方程分别为：

$$(-r_A) = -\frac{dC_A}{dt} = k_1 C_A \tag{3-80}$$

$$r_S = \frac{dC_S}{dt} = k_2 C_P \tag{3-81}$$

目标产物 P 的生成速率为：

$$r_P = \frac{dC_P}{dt} = k_1 C_A - k_2 C_P \tag{3-82}$$

若组分 A 的初始浓度为 C_{A0}，产物的初始浓度 $C_{P0} = C_{S0} = 0$，则组分 A 的浓度随时间变化的关系可用式（3-80）的积分式表示：

$$C_A = C_{A0} e^{-k_1 t} \tag{3-83}$$

将式（3-83）代入式（3-82）得：　$\dfrac{dC_P}{dt} + k_2 C_P = k_1 C_{A0} e^{-k_1 t}$ \tag{3-84}

解该一阶线性常微分方程得：

$$C_P = \frac{k_1}{k_1 - k_2} C_{A0} (e^{-k_2 t} - e^{-k_1 t}) \tag{3-85}$$

由于总物质的量没有变化，反应组分在反应前后的浓度关系有：

$$C_{A0} = C_A + C_P + C_S$$

所以，

$$C_S = C_{A0}\left[1 - \frac{1}{k_1 - k_2}(k_2 e^{-k_1 t} - k_1 e^{-k_2 t})\right] \tag{3-86}$$

若 $k_2 \gg k_1$，$C_S = C_{A0}(1 - e^{-k_1 t})$

若 $k_1 \gg k_2$，$C_S = C_{A0}(1 - e^{-k_2 t})$

由此可见，在连串反应中，最慢一步反应对反应过程总速率影响最大。如果以浓度对时间作图，可得如图 3-35 的浓度分布。图中 A 的浓度呈指数递减，S 的浓度随反应时间递增，而 P 的浓度随时间出现一个极大值。所以，如果 P 是目的产物，那么就存在一个最优反应时间，在最优反应时间下可以获得最高的 P 的浓度。

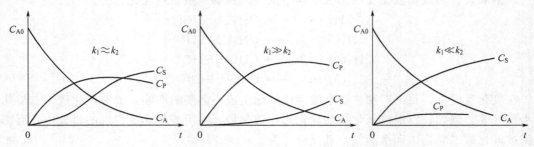

图 3-35 连串反应中各组分浓度随时间的变化关系

将式(3-85)对 t 求导并令 $dC_P/dt = 0$，就可以求得 P 浓度最大的反应时间：

$$t_{opt} = \frac{\ln(k_2/k_1)}{k_2 - k_1} \tag{3-87}$$

代入式(3-85)得：

$$C_{Pmax} = C_{A0}\left(\frac{k_1}{k_2}\right)^{k_2/k_1} \tag{3-88}$$

最大收率：

$$Y_{Pmax} = \left(\frac{k_1}{k_2}\right)^{\frac{k_1}{k_2 - k_1}} \tag{3-89}$$

根据以上各式可得如图 3-36 所示的 C/C_{A0}-t 和 C/C_{A0}-x_A 曲线。图 3-36(a) 示出了不同 k_2/k_1 比时，目标产物 P 的浓度随时间的变化关系。根据收率的定义可知，图中 C_P/C_{A0} 实际就是 C_P 的瞬时收率。可见，在不同的 k_2/k_1 比值时，目的产物收率 Y_P 分别存在一极

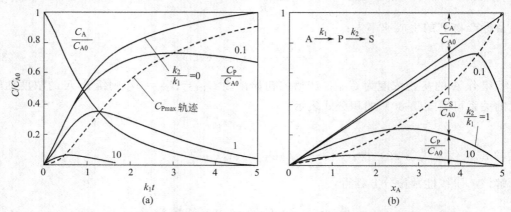

图 3-36 在活塞流反应器内进行连串反应时各组分浓度随时间和转化率的变化

大值。

由于等温恒容间歇反应器的反应时间与活塞流反应器相同，所以上面的讨论也适用于间歇反应器，但对全混反应器不适用。

对全混反应器分别作组分 A 和目的产物 P 的物料衡算，可得：

$$v_0(C_{A0}-C_A)=k_1 V_R C_A \tag{3-90}$$

$$v_0 C_P = k_1 V_R C_A - k_2 V_R C_P \tag{3-91}$$

由于 $V_R/v_0=\tau$，故由式(3-90)整理得：

$$C_A=\frac{C_{A0}}{1+k_1 t} \tag{3-92}$$

将式(3-92)代入式(3-91)并化简得：

$$\frac{C_P}{C_{A0}}=\frac{k_1 t}{(1+k_1 t)(1+k_2 t)} \tag{3-93}$$

由于总物质的量没有变化，即 $C_{A0}=C_A+C_P+C_S$，所以：

$$\frac{C_S}{C_{A0}}=\frac{k_1 k_2 t^2}{(1+k_1 t)(1+k_2 t)} \tag{3-94}$$

令 $\frac{dC_P}{dt}=0$，可求得产物 P 浓度最大时的反应时间：

$$\frac{dC_P}{dt}=\frac{C_{A0}k_1(1+k_1 t)(1+k_2 t)-C_{A0}k_1 t[k_1(1+k_2 t)+k_2(1+k_1 t)]}{(1+k_1 t)^2(1+k_2 t)^2}=0$$

化简得：

$$t_{opt}=\frac{1}{\sqrt{k_1 k_2}} \tag{3-95}$$

P 的最大浓度为：

$$C_{Pmax}=\frac{C_{A0}}{(\sqrt{k_2/k_1}+1)^2} \tag{3-96}$$

目标产物 P 的最大收率为：

$$Y_{Pmax}=\frac{k_1}{(\sqrt{k_1}+\sqrt{k_2})^2} \tag{3-97}$$

对应于不同 k_2/k_1 比时的 C/C_{A0}-t 曲线示于图 3-37 中。与图 3-36 的曲线比较可知：对于任意反应，产物 P 的最大浓度在全混流反应器中总比活塞流反应器中低。所以，在进行连串反应时，活塞流反应器中转化率和选择性都高于全混流反应器。

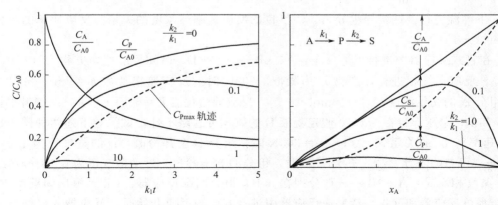

图 3-37　全混流反应器内进行连串反应各组分浓度随时间的变化关系

无论是在活塞流反应器中还是在全混流反应器中进行连串反应，当反应的平均停留时间小于最优反应时间时，即 $\tau < t_{opt}$，此时副反应生成 S 的量较小；而当 $\tau > t_{opt}$ 时，副反应生成的 S 量增加，尤其当 $\tau \gg t_{opt}$ 时，副反应生成的 S 的量显著增加，甚至 C_s 可能趋近于 1，所以，平均停留时间应小于 t_{opt}。

图 3-38 为目的产物 P 的选择性随转化率的变化曲线。可见，在任意转化率下，活塞流反应器中的产物选择性总是高于全混流反应器。因此，在 $k_2/k_1 \gg 1$ 时，为了避免产生过多副产物 S，可设法降低反应器中反应物料 A 的单程转化率，分离出 P 后再把未反应的物料 A 循环进入反应器。这样操作的可行性将最后取决于经济性是否合理，因为该操作所需能耗较高。

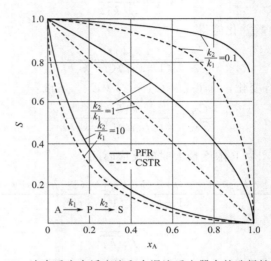

图 3-38　连串反应在活塞流和全混流反应器中的选择性对比

习　题

1. 气相反应 $2A \longrightarrow C+D$ 在一恒容间歇反应器中进行，测得组分 A 的分压 p_A 随时间的变化关系式为 $-\dfrac{dp_A}{dt} = k_p p_A^2$（atm·h^{-1}），式中，$k_p = 5$atm^{-1}·h^{-1}。假定反应在 423.2K 下等温进行。试推导组分 A、C 和 D 的反应速率与浓度的关系。反应速率的单位为 mol·m^{-3}·s^{-1}。

2. 在管式反应器中进行下述反应：$A+2B \longrightarrow C+D$，已知反应速率方程为 $(-r_A) = k C_A C_B$，反应在气相进行，产物 D 为凝液。303K 时的反应速率常数 $k = 2$m^3·mol^{-1}·s^{-1}，组分 A 的初始浓度 $C_{A0} = 10$mol·m^{-3}，反应的活化能 $E = 60$kJ·mol^{-1}。进料中只含组分 A 和 B，总压保持在 1atm。假定凝液 D 的体积可忽略不计，试推导下述两种操作条件下反应速率与 x_A 的关系式：（1）$T=303$K 时，组分 D 全部冷凝，D 的蒸气压为 1.316×10^{-3}atm，可忽略不计；（2）$T=403$K 时，组分 D 部分冷凝，D 的蒸气压为 0.1316atm。

3. 某气相反应：$A+3B \longrightarrow C$ 分别在（Ⅰ）恒容间歇反应器、（Ⅱ）恒压间歇反应器、（Ⅲ）全混流反应器和（Ⅳ）活塞流反应器中进行。已知反应开始时，反应器入口处总压为 1atm，温度为 473K，组分 B 的量为化学计量比的 3 倍，不含组分 C。假定反应在等温条件下进行。试求组分 A 转化 50% 时：（1）各组分的摩尔分数；（2）各组分的浓度；（3）恒容间歇反应器的压力；（4）讨论某一时刻浓度（摩尔分数）与反应器种类或反应容积变化之间的关系。

4. 用理想反应器进行乙酸乙酯皂化反应，方程式如下：

$$CH_3COOC_2H_5(A)+NaOH(B)\longrightarrow CH_3COONa(C)+C_2H_5OH(D)$$

实验测得动力学方程式为 $(-r_A)=kC_AC_B$，$k=7.37\times10^{-2}L\cdot mol^{-1}\cdot s^{-1}$。反应物乙酸乙酯和氢氧化钠按等物质的量投料，初始浓度均为 $5mol\cdot L^{-1}$。

（1）若反应器为间歇搅拌釜，求乙酸乙酯的转化率分别为 0.8、0.9 时所需要的反应时间。

（2）若间歇釜每天处理 2.5kg 乙酸乙酯，转化率为 0.8，每批操作的辅助时间为 1h，计算所需反应器的大小（装料系数取 0.8）。

（3）若为全混流反应器，且每天处理 2.5kg 乙酸乙酯，计算转化率为 0.8 和 0.9 时，所需反应器的有效体积。

（4）若为平推流反应器，且每天处理 2.5kg 乙酸乙酯，计算转化率为 0.8 和 0.9 时，所需反应器的有效体积。

5. 在等温间歇釜反应器中进行制备醇酸树脂的反应，该反应对己二酸和己二醇均为一级反应，反应开始时己二酸和己二醇初始浓度都为 $10kmol\cdot m^{-3}$，反应速率常数为 $k=245m^3\cdot kmol^{-1}\cdot h^{-1}$，当要求最终转化率达到 95% 时，试求：反应器体积分别为 $1m^3$ 和 $2m^3$ 时，各需要反应多长时间？

6. 在一间歇反应器中进行一级液相不可逆反应。已知当反应时间为 10min 时，转化率为 50%。求：（1）当间歇反应器体积增加一倍时，转化率如何变化？（2）当反应时间增加一倍时，转化率又如何变化？

7. 在间歇反应器中进行如下反应 A $\longrightarrow$ R，其速率方程为：$(-r_A)=3C_A^{0.5}(mol\cdot L^{-1}\cdot h^{-1})$，组分 A 的初始浓度 C_{A0} 为 $1mol\cdot L^{-1}$。求反应 1h 后 A 的转化率。

8. 在体积为 $3m^3$ 的全混流反应器中进行某一级液相反应，速率表达式 $(-r_A)=0.15C_A$ $(kmol\cdot m^{-3}\cdot h^{-1})$，A 的初始浓度为 $1kmol\cdot m^{-3}$，当要求出口转化率达到 90% 的时候，原料的处理量应为多少？

9. 在全混流反应器中进行以下等温液相反应 A+B $\longrightarrow$ P，进料中 $C_{A0}=0.1kmol\cdot m^{-3}$，$C_{B0}=0.12kmol\cdot m^{-3}$，反应速率方程为 $(-r_A)=kC_AC_B$，$k=10\ m^3\cdot kmol^{-1}\cdot h^{-1}$，进料流量为 $20m^3\cdot h^{-1}$，反应器出口转化率为 85% 时，计算所需全混流反应器的体积。

10. 在活塞流反应器中进行一级不可逆反应 A+B $\longrightarrow$ C+D，所有组分均为气体。进料中 A、B 各占 40%（摩尔分数），其余为惰性气体。物料流量为 $10kmol\cdot min^{-1}$，动力学方程为 $(-r_A)=kC_A(kmol\cdot m^{-3}\cdot h^{-1})$，速率常数为 $k=1.3h^{-1}$。反应在 373K、0.1MPa 下进行。如果要求出口转化率达到 98%，反应器体积为多少？

11. 液相反应 A $\longrightarrow$ C 的速率与组分 A 的浓度间的关系如下表所示：

C_A/kmol·m^{-3}	0.2	0.4	0.6	0.8	1.0	1.2	1.4	1.6	1.8	2.0
$(-r_A)$/kmol·m^{-3}·h^{-1}	0.5	0.7	0.85	0.92	0.95	0.93	0.88	0.8	0.7	0.6

（1）用间歇反应器进行反应时，若 $C_{A0}=2.0kmol\cdot m^{-3}$，$C_{Af}=0.2kmol\cdot m^{-3}$，所需反应时间为多少？

（2）在 PFR 中反应时，若 $C_{A0}=2.0\text{kmol}\cdot\text{m}^{-3}$，A 的进料摩尔流量 $F_{A0}=2\text{kmol}\cdot\text{h}^{-1}$。当反应转化率为 80% 时所需的反应体积为多少？

（3）在 CSTR 中反应时，若 $C_{A0}=2.0\text{kmol}\cdot\text{m}^{-3}$，A 的进料摩尔流量 $F_{A0}=2\text{kmol}\cdot\text{h}^{-1}$。当反应转化率为 80% 时所需的反应体积为多少？

12. 在间歇反应器中进行一级不可逆液相反应 $A+B\longrightarrow 2C$，已知 $(-r_A)=kC_A$（$\text{mol}\cdot\text{L}^{-1}\cdot\text{h}^{-1}$），$k=7.23\times10^9\times\exp(-8762/T)$，$C_{A0}=2\text{mol}\cdot\text{L}^{-1}$，A 与 B 等物质的量进料，$M_C=80$，若转化率 $x_A=0.9$，辅助操作时间为 0.5h，计划每天生产 10kg 产物 C。求 70℃ 等温操作所需的反应器的有效体积？

13. 气相反应 $A\rightleftharpoons cC$，在一等温等压的 CSTR 反应器中进行。其反应速率方程为 $(-r_A)=k(C_A-C_C/K)$。试推导组分 A 的转化率 x_A 与空间时间 τ 的关系式。

14. 在 CSTR 反应器中进行下述液相反应 $A+B\underset{k_2}{\overset{k_1}{\rightleftharpoons}}C+D$，反应速率方程为 $(-r_A)=k_1C_AC_B-k_2C_CC_D$。原料中只含组分 A 和 B，且二者浓度相等。测得液体的体积空速（单位时间内单位反应体积所流过的流体体积）S_v 与组分 A 的出口转化率 x_{Af} 间的关系如下表所示：

S_v/ks^{-1}	33.0	67.7
x_{Af}	0.5	0.4

求该可逆反应的净反应速率。

15. 在理想反应器中进行如下反应：

$$A\longrightarrow 2R \qquad r_R=C_A(\text{kmol}\cdot\text{m}^{-3}\cdot\text{h}^{-1})$$
$$2A\longrightarrow S \qquad r_S=0.5C_A(\text{kmol}\cdot\text{m}^{-3}\cdot\text{h}^{-1})$$

反应原料中只含组分 A，其初始浓度 $C_{A0}=5\text{kmol}\cdot\text{m}^{-3}$。求下述情况下反应器出口处 A 的转化率，各组分的浓度 C_A、C_R 和 C_S，主产物 R 的收率和选择性。

（1）体积均为 6m^3，进料量为 $12\text{m}^3\cdot\text{h}^{-1}$ 的 CSTR 反应器；

（2）体积均为 6m^3，进料量为 $12\text{m}^3\cdot\text{h}^{-1}$ 的 PFR 反应器；

（3）一个体积为 3m^3 的 PFR 串联一个体积为 3m^3 的 CSTR，进料量为 $12\text{m}^3\cdot\text{h}^{-1}$。

16. 在等温条件下进行下列反应：

$$A+B\longrightarrow R \qquad r_R=2C_A(\text{kmol}\cdot\text{m}^{-3}\cdot\text{h}^{-1})$$
$$2A\longrightarrow S \qquad r_S=C_A^2(\text{kmol}\cdot\text{m}^{-3}\cdot\text{h}^{-1})$$

反应开始时 A 和 B 的浓度均为 $1\text{kmol}\cdot\text{m}^{-3}$，目的产物为 R，试计算 A 的转化率为 80% 时所需的反应时间和 R 的收率。（1）间歇釜式反应器；（2）全混流反应器；（3）平推流反应器；（4）半间歇操作。

17. 液相反应：
$$2A\longrightarrow R \qquad r_R=k_1C_A^2$$
$$A\longrightarrow S \qquad r_S=k_2C_A$$

在 CSTR 中进行，操作时希望 R 的收率最大。已知：反应器入口浓度：$C_{A0}=1\text{kmol}\cdot\text{m}^{-3}$，$C_{R0}=C_{S0}=0$，$k_2/k_1=100\text{mol}\cdot\text{m}^{-3}$，$k_1=1\times10^{-5}\text{m}^3\cdot\text{mol}^{-1}\cdot\text{s}^{-1}$。试求：

（1）反应器出口处组分 A、R 和 S 的浓度；

（2）组分 A 的转化率 x_A 和 R 的收率 Y_R；

（3）空间时间 τ。

18. $\text{A} \longrightarrow 2\text{R} \qquad r_R = k_1 C_A$

$\qquad \text{A} \longrightarrow \text{S} \qquad r_S = k_2 C_A$

上述液相反应在间歇反应器中进行。A 的半衰期为 40min，这时 R 的浓度为 S 的 3 倍。假定反应原料中不含 R 和 S，求 k_1/k_2。

19. 平行反应：$\text{A} + \text{B} \longrightarrow 2\text{R} \qquad r_R = k_1 C_A C_B$

$\qquad\qquad\quad \text{A} \longrightarrow \text{S} \qquad\quad r_S = k_2 C_A$

在间歇反应器中进行，各组分初始浓度为：$C_{A0} = 4\text{kmol} \cdot \text{m}^{-3}$，$C_{B0} = 2\text{kmol} \cdot \text{m}^{-3}$，$C_{R0} = C_{S0} = 0$。在某一时刻，测得 A 的浓度为 1.96kmol·m^{-3}，B 的浓度为 1kmol·m^{-3}。求反应速率常数比 k_2/k_1。

20. 平行反应 $\text{A} \xrightarrow{k_1} \text{B} + \text{C}$，$\text{A} \xrightarrow{k_2} 2\text{D}$，在 PFR 中进行，两个反应均为 1 级反应，速率常数分别为 $k_1 = 5.2 \times 10^{-2} \text{s}^{-1}$，$k_2 = 1.3 \times 10^{-2} \text{s}^{-1}$。原料气中含 80%组分 A，其余为惰性气。求当 A 的转化率为 70%时：（1）所需的空间时间；（2）产物 B、C 和 D 的收率；（3）反应器出口处各组分的摩尔分数。

21. 拟设计一反应装置等温进行下列液相反应：

$$\text{A} + 2\text{B} \longrightarrow \text{R} \qquad r_R = k_1 C_A C_B^2$$
$$2\text{A} + \text{B} \longrightarrow \text{S} \qquad r_S = k_2 C_A^2 C_B$$

目的产物为 R，A 为限量组分。试问：（1）如何选择原料配比？（2）若采用多段全混流反应器串联，何种加料方式最好？（3）若用半间歇反应器，加料方式又如何？

22. 复合反应：$\text{A} \longrightarrow \text{R} \qquad r_R = k_1 C_A$

$\qquad\qquad\quad \text{A} \longrightarrow \text{S} \qquad r_S = k_2 C_A$

在一个体积为 1m^3 的全混流反应器中进行，已知 $k_1 = 4\text{h}^{-1}$，$k_2 = 1\text{h}^{-1}$。若 R 为目的产物，S 为副产物。反应原料中只含组分 A，其浓度 $C_{A0} = 5\text{kmol} \cdot \text{m}^{-3}$。A 的价格为 200 元·$\text{mol}^{-1}$，产品 R 的价格为 2000 元·$\text{mol}^{-1}$，反应器和分离装置的操作费用为 $(5000 + 200 F_{A0})$ 元·mol^{-1}。S 为有害物质，处理费用为 300 元·mol^{-1}。假定未反应的原料 A 可与产物完全分离并循环使用。试求利润最大时反应器入口处的体积流量 v、组分 A 的转化率 x_A 和每小时的利润 P。

23. 连串反应 $\text{A} \longrightarrow \text{R} \qquad r_R = k_1 C_A$，$k_1 = 0.2\text{h}^{-1}$

$\qquad\qquad\qquad \text{R} \longrightarrow \text{S} \qquad r_S = k_2 C_R$，$k_2 = 0.2\text{h}^{-1}$

在体积均为 V 的 2 段 CSTR 中进行。第 2 段出口处组分 R 的浓度 C_{Rf} 可用下式表示：

$$C_{Rf} = \frac{2 k_1 C_{A0} t}{(1 + k_1 t)^3}$$

第 1 段入口处组分的浓度 $C_{A0} = 5\text{kmol} \cdot \text{m}^{-3}$，原料中不含其他组分，体积流量为 $v = 0.2\text{m}^3 \cdot \text{h}^{-1}$，反应过程中液体密度变化可忽略。求：（1）$C_{Rf}$ 最大时各反应器的体积 V；（2）此时，组分 A 的转化率 x_A、组分的收率 Y_R 和选择性 S_R 以及空间时间 τ。

24. 等温下进行一级连串液相反应 $\text{A} \longrightarrow \text{P} \longrightarrow \text{S}$，$r_P = 2 C_A$，$r_S = C_P$；P 为主产物，反应器入口中 $C_{A0} = 5\text{kmol} \cdot \text{m}^{-3}$，$C_{P0} = C_{S0} = 0$，进料量为 $100\text{m}^3 \cdot \text{h}^{-1}$，反应在两个串联的全混流反应器中进行，体积均为 5m^3，试求：（1）反应器出口中 A 的转化率；（2）最终产品中 P 的浓度。

25. 气相复合反应 $\text{A} \longrightarrow \text{C} \qquad r_1 = k_1 C_A$，$k_1 = 50\text{s}^{-1}$

$$B \longrightarrow D+E \qquad r_2 = k_2 C_B, \quad k_2 = 2.5 \, s^{-1}$$

PFR 中进行，反应温度为 473.2K，总压为 506.5kPa，气体流量为 5kmol·s^{-1}，原料中组分 A 和 B 的物质的量浓度相等。求组分 A 反应 50% 所需的反应体积和各组分出口物质的量浓度。

26. 某气相反应 A $\longrightarrow$ 3P 的反应速率方程为：$(-r_A) = 10^{-2} C_A^{0.5} (mol·L^{-1}·s^{-1})$。该反应在一管式反应器进行。原料气体中组分 A 的初始浓度为 $C_{A0} = 0.0625 mol·L^{-1}$，要求组分 A 的最终转化率 $x_{Af} = 80\%$。试计算：（1）反应所需要的空间时间 τ。（2）如果进料中含 50% 惰性气体，但组分 A 的初始浓度仍为 0.0625mol·L^{-1}，则反应所需要的空间时间变为多少？（3）比较原料气中有和无惰性气体时空间时间的相对大小，并分析原因。

27. 用乙烷作原料在 0.6MPa 和 1100K 的操作条件下，在管式反应器中恒温进行热裂解反应生产乙烯：C$_2$H$_6$ $\longrightarrow$ C$_2$H$_4$ + H$_2$。已知该反应是 1 级不可逆反应，据文献报道，1000K 时其反应速率常数 $k = 0.072 s^{-1}$，反应活化能 $E = 343.1 kJ·mol^{-1}$。计划每年生产 15 万吨乙烯，每年反应器的运转周期为 300 天，要求乙烷的转化率应达到 80%。若管式反应器采用直径为 57mm×3.5mm、长度为 12m 的钢管，则共需要多少根钢管？

28. 在 300℃ 和 2atm 条件下于一管式反应器中进行某气相反应：

$$A \rightleftharpoons 2C \qquad (-r_A) = k(C_A - C_C^2/K_C)$$

已知原料中 A 组分占 40%，其余为惰性气体，组分 A 的进料流量为 $2.5 \times 10^3 mol·h^{-1}$，反应速率常数 $k = 1.6 \times 10^{-2} s^{-1}$，平衡常数 $K_C = 100 mol·m^{-3}$。求组分 A 的转化率为 70% 时所需的反应体积。

29. 气相反应 A+B $\longrightarrow$ 3C 分别在 PFR 和 CSTR 反应器中进行，反应温度为 493K，压力为 5atm，进料中组分 A 和 B 的摩尔流量相等。反应速率与 A 的转化率 x_A 间的关系如下表所示：

x_A	0	0.1	0.2	0.3	0.4	0.5	0.6	0.7	0.8	0.85
$(-r_A)/mol·m^{-3}·s^{-1}$	27	26	25	23	20	17	13	9	6	5

求：（1）以 A 的转化率 x_A 表示的反应速率常数；（2）转化率为 80% 时所需的空间时间。

30. 将例 3-5 的操作条件作如下变更后，求稳定操作点的转化率和反应温度：（1）入口温度变为 310K；（2）进料流量减小为原来的 90%。

31. 在一 CSTR 中进行下述连串反应：

$$A \rightarrow R \qquad r_R = k_1 C_A, \quad 反应热 \Delta H_{r,1}$$
$$R \rightarrow S \qquad r_S = k_2 C_R, \qquad \Delta H_{r,2}$$

反应器的体积为 4m^3，进料流量为 $5.0 \times 10^{-4} m^3·s^{-1}$，组分 A 的初始浓度为 $1.5 \times 10^3 mol·m^{-3}$，反应拟在 363.2K 下进行，求反应物料的进口温度 T_0。

其中，在 363.2K 下反应热、速率常数和反应物料的密度和比热容为：

$\Delta H_{r,1} = -6.0 \, 10^4 J·mol^{-1}$，$\Delta H_{r,2} = 2.0 \times 10^4 J·mol^{-1}$，$k_1 = 2.5 \times 10^{-4} s^{-1}$，$k_2 = 1.25 \, 10^{-4} s^{-1}$，$\rho = 950 kg·m^{-3}$，$c_p = 3.0 \, 10^3 J·kg^{-1}·K^{-1}$

32. 某液相 2 级不可逆等温反应 $(-r_A) = k C_A^2$，拟在连续操作的反应装置中进行。已知 20℃ 时，$k = 10 m^3·kmol^{-1}·h^{-1}$，$C_{A0} = 0.2 kmol·m^{-3}$，进料流量为 2m^3·h^{-1}。比

较下列各方案，哪个方案转化率最大？

(1) V_R 为 5m³ 的全混流反应器；

(2) 两个 CSTR 并联，体积均为 2.5m³；

(3) 二段 CSTR 串联，体积各为 2.5m³；

(4) 1 个 2m³ 串联 1 个 3m³ 的全混流反应器；

(5) 1 个 3m³ 串联 1 个 2m³ 的全混流反应器；

(6) V_R 为 5m³ 的活塞流反应器；

(7) PFR 后串联一个 CSTR，体积均为 2.5m³；

(8) CSTR 后串联一个 PFR，体积均为 2.5m³。

33. 某液相反应 A $\longrightarrow$ C 在连续操作的反应装置中进行。已知，进料流量为 10^{-3} m³·s⁻¹，原料液中组分 A 的浓度为 5×10^3 mol·m⁻³，反应速率方程为：$(-r_A)=kC_A/(1+K_AC_A)^2$，其中 $k=0.006$ s⁻¹，$K_A=5\times10^{-4}$ m³·mol⁻¹。

(1) 试推导反应速率与组分 A 的转化率的关系式，并绘制 r 与 x_A 的关系图。

(2) 要求组分 A 的转化率为 80%，并要求反应器的体积最小。应选用如下三种方案中的哪个？(a) PFR；(b) CSTR；(c) CSTR 和 PFR 组成的反应器组。绘制反应装置示意图，并确定操作条件。

(3) 计算 (2) 中所选反应装置的体积。

34. 在 CSTR 中进行某液相反应：A $\longrightarrow$ C，$(-r_A)=kC_A$。组分 A 的转化率为 20%。现拟选用 PFR-CSTR 反应器组进行该反应，并要求转化率达到 80%。试求 PFR 的体积应为 CSTR 的多少倍？

35. 某一级液相不可逆反应，反应速率 $(-r_A)=kC_A$，$C_{A0}=1$ kmol·m⁻³，$k=60$ h⁻¹，设 PFR 和 CSTR 反应器的空时分别为 τ_P 和 τ_S，且 $\tau_P=\tau_S=0.017$ h；某二级不可逆反应 $(-r_A)=kC_A^2$，$C_{A0}=1$ kmol·m⁻³，$k=60$ m³·kmol⁻¹·h⁻¹，空时 $\tau_P=\tau_S=0.017$ h。分别计算以上两种反应在活塞流串联全混流反应器、全混流串联活塞流反应器中进行反应所能达到的最终转化率，并分析计算结果。

36. 某液相均相催化反应 A $\xrightarrow{\text{催化剂 C}}$ R 的反应速率方程式为：$(-r_A)=kC_AC_C$。该反应拟在一半连续操作的釜式反应器中进行。起始浓度为 C_{A0} 的组分 A 先加入反应器中，其体积为 V_0，浓度为 C_{C0} 的催化剂以 v_0 的流量连续加入。反应经过时间 t 的时候，组分 A 的转化率可用下式表示：$x_A=1-\exp-\left\{kC_{C0}\left[t-\dfrac{V_0}{v}\ln\left(1+\dfrac{v}{V_0}t\right)\right]\right\}$。试推导该表达式。

37. 在一截面积为 S、长度为 L 的管式反应器中进行下述 1 级不可逆反应：

$$A \longrightarrow C \qquad (-r_A)=kC_A$$

进料总流量为 v_t，加料方式如下图所示。一股从反应器左端 $z=0$ 处加入，其体积流量为

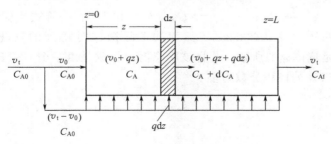

v_0；剩余的物料沿多孔材料制成的反应器孔壁加入，沿轴向各界面处的流量相等，单位长度的流量为 $q = (v_t - v_0)/L$。反应液从反应器右端 $z = L$ 处离开反应器。设原料中组分的浓度为 C_{A0}，距离左端 $z = z$ 处组分 A 的浓度为 C_A，出口处组分 A 的浓度为 C_{Af}。

（1）试推导 C_A 的表达式，并确定边界条件。

（2）出口处组分 A 的转化率 $x_{Af} = 1 - C_{Af}/C_{A0}$ 可用下式求得。试根据题意推导该表达式。

$$x_{Af} = \frac{kS/q}{1 + kS/q}\left[1 - \left(\frac{v_0}{v_t}\right)^{1 + ks/q}\right]$$

（3）$v_0 = 0$ 时，该反应器的出口转化率与哪种反应器的转化率相同？

38. 在 CSTR 中进行某 1 级可逆反应：
$$A \Longleftrightarrow C \qquad (-r_A) = k(C_A - C_C/K_C), \ K_C = 2$$

组分 A 的转化率可达 50%。现拟在反应器的出口连接一个分离装置，将未反应的组分 A 分离后全部返回反应器入口继续反应。循环物流只含组分 A，不含组分 C 和溶剂 I。已知，反应原料中组分 A、C 和溶剂 I 的体积分数分别为 70%、10% 和 20%。假定组分 A 和组分 C 的分子量和密度近似相等。试求采用新的生产方案时组分 A 的转化率。

39. 在循环操作的 PFR 中进行气相不可逆 2 级反应 $2A \longrightarrow R$。当循环比 $\beta = 1$ 时，组分 A 的转化率为 60%，原料为纯组分 A。试求操作改为不循环时组分 A 的转化率变为多少？

40. 有一个自催化反应 $A_1 + A_2 \longrightarrow 2A_2$，其速率表达式为 $(-r_A) = kC_{A1}C_{A2}$，已知初始原料组成为 $C_{A10} = 0.99 \text{kmol} \cdot \text{m}^{-3}$，$C_{A20} = 0.01 \text{kmol} \cdot \text{m}^{-3}$，速率常数 $k = 11\text{m}^3 \cdot \text{kmol}^{-1} \cdot \text{h}^{-1}$。试求：（1）转化率多大时反应速率最大？（2）当要求转化率达到 90% 时，选择适宜的反应器形式，并计算反应器体积。

41. 某液相自催化反应 $A \xrightarrow{\text{C（催化剂）}} C$ 的反应速率方程为：$(-r_A) = kC_A C_C$，式中 $k = 4.2 \times 10^{-7} \text{m}^3 \cdot \text{mol}^{-1} \cdot \text{s}^{-1}$。反应液中只含组分 A，其浓度为 $10^3 \text{mol} \cdot \text{m}^{-3}$，液相处理量为 $10\text{m}^3 \cdot \text{h}^{-1}$。要求组分 A 的转化率达到 80%，并希望采用适当的连续操作的反应器（组）使反应器总体积最小。（1）绘制反应速率随组分 A 转化率的变化关系图，并求反应速率最大时对应的转化率；（2）在图上标绘出总体积最小的反应器（组）的体积，并求出总反应体积。

42. 在一 CSTR 中进行下述 1 级不可逆反应：$A \longrightarrow C$，$(-r_A) = kC_A$。反应器体积为 V。定常态操作时进料流量为 v，原料中组分 A 的浓度为 C_{A0}。在某一时刻（$t = 0$），突然停止进料，但出口流量不变直到全部料液全部排出反应器为止。试推导：（1）定常态操作时反应器出口处组分 A 的浓度 C_{Af} 的表达式；（2）非定常态时出口处组分 A 的浓度 $C_A(t)$ 随时间 t 的变化关系式。

43. 气相反应：$A \longrightarrow C$，$(-r_A) = kC_A$，$k = 5\text{h}^{-1}$。在一管式反应器中进行，设计的反应器出口处 A 的转化率为 63.2%。然而，实际操作时得到的转化率仅为设计值的 92.7%，究其原因是流体返混所致。若将该反应器设想成是由一个 CSTR 和一个 PFR 串联的反应器组，则 CSTR 的体积分数为多少？

4 非理想流动反应器

第 3 章讨论了 PFR 和 CSTR 两种理想流动反应器，这两种反应器中的流动分别为活塞流和全混流。PFR 中流体质点在反应器中具有相同的停留时间，所以不存在停留时间分布；CSTR 中流体流动模式为全混流，流体质点在反应器中的停留时间是不相同的，所以存在着停留时间分布。实际反应器中混合和流动状态大多数与 CSTR 或 PFR 有一定偏差，不能直接使用前面介绍的反应器操作方程进行设计和操作。所有偏离活塞流（平推流）和全混流的流动统称为非理想流动。非理想流动对于理想流动的偏离，将导致反应结果的不同。另外，反应物料不同的凝聚态也将影响反应的结果。所以，影响反应器反应结果的主要有流动状态和混合状态两个因素。流体的流动状态可以用流体粒子的**停留时间分布**（residence time distribution，RTD）来描述；混合状态用流体粒子的**聚集状态**来分析。

本章将首先介绍描述反应器内流动状态的停留时间分布函数及其测定方法，然后介绍描述非理想流动反应器的三个模型，最后介绍流体混合对反应器效能的影响。

4.1 停留时间分布

4.1.1 概述

化学反应进行的程度与物料在反应器中的停留时间密切相关，停留时间长，反应进行的就充分；停留时间短，物料反应的就不完全。对于流动体系，流体在系统中流速分布的不均匀，或反应器内存在如死区、沟流和短路流等因素，都会造成物料质点在反应器中的停留时间长短不一，从而造成停留时间分布，停留时间分布的存在又对反应结果产生影响。通常所说的反应器出口转化率实际上是停留时间不同的流体转化率的平均值。对物料在反应器内停留时间分布的研究，是确定产物的定量分布和反应物平均转化率的基础。

当停留时间不同的流体在反应器中发生混合时，尽管进入反应器的浓度可能是相同的，但由于在反应器中停留的时间不同，流出反应器时的浓度和转化率也就不同。所以，反应器中具有不同停留时间流体之间发生的混合称为返混，返混是一种时间意义上的混合。前一章我们讨论的活塞流反应器和间歇反应器，因为反应器中流体粒子的停留时间完全相同，所以 PFR 和 BR 完全没有返混；而全混流反应器中停留时间不同的流体粒子达到最大程度的混合，所以 CSTR 返混程度是最大的。

一般可以用两种概念来描述停留时间分布，一种是"寿命"分布，指的流体粒子从进入反应器到流出反应器出口所经历的时间，即物料的停留时间分布；另一种是"年龄"分布，指的是流体粒子从进入反应器，到在反应器中任一时刻停留的时间。区别在于前者是指出口粒子的停留时间，后者指反应器内任一时刻的停留时间。通常我们所说的停留时间分布，指的是寿命分布。

反应器中存在的典型非理想流动状态如图 4-1 所示。

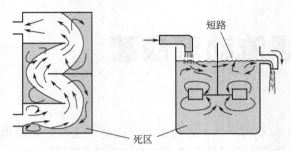

图 4-1　反应器中存在的典型非理想流动状态

4.1.2　停留时间分布的定量描述

物料在反应器中的停留时间是一个随机变量，停留时间分布可以用概率分布函数来定量描述。通常用停留时间分布函数和停留时间分布密度函数来描述。

停留时间是流动反应器的一个重要性质，因为它表征了反应物分子在反应器内存留的时间，也就是反应物分子的反应时间。

停留时间分布函数 $F(t)$ 的定义为：当流体以稳定流量进入反应器而不发生化学反应时，$t=0$ 时刻同时进入反应器的 N 个粒子当中，停留时间在 $0 \sim t$ 之间（停留时间$\leqslant t$）的流体占总流体的分数为停留时间分布函数。

停留时间分布密度函数 $E(t)$ 定义为：流体稳定流动而不发生化学变化时，$t=0$ 时刻同时进入反应器的 N 个粒子当中，停留时间在 $t \sim t+\mathrm{d}t$ 之间的流体占总流体的分数为停留时间分布密度函数。

根据以上定义，停留时间分布函数 $F(t)$ 和停留时间分布密度函数 $E(t)$ 之间有如下关系：

$$F(t) = \int_0^t E(t)\mathrm{d}t \tag{4-1}$$

$$E(t) = \frac{\mathrm{d}F(t)}{\mathrm{d}t} \tag{4-2}$$

由于同一时刻进入反应器内的物质质点在无限长的时间后将全部离开反应器，所以停留时间分布具有归一性：

$$F(\infty) = \int_0^\infty E(t)\mathrm{d}t = 1 \tag{4-3}$$

典型的停留时间分布函数和分布密度函数曲线如图 4-2 所示。

4.1.3　停留时间分布的测定

反应物于反应器中的停留时间分布可以采用物理示踪法来测定。所谓的物理示踪法是在进入反应器的反应物料中以一定的方式输入示踪剂，通过测定示踪剂在出口浓度随时间的变

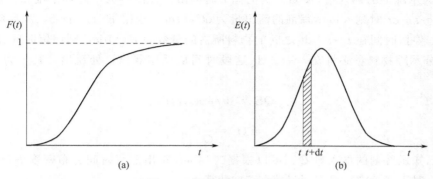

图 4-2 停留时间分布曲线

化来确定反应物料在反应器中的停留时间分布。停留时间分布的测定也称 RTD（residence time distribution）实验。一般采用"扰动应答法"或称"激励响应法"。

示踪剂的选择有如下要求：①与原流体有相似的物理性质，加入后不改变流型；②示踪物守恒（不参加反应，不挥发，不被吸附等）；③易于检测。

根据示踪剂输入方式的不同，示踪法一般可分为：脉冲法、阶跃法、周期示踪法和随机示踪法四种类型。其中前两种方法适合停留时间较长的系统，是最常用的；后两种方法数据处理较为复杂。本章只介绍脉冲法和阶跃法。

（1）脉冲法测定停留时间分布密度函数 $E(t)$ 流动系统稳定后，在 $t=0$ 时刻于入口处瞬间注入少量的示踪剂，同时开始计时并在出口处检测示踪剂的响应曲线，即出口示踪剂浓度随时间变化关系的曲线。该方法要求示踪剂的注入要在极短的时间内完成。如图 4-3 所示。

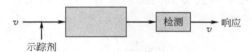

图 4-3 测定停留时间分布测定实验

脉冲法示踪信号典型的输入-应答曲线如图 4-4 所示。

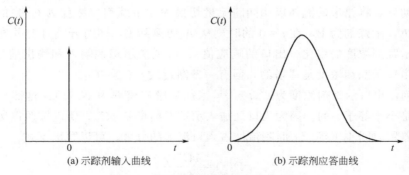

图 4-4 脉冲法示踪剂输入-应答曲线

由于是稳定的流动系统，注入示踪物所用的时间极短，且其量甚少，所以示踪物的行为和与它同时进入设备的流体行为应该一样，示踪剂的停留时间分布就可以代表反应器内流体粒子停留时间分布情况。

设 Q 为示踪剂的加入量，$C(t)$ 为时间 t 时刻出口处测得的示踪剂浓度，v 为流体的体积流量，$t \sim t+dt$ 时刻入口示踪剂的流出量为 $vC(t)dt$。根据 $E(t)$ 定义，从反应器中流出的物料中，停留时间在 $t \sim t+dt$ 之间的物料所占的分数为 $E(t)dt$，则停留时间介于 $t \sim t+dt$ 间那部分示踪物料量必将在 $t \sim t+dt$ 这段时间从反应器出口处流出，其量为 $QE(t)dt$，所以：

$$QE(t)dt = vC(t)dt$$

$$E(t) = \frac{v}{Q}C(t) \tag{4-4}$$

如果已知示踪剂的加入量 Q，可以根据式(4-4)求出停留时间分布密度 $E(t)$。但示踪剂加入量有时不能确定，可以通过式(4-5)计算：

$$Q = \int_0^\infty vC(t)dt \tag{4-5}$$

若 v 为常量，则图 4-4 中应答曲线下的积分面积乘以流量 v，应该等于示踪剂的加入量。

将式(4-5)代入式(4-4)中，可得：

$$E(t) = \frac{C(t)}{\int_0^\infty C(t)dt} \tag{4-6}$$

若实验数据是离散型的，式(4-6)可改写为：

$$E(t) = \frac{C(t)}{\sum_0^\infty C(t)\Delta t} \tag{4-7}$$

因为不同寿命的流体粒子所占分数的总和应为 1，所以 $E(t)$ 曲线下的面积应等于 1，可用式(4-8)进行归一性检验：

$$\int_0^\infty E(t)dt = \frac{v_0}{Q}\int_0^\infty C(t)dt = 1 \tag{4-8}$$

(2) 阶跃法测定停留时间分布函数 $F(t)$ 阶跃法测定停留时间分布函数 $F(t)$ 的实验类似于图 4-3 所示的方法，只是示踪剂输入的方式与脉冲法不同。阶跃法是当系统内的流体达到稳定流动后，将原来的流体以相同的流量切换为含示踪剂（浓度为 C_0）的流体。比如原来流体为 A，示踪剂为 B，在 $t=0$ 的时刻从 A 切换到 B，同时开始计时并在出口处检测出口物料中示踪剂浓度的变化（出口的响应值），阶跃法示踪剂输入和输出信号如图 4-5 所示，可见，出口示踪剂浓度是递增的，但有一条渐近线 $C(t)=C_0$。

在 t 时刻，出口示踪剂浓度为 $C(t)$，示踪剂的摩尔流率为 $vC(t)$，这部分示踪剂的停留时间一定是小于等于 t 的。因为入口处加入示踪剂的量是 vC_0，所以按照停留时间分布函数的定义：停留时间小于等于 t 时刻流体占入口流体的分数，可以写出下式：

$$F(t) = \frac{vC(t)}{vC_0} \tag{4-9}$$

$$F(t) = \frac{C(t)}{C_0} \tag{4-10}$$

由此可见，已知阶跃法实验的出口示踪剂浓度和入口示踪剂浓度之比就可以计算出停留时间分布函数。

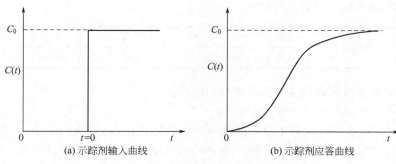

(a) 示踪剂输入曲线　　　(b) 示踪剂应答曲线

图 4-5　阶跃法示踪剂输入-应答曲线

前面所述的这种方法叫升阶法。阶跃法还有另外一种输出示踪剂的方法，叫降阶法。实验中首先让示踪剂浓度为 C_0 的流体稳定地通过反应器，在 $t=0$ 时刻用不含示踪剂的流体以相同流量切换示踪剂，出口示踪剂的浓度由 C_0 逐渐降为 0。无论是升阶法还是降阶法，只要示踪剂流量连续且稳定，所得停留时间分布的结果是一样的。降阶法计算停留时间分布函数的公式为：

$$F(t)=1-\frac{C(t)}{C_0} \tag{4-11}$$

阶跃法和脉冲法的示踪剂的输入方式不同，脉冲法是示踪剂以脉冲的形式少量、快速地从入口处加入，反应器一直保持稳定的状态；而阶跃法是将原来的流体和含示踪剂流体相互切换，也就是示踪剂输入信号在 $t=0$ 时刻发生一个阶跃式的变化。

【**例 4-1**】　在催化裂化装置中，催化剂在再生反应器中用空气燃烧的方法实现再生。为了测定再生反应器中空气的停留时间分布，现选用氦气作为示踪物用脉冲法进行的示踪试验。所测结果如下表所示：

t/min	0	10	15	20	25	30	40	45	50
$(He/N_2)\times10^6$,摩尔比	0	40	140	360	290	210	110	75	60

已知进入再生器的空气流量（按 N_2 计）为 $v=0.85\text{kmol}\cdot\text{s}^{-1}$，氦气注入量 $Q=8.95\text{mol}$。试确定 $t=35\text{s}$ 时的 $E(t)$ 与 $F(t)$。

解　已知 v 和 Q，根据式(4-7)可算出对应时刻停留时间分布密度函数 $E(t)$，

如 $t=20\text{s}$ 时：$E(t)=\dfrac{0.85}{0.00895}\times(360\times10^{-6})=34.2\times10^{-3}(\text{s}^{-1})$

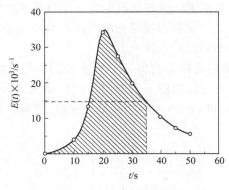

图 4-6　例 4-1　配图

由此可得不同停留时间的 $E(t)$ 值：

t/s	0	10	15	20	25	30	40	45	50
$E(t)\times 10^3/s^{-1}$	0	3.8	13.3	34.2	27.5	19.9	10.4	7.1	5.7

根据表中数据作图可得图 4-6 所示 $E(t)$ 曲线。

由图可查得，$E(35)=14.5\times 10^{-3}s^{-1}$。

根据式（4-3）所示 $F(t)$ 与 $E(t)$ 的关系，可以用 Simpson 公式由 $E(t)$ 值算出不同停留时间的 $F(t)$。但是，从 E 曲线可知，在 $t=20s$ 处曲线出现极大值。因此，计算时以 $t=20s$ 为分界线分两段进行。

第 1 段：步数 $m=8$，步长 $t=2.5s$。

t/s	0	2.5	5	7.5	10	12.5	15	17.5	20
$E(t)\times 10^3/s^{-1}$	0	0.8	1.4	2.5	3.8	7.5	13.3	26.6	34.2

$$\int_0^{20} E(t)dt = \frac{20}{3\times 8}\times [34.2+4\times(0.8+2.5+7.5+26.6)+2$$
$$\times(1.4+3.8+13.3)]\times 10^{-3}=0.18$$

第 2 段：步数 $m=6$，步长 $t=2.5s$。

t/s	20	22.5	25	27.5	30	32.5	35
$E(t)\times 10^3/s^{-1}$	34.2	31.83	27.89	23.65	19.9	16.47	14.5

$$\int_{20}^{35} E(t)dt = \frac{35-20}{3\times 6}\times [34.2+4\times(31.83+23.65+16.47)+2$$
$$\times(27.89+19.9)+14.5]\times 10^{-3}=0.36$$

所以，
$$F(35)=\int_0^{35} E(t)dt=0.18+0.36=0.54$$

4.1.4 停留时间分布的数字特征

停留时间分布密度函数是一个点分布，停留时间分布函数是区间分布。除了这两个概率函数表示停留时间分布外，还可以用停留时间这个随机变量的特征值来表示，其中最重要的特征值有两个，一个是数学期望，另一个是方差。

虽然 $E(t)$ 和 $F(t)$ 函数都能够很好地表示反应器的停留时间分布特点，但是用两条曲线进行比较是很困难的。因此，需要用概率论的方法求取能表征分布特性的特征值，即平均停留时间（数学期望）和分布曲线的散度（方差）。

（1）数学期望 $\bar{t}$　数学期望又称为均值，它表示的是平均停留时间。图形上，平均停留时间是 $E(t)$ 曲线下面积的重心在横轴上的投影。对停留时间分布密度曲线，数学期望 $\bar{t}$ 是对于原点的一次矩。对 PFR 和 CSTR，平均停留时间 $\bar{t}$ 和空时 τ 是相等的。根据一次矩的定义，平均停留时间为：

$$\bar{t}=\frac{\int_0^\infty tE(t)dt}{\int_0^\infty E(t)dt}=\int_0^\infty tE(t)dt \tag{4-12}$$

对离散型实验数据，可由以下式计算：

$$\bar{t} = \frac{\sum\limits_{t=0}^{\infty} t E(t) \Delta t}{\sum\limits_{t=0}^{\infty} E(t) \Delta t} \tag{4-13}$$

如果示踪实验采用等时间间隔采集离散数据，还可以进一步写成：

$$\bar{t} = \frac{\sum t_i E(t) \Delta t}{\sum E(t) \Delta t} = \frac{\sum t_i E(t)}{\sum E(t)} = \frac{\sum t_i C(t)}{\sum C(t)} \tag{4-14}$$

（2）方差 σ_t^2　方差也称散度，是停留时间分布对于数学期望的二次矩，它表示停留时间与平均停留时间的偏离程度。以 σ_t^2 来表示。

$$\sigma_t^2 = \frac{\int_0^{\infty} (t-\bar{t})^2 E(t) \mathrm{d}t}{\int_0^{\infty} E(t) \mathrm{d}t} = \int_0^{\infty} (t-\bar{t})^2 E(t) \mathrm{d}t = \int_0^{\infty} t^2 E(t) \mathrm{d}t - \overline{t^2} \tag{4-15}$$

对等间隔离散型实验数据：

$$\sigma_t^2 = \frac{\sum t^2 E(t)}{\sum E(t)} - \overline{t^2} = \frac{\sum t^2 C(t)}{\sum C(t)} - \overline{t^2} \tag{4-16}$$

方差越小，意味着返混越小，越接近活塞流。对活塞流反应器和间歇反应器，由于所有物料的停留时间都相同，而且等于 $\bar{t}$，对活塞流反应器和间歇反应器 $\sigma_t^2 = 0$。

4.1.5　停留时间分布的无量纲化

虽然方差某种程度上可以表示反应器返混的大小，但由于平均停留时间和散度均有量纲，对于大小不同的反应器，其值没有可比性。比如，某小反应器的 $\bar{t} = 10\mathrm{min}$，其散度 $\sigma_t^2 = 1\mathrm{min}^{-2}$；另一大反应器的 $\bar{t} = 80\mathrm{min}$，其散度 $\sigma_t^2 = 2\mathrm{min}^{-2}$。虽然后者的散度值大于前者，但显然后者停留时间分布比前者集中。为了消除这种影响，需要对平均停留时间和散度进行无量纲化处理。

首先，将时间无量纲化，即用 $\bar{t}$ 除以停留时间即得到无量纲时间：

$$\theta = t / \bar{t} \tag{4-17}$$

无量纲化后，前述函数和特征值的形式会发生如下变化：

① 无量纲平均停留时间 $\bar{\theta} = \bar{t} / \bar{t} = 1$。

② 因为 F 函数的表达式中不含 t，所以 $F(t) = F(\theta)$。

③ E 函数的形式会发生变化：

$$E(\theta) = \frac{\mathrm{d}F(\theta)}{\mathrm{d}\theta} = \frac{\mathrm{d}F(t)}{\mathrm{d}(t/\bar{t})} = \bar{t} \frac{\mathrm{d}F(t)}{\mathrm{d}t} = \bar{t} E(t) \tag{4-18}$$

④ 方差的形式也将变化：

$$\sigma^2 = \int_0^{\infty} (\theta-1)^2 E(\theta) \mathrm{d}\theta = \int_0^{\infty} \left(\frac{t}{\bar{t}}-1\right)^2 \bar{t} E(t) \mathrm{d}\left(\frac{t}{\bar{t}}\right) = \frac{\sigma_t^2}{\bar{t}^2} \tag{4-19}$$

式中，σ^2 称为**无量纲方差**。

以无量纲时间为自变量的停留时间分布的规律相应也发生一定的变化：

$$F(t) = F(\theta) \tag{4-20}$$

$$E(\theta) = \frac{dF(\theta)}{d\theta} \tag{4-21}$$

$$\sigma^2 = \int_0^\infty (\theta - \bar{\theta})^2 E(\theta) d\theta = \int_0^\infty (\theta - 1)^2 dF(\theta) \tag{4-22}$$

可以推出，活塞流反应器和间歇反应器：$\sigma^2 = \sigma_t^2 = 0$；

全混流反应器：$\sigma^2 = 1$，$\sigma_t^2 = \bar{t}^2$；

非理想反应器：一般 $0 < \sigma^2 < 1$。

【例 4-2】 用脉冲示踪法测定一闭式反应器的停留时间分布，所测结果如下表所示。

t/s	0	30	60	90	120	150	180	210	240	270	300	330
$C_L(t)/kg \cdot m^{-3}$	0	0.04	0.125	0.3	0.475	0.52	0.42	0.29	0.175	0.08	0.03	0

试求流体在该反应器中停留时间分布函数 $E(\theta)$ 和 $F(\theta)$ 的表达式，并绘制 $E(\theta)$ 和 $F(\theta)$ 曲线。

解 首先用式 (4-7) 求 $E(t)$ 函数，

$$\sum C_{Li}(t)\Delta t_i = (0+0.04+0.125+0.3+0.475+0.52+0.42+0.29 \\ +0.175+0.08+0.03+0) \times 30 = 2.455 \times 30 = 73.7$$

所以，$E(t) = \dfrac{C_L(t)}{73.7}$

用式 (4-14) 求平均停留时间 $\bar{t}$：

$$\sum C_{Li}(t)t_i = 0 \times 0 + 0.04 \times 30 + 0.125 \times 60 + 0.3 \times 90 + 0.475 \times 120 + 0.52 \times 150 \\ +0.42 \times 180 + 0.29 \times 210 + 0.175 \times 240 + 0.08 \times 270 + 0.03 \\ \times 300 + 0 \times 330 = 379.8$$

$$\sum C_{Li}(t) = 0 + 0.04 + 0.125 + 0.3 + 0.475 + 0.52 + 0.42 + 0.29 + 0.175 \\ +0.08 + 0.03 + 0 = 2.455$$

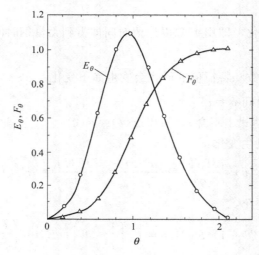

图 4-7 例 4-2 配图

所以，$\bar{t} = \dfrac{\sum C_{Li}(t)t_i}{\sum C_{Li}(t)} = \dfrac{379.8}{2.455} = 155\,(\mathrm{s})$

$$E(\theta) = \bar{t}E(t) = 155 \times \frac{C_L(t)}{73.7} = 2.10 C_L(t) \tag{a}$$

$F(\theta)$ 可用近似积分法求得：

$$F(\theta) = \int_0^\theta E(\theta)\mathrm{d}\theta \cong \sum E(\theta)_i \Delta\theta_i = \sum \frac{E(\theta)_{i-1} + E(\theta)_i}{2}\Delta\theta_i \tag{b}$$

根据所测数据以及式（a）和式（b），可绘制出如图 4-7 所示的 $E(\theta)$ 和 $F(\theta)$ 曲线。

4.2 理想反应器内的停留时间分布

4.2.1 活塞流反应器内的停留时间分布

根据前面介绍的活塞流的特点可知，由于活塞流在径向上没有分布，在轴向上没有返混，所以在 $t=0$ 这一瞬间进入活塞流反应器的物料将于同一时刻 $\bar{t}$ 全部离开反应器，即所有的物料微团在活塞流反应器中的停留时间是相同的，等于 $\bar{t}$ 且与空时 τ 相等。由此可知，若采用阶跃法输入示踪剂（如图 4-8 所示），$t=0$ 时切换浓度为 C_0 的示踪剂输入到活塞流反应器中，那么在 $t < \bar{t}$ 的时间内 $C(t) = 0$，没有示踪剂流出。而 $t \geqslant \bar{t}$ 时，全部示踪剂从活塞流反应器流出，且浓度为 C_0（如图 4-9 所示）。

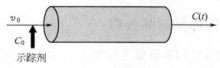

图 4-8　活塞流反应器阶跃法输入-示踪剂

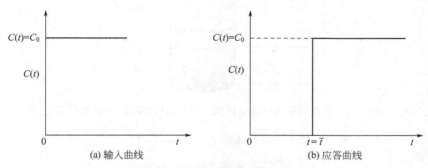

图 4-9　活塞流反应器阶跃法示踪剂输入-应答曲线

根据阶跃法测定停留时间分布的公式：

$$F(t) = \frac{C(t)}{C_0}$$

将示踪剂输出曲线变换成图 4-10(a) 中 $F(t)\text{-}t$ 的关系，

而

$$E(t) = \frac{\mathrm{d}F(t)}{\mathrm{d}t}$$

对 $F(t)$ 曲线求导，则变成图 4-10(b) 中的 $E(t)\text{-}t$ 曲线。可见，PFR 的 $F(t)$ 关系是

直线关系，而 $E(t)$ 是 δ 函数。

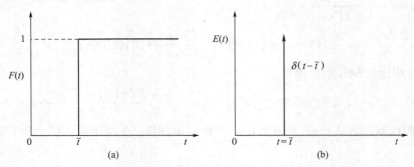

图 4-10 活塞流反应器内的停留时间分布

活塞流反应器内停留时间分布的表达式为：

$$F(t)=\begin{cases}0 & （当\ t<\bar{t}\ 时）\\ 1 & （当\ t\geqslant\bar{t}\ 时）\end{cases} \tag{4-23}$$

$$E(t)=\begin{cases}\infty & （当\ t=\bar{t}\ 时）\\ 0 & （当\ t\neq\bar{t}\ 时）\end{cases} \tag{4-24}$$

其散度为：

$$\sigma_t^2=\sigma^2=0 \tag{4-25}$$

可见，活塞流反应器内返混最小，停留时间无分布。

4.2.2 全混流反应器内的停留时间分布

在 $t=0$ 时刻，对全混流反应器阶跃输入浓度为 C_0 的示踪剂，在 $t\sim t+\mathrm{d}t$ 时间段，对如图 4-11 所示的全混流反应器中的示踪剂作物料衡算：

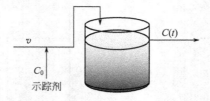

图 4-11 阶跃示踪法研究全混流反应器的停留时间分布测定实验

$$vC_0\mathrm{d}t=vC(t)\mathrm{d}t+V_\mathrm{R}\mathrm{d}C(t)$$

$$\frac{\mathrm{d}C(t)}{\mathrm{d}t}=\frac{v}{V_\mathrm{R}}[C_0-C(t)]$$

上式积分得：

$$-\ln\left[\frac{C_0-C(t)}{C_0}\right]=\frac{v}{V}t=\frac{t}{\bar{t}}$$

根据边界条件：$t=0$ 时，$C(t)=0$，积分可得下式：

$$\frac{C_0-C(t)}{C_0}=\mathrm{e}^{-t/\bar{t}}$$

$$\frac{C(t)}{C_0}=1-\mathrm{e}^{-t/\bar{t}}$$

所以，
$$F(t)=1-\mathrm{e}^{-t/\bar{t}} \tag{4-26}$$

$$E(t)=\frac{\mathrm{d}F(t)}{\mathrm{d}t}=\frac{1}{\bar{t}}\mathrm{e}^{-t/\bar{t}} \tag{4-27}$$

$$E(\theta)=\mathrm{e}^{-\theta} \tag{4-28}$$

由式(4-26) 和式(4-27) 可绘制出 CSTR 的 $F(t)$ 和 $E(t)$ 曲线（如图 4-12 所示）。当 $t=\bar{t}$ 时，$F(t)=1-\mathrm{e}^{-1}=0.632$。也就是说，在全混流反应器内停留时间小于平均停留时间的流体粒子数占 63.2%。这正是 CSTR 反应器的效率很低的重要原因。

$$\sigma_t^2=\int_0^\infty (t-\bar{t})^2\left(\frac{1}{\bar{t}}\mathrm{e}^{-t/\bar{t}}\right)\mathrm{d}t=\bar{t}^2$$

故
$$\sigma^2=\frac{\sigma_t^2}{\bar{t}^2}=1 \tag{4-29}$$

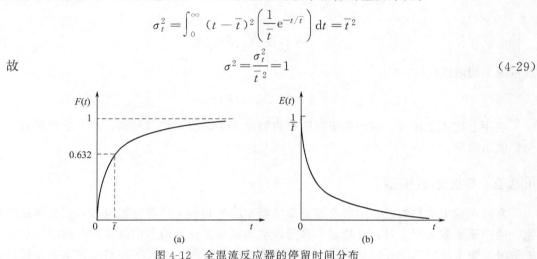

图 4-12 全混流反应器的停留时间分布

σ^2 的值介于 0～1 之间，其值越大则停留时间分散越严重，返混越严重。活塞流的无量纲方差 $\sigma^2=0$，表明无返混；而全混流的无量纲方差 $\sigma^2=1$，表明返混最严重。实际反应器中流体的返混程度是介于活塞流和全混流之间的，所以其无量纲方差 σ^2 介于 0～1 之间。因此，可以利用无量纲方差 σ^2 的数值判断来非理想流动对于理想流动的偏差。

4.3 非理想流动反应器模型

实际流动的反应器中，沟流、短路、死区或层流流动等因素造成了非理想流动，当反应器返混很大或很小时，我们可以分别用全混流模型或活塞流模型来对反应器的转化率、收率等进行近似计算。但不是所有反应器都具有 PFR 或 CSTR 的特性，而非理想流动的情况比较复杂，一般无法进行有效的描述。对于非理想流动，通过建立数学模型将返混与停留时间分布的定量关系关联起来，再通过 RTD 实验检验模型并确定模型参数，方可以对反应器进行模拟，为反应器设计和操作提供依据。

下面主要介绍三种非理想反应器的模型，分别是离析流模型、多釜串联模型和轴向扩散模型。

4.3.1 离析流模型

离析流模型又称为凝集流模型。所谓离析流是指反应流体由微团组成，微团之间没有任何物质交换，或流体微团之间没有微观混合。因而反应器内的浓度分布完全取决于反应程度，而反应程度与流体微团在反应器中的停留时间有关。

离析流模型的基本假定是：物料在反应器中以流体单元形式存在，这些流体单元类似一个小的间歇反应器，互相之间不发生物质和能量的交换，各流体单元的停留时间不同，出口的浓度或转化率就不同，反应器出口浓度和转化率与反应物料在反应器中的停留时间分布有关，是各流体单元浓度和转化率的平均值。

$$\bar{x} = \sum_0^\infty \begin{pmatrix} 停留时间在 \ t \sim t + \mathrm{d}t \\ 流体单元的转化率 \end{pmatrix} \times \begin{pmatrix} 停留时间 \ t \sim t + \mathrm{d}t \\ 流体占的分数 \end{pmatrix}$$

考虑 $\mathrm{d}t$ 时间间隔内转化率为 $x_A(t)$ 的流体所占的分数为 $x_A(t)E(t)\mathrm{d}t$，出口平均浓度 $\bar{x}_A$ 可示为：

$$\bar{x}_A = \int_0^\infty x_A(t)E(t)\mathrm{d}t \tag{4-30}$$

或考虑平均浓度 $\overline{C}_A$：

$$\overline{C}_A = \int_0^\infty C_A(t)E(t)\mathrm{d}t \tag{4-31}$$

应用上述关系式时，式中的下限取出口物料开始出现示踪剂时刻，而上限取所有示踪剂全部流出时刻。

4.3.2 多釜串联模型

在第 3 章中我们知道，多级全混流反应器串联的时候，串联釜数越多，流型越接近活塞流。当串联釜数无穷大时，在描述非理想流动的实际工业反应器内返混和停留时间对反应的影响时，整个反应系统可以看成是一个活塞流反应器。所以，将实际的工业反应器模拟成若干个体积相同的 CSTR 串联操作，构成了多釜串联模拟模型。这种模型的基本思想就是将实际工业反应器中的返混状况用若干个高度返混（全混流）单元（CSTR）串联起来描述。

多釜串联模型的建立基于以下三点假设：
① 釜内是处于高度返混的，但是各釜之间无返混；
② 忽略两釜之间的流动时间；
③ 各釜体积相同、操作温度相同。

对等体积的多级 CSTR 串联（如图 4-13 所示），示踪剂浓度为 C_0，采用阶跃示踪法考察停留时间分布情况。对第 i 釜示踪剂作物料衡算。

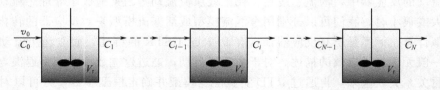

图 4-13 多釜串联模型

在任意时刻 t，对第 i 釜作衡算：

$$vC_{i-1}(t) - vC_i(t) = V_r \frac{\mathrm{d}C_i(t)}{\mathrm{d}t} \tag{4-32}$$

$$\frac{\mathrm{d}C_i(t)}{\mathrm{d}t} = \frac{1}{\tau}\left[C_{i-1}(t) - C_i(t)\right] \tag{4-33}$$

因各釜体积相等，各釜平均停留时间 τ 相等。初始条件为：$t=0$ 时，$C_0(t)=0$，$i=1$，

$2, \cdots, N$。

对第一釜衡算：

$$\frac{\mathrm{d}C_1(t)}{\mathrm{d}t} = \frac{1}{\tau}[C_0(t) - C_1(t)]$$

$$C_1(t) = C_0(1 - \mathrm{e}^{-\frac{t}{\tau}}) \tag{4-34}$$

$$\frac{C_1(t)}{C_0} = 1 - \mathrm{e}^{-\frac{t}{\tau}} \tag{4-35}$$

对第二釜作示踪剂物料衡算：

$$vC_1(t) - vC_2(t) = \frac{V_r \mathrm{d}[C_2(t)]}{\mathrm{d}t} \tag{4-36}$$

$$\frac{\mathrm{d}C_2(t)}{\mathrm{d}t} = \frac{1}{\tau}[C_1(t) - C_2(t)] \tag{4-37}$$

将式(4-34)代入式(4-37)求解，得到：

$$\frac{C_2(t)}{C_0} = 1 - \left(1 + \frac{t}{\tau}\right)\mathrm{e}^{-\frac{t}{\tau}} \tag{4-38}$$

依次类推对各釜进行求解，第 N 釜衡算结果：

$$F(t) = \frac{C_N(t)}{C_0} = 1 - \mathrm{e}^{-\frac{t}{\tau}} \sum_{i=1}^{N} \frac{\left(\frac{t}{\tau}\right)^{i-1}}{(i-1)!} \tag{4-39}$$

若系统总的停留时间为 τ_t，每段全混流反应器的停留时间为 $\tau = \dfrac{\tau_t}{N}$，所以：

$$F(t) = 1 - \mathrm{e}^{-Nt/\tau_t} \sum_{i=1}^{N} \frac{\left(\frac{Nt}{\tau_t}\right)^{i-1}}{(i-1)!} \tag{4-40}$$

变化为无量纲形式：

$$F(\theta) = 1 - \mathrm{e}^{-N\theta} \sum_{i=1}^{N} \frac{(N\theta)^{i-1}}{(i-1)!} \tag{4-41}$$

将式(4-41)求导，得到停留时间分布密度函数：

$$E(\theta) = \frac{N^N}{(N-1)!}\theta^{N-1}\mathrm{e}^{-N\theta} \tag{4-42}$$

多段全混流反应器停留时间分布 $F(\theta)$ 和 $E(\theta)$ 曲线如图 4-12 和图 4-13 所示。

由图 4-14 和图 4-15 可以看出，N 从 1 向 ∞ 变化时，流型由全混流向活塞流变化，$N=1$ 时为单级 CSTR，$N \rightarrow \infty$ 时为活塞流。一般 $N \geqslant 20$ 就可以按活塞流来处理。

将式(4-42)代入式(4-19)积分，即可得到多级全混流反应器无量纲方差 σ^2：

$$\sigma^2 = \int_0^\infty \theta^2 E(\theta)\mathrm{d}\theta - 1 = \int_0^\infty \frac{N^N \theta^{N+1} \mathrm{e}^{-N\theta}}{(N-1)!}\mathrm{d}\theta - 1 \tag{4-43}$$

$$\sigma^2 = \frac{1}{N} \tag{4-44}$$

串联级数 N 是多级全混釜串联模型的模型参数，由式（4-44）可知，当 $N=1$ 时，$\sigma^2 = 1$，此时返混最大，符合全混流模型；当 $N \rightarrow \infty$ 时，$\sigma^2 = 0$，无返混，与活塞流模型一致。因此，对任一非理想反应器，首先应进行停留时间分布测定实验，然后求出方差 σ^2，

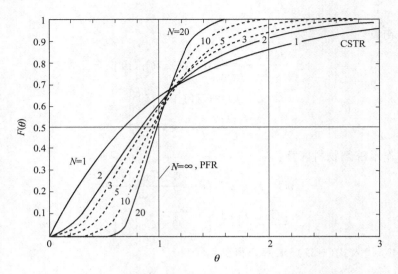

图 4-14 多段全混流反应器内的停留时间分布函数曲线

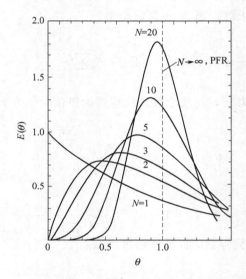

图 4-15 多段全混流反应器内的停留时间分布密度函数曲线

再根据式(4-44)求出模型参数 N。也就是说，该反应器与 N 个串联的全混流反应器等效，从而可用 N 个串联的全混釜为模型，对反应器进行模拟计算。

【例 4-3】 某 1 级不可逆反应在例 4-2 中的反应器中在相同流动状态下进行，已知 $k=0.02\text{s}^{-1}$。用多釜串联模型计算反应器出口组分 A 的转化率 x_{Af}。

解 由例 4-2 可知，流体在该反应器中的平均停留时间 $\bar{t}=155\text{s}$。

用式(4-16)可求得停留时间分布的散度：

$$\sum t_i^2 C_{\text{L}i}(t)=0\times0+30^2\times0.04+60^2\times0.125+90^2\times0.3+120^2\times0.475+150^2$$
$$\times0.52+180^2\times0.42+210^2\times0.29+240^2\times0.175+270^2$$
$$\times0.08+300^2\times0.03+330^2\times0=66465$$

所以，
$$\sigma_t^2 = \frac{\sum t_i^2 C_{\mathrm{L}i}(t)}{\sum C_{\mathrm{L}i}(t)} - \bar{t}^2 = \frac{66465}{2.455} - 155^2 = 3048 \,(\mathrm{s}^2)$$

无量纲方差为：
$$\sigma^2 = \frac{\sigma_t^2}{\bar{t}^r} = \frac{3048}{155^2} = 0.12688$$

该反应器相当于多级 CSTR 的级数为：
$$N = \frac{1}{\sigma^2} = \frac{1}{0.12688} = 7.9$$

每 1 级 CSTR 的停留时间为 $t = \dfrac{\bar{t}}{N} = \dfrac{155}{7.9} = 19.620$，代入多段 CSTR 的操作方程，可求得组分出口转化率 x_{Af}：
$$x_{\mathrm{Af}} = 1 - \frac{1}{(1+kt)^N} = 1 - \frac{1}{(1+0.02 \times 19.620)^{7.9}} = 0.927$$

用串级模型建立非理想流动反应器操作方程，可按如下步骤进行：① 反应器流动特性测定；② 确定 σ^2；③ 计算 $N = 1/\sigma^2$；④ 代入 N 段 CSTR 操作方程求解。

4.3.3 轴向扩散模型

轴向扩散模型的基本思想就是在活塞流的基础上再叠加上反向的轴向返混。当流体在管内流动时，理想的流动模式是活塞流，而实际的管式反应器中总是存在着一定程度上的返混。为了模拟这种实际流动形式，可以在活塞流的基础上叠加上轴向返混项（扩散项）来加以修正，并认为所假设的轴向返混扩散符合 Fick 定律，该模型称为"轴向扩散模型"。扩散模型是以 PFR 为基础的，适用于返混程度不太大的情况，比如管式反应器和塔式反应器。该模型假设流体返混是轴向扩散的结果，即 PFR＋轴向扩散。

扩散模型的基本假设是：
① 垂直于流动方向的截面上，不存在速度和浓度分布；
② 沿流动方向的任一截面上线速度 u 和扩散系数 D_{eL} 恒定；
③ 浓度是流体流动距离的连续函数。

轴向扩散系数 D_{eL} 需通过示踪试验确定。如图 4-16 所示，流体以流速 u 的速率通过反应器，在反应器任一截面处，取一截面积为 S 的微元段 $\mathrm{d}z$，该微元体积 $\mathrm{d}V_r = S\mathrm{d}z$。

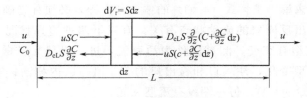

图 4-16 轴向扩散模型

对该微元体作物料衡算：

主流体输入量：
$$uSC$$

扩散输入量：
$$D_{\mathrm{eL}}S\frac{\partial}{\partial z}\left(C + \frac{\partial C}{\partial z}\mathrm{d}z\right)$$

主流体输出量： $\qquad uS\left(C+\dfrac{\partial C}{\partial z}\mathrm{d}z\right)$

扩散输出量： $\qquad D_{\mathrm{eL}}S\dfrac{\partial C}{\partial z}$

反应量： $\qquad S\mathrm{d}z(-r_{\mathrm{A}})=0$

积累量： $\qquad \dfrac{\partial C}{\partial t}(S\mathrm{d}z)$

根据物料衡算式的通式：输入量＝输出量＋反应量＋累计量

$$uSC+D_{\mathrm{eL}}S\dfrac{\partial}{\partial z}\left(C+\dfrac{\partial C}{\partial z}\mathrm{d}z\right)=D_{\mathrm{eL}}\dfrac{\partial C}{\partial z}S-uS\left(C+\dfrac{\partial C}{\partial z}\mathrm{d}z\right)+\dfrac{\partial C}{\partial t}(S\mathrm{d}z)$$

整理得： $\qquad \dfrac{\partial C}{\partial t}=D_{\mathrm{eL}}\dfrac{\partial^2 C}{\partial z^2}-u\dfrac{\partial C}{\partial z} \qquad\qquad (4\text{-}45)$

式(4-45)为轴向扩散模型的基础方程。若将上式无量纲化，即用

$$\theta=\dfrac{t}{\bar{t}}, \quad C^*=\dfrac{C}{C_0}, \quad Z=\dfrac{z}{L} \qquad\qquad (4\text{-}46)$$

分别代表时间、浓度和长度代入式(4-45)，然后整理得：

$$\dfrac{\partial C^*}{\partial \theta}=\dfrac{D_{\mathrm{eL}}}{uL}\times\dfrac{\partial^2 C^*}{\partial Z^2}-\dfrac{\partial C^*}{\partial Z} \qquad\qquad (4\text{-}47)$$

式中， $\dfrac{D_{\mathrm{eL}}}{uL}$ 为无量纲数群，定义为流体流动的"返混准数"，其倒数则称为佩克莱 (Peclet) 数 (Pe) ，即

$$Pe=\dfrac{uL}{D_{\mathrm{eL}}} \qquad\qquad (4\text{-}48)$$

上式可改写为：

$$\dfrac{\partial C^*}{\partial \theta}=\dfrac{1}{Pe}\times\dfrac{\partial^2 C^*}{\partial Z^2}-\dfrac{\partial C^*}{\partial Z} \qquad\qquad (4\text{-}49)$$

可见，扩散模型描述的流体流动特征由 D_{eL} 或 Pe 单参数决定，故该模型也是单参数模型。Pe 的物理意义描述了轴向对流流动和扩散传递的相对大小。可见，佩克莱数越大，反应器的返混越小。$Pe\to\infty$ 时， $D_{\mathrm{eL}}\to0$ ，流动相当于活塞流；$Pe\to0$ 时，说明扩散速率远大于对流流动速率，相当于全混流。所以，Pe 也反映了返混的程度。

(1) 模型参数的求解 求解式(4-49)的偏微分方程，必须首先确定其边界条件。边界条件与流体流入和流出反应器的流动状态有关。有以下四种流动状况（图4-17）：①闭式，注入和检测边界处流型有突变，测试区外为活塞流，进、出口无扩散，D_{eL} 均为零；②开式，测试区内外无流型变化，注入口和检出口的 D_{eL} 值与区内相同；③闭-开式或开-闭式，有一端流型有突变（$D_{\mathrm{eL}}=0$），另一端没有流型突变。

在解式(4-49)的偏微分方程时，返混较小时边界状况的差别影响不大，可以不考虑检测边界状况的影响。而当返混比较显著时，因 $E(t)$ 曲线不对称，边界状况对求解影响较大，甚至无解析解。下面按返混较小和返混显著两种情况，分别求解其返混准数 $D_{\mathrm{eL}}/(uL)$ 。

① 返混较小时 $[D_{\mathrm{eL}}/(uL)<0.01]$ ：

采用阶跃示踪法，且注入点可无限延长时，则有如下边界条件：

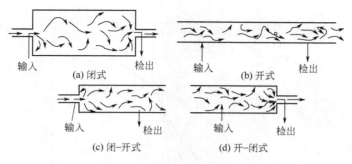

图 4-17　示踪实验时的边界状况

$$
\begin{aligned}
&z > 0, &&t = 0 \text{ 时} &&C = 0 \\
&z < 0, &&t = 0 \text{ 时} &&C = C_0 \\
&z = -\infty, &&t \geqslant 0 \text{ 时} &&C = C_0 \\
&z = \infty, &&t \geqslant 0 \text{ 时} &&C = 0
\end{aligned}
$$

根据边界条件，求解偏微分方程可得：

$$
\frac{C}{C_0} = \frac{1}{2}\left[1 - \mathrm{erf}\left(\frac{l - ut}{\sqrt{4D_{\mathrm{eL}}t}}\right)\right] \tag{4-50}
$$

其中，erf 为误差函数：

$$
\mathrm{erf}(x) = \frac{2}{\sqrt{\pi}}\int_0^x \mathrm{e}^{-u}\,\mathrm{d}u
$$

当 $z = L$ 时，式(4-50) 的左边项即为停留时间分布函数 $F(t)$，将 $L/u = \bar{t}$ 代入上式得：

$$
F(t) = \frac{1}{2}\left[1 - \mathrm{erf}\left(\frac{1 - \dfrac{t}{\bar{t}}}{2\sqrt{\dfrac{t}{\bar{t}}}}\sqrt{\frac{uL}{D_{\mathrm{eL}}}}\right)\right] \tag{4-51}
$$

将上式有关量无量纲化得：

$$
F(\theta) = \frac{1}{2}\left[1 - \mathrm{erf}\left(\frac{1 - \theta}{2\sqrt{\theta}}\sqrt{\frac{uL}{D_{\mathrm{eL}}}}\right)\right] \tag{4-52}
$$

在不同 $D_{\mathrm{eL}}/(uL)$ 下，以 $F(\theta)$ 对 θ 作图，可得如图 4-18 所示的曲线。

式(4-52) 两边对 θ 求导，可得 $E(\theta)$：

$$
E(\theta) = \frac{1}{2\sqrt{\pi\dfrac{D_{\mathrm{eL}}}{uL}\theta^3}}\exp\left[-\frac{(1 - \theta)^2}{4\dfrac{D_{\mathrm{eL}}}{uL}\theta}\right] \tag{4-53}
$$

不同 $\dfrac{D_{\mathrm{eL}}}{uL}$ 下，以 $E(\theta)$ 对 θ 作图，可得如图 4-19 所示的曲线。

由图 4-18 和图 4-19 可知，σ^2 与 $\dfrac{D_{\mathrm{eL}}}{uL}$ 直接相关。$1/Pe\left(= \dfrac{D_{\mathrm{eL}}}{uL}\right)$ 与 σ^2 一致，都反映了反应器中的返混程度。当 $\dfrac{D_{\mathrm{eL}}}{uL} = 0$ 时，没有轴向扩散，此时为活塞流；当 $\dfrac{D_{\mathrm{eL}}}{uL} = \infty$ 时，由轴向扩散引起的返混最大，此时为全混流。随着 $1/Pe$ 从 0 到 ∞ 的变化，返混也从小变大，流型从活塞流变到全混流。所以根据返混准数 $1/Pe$ 也可以判断反应器返混的程度。

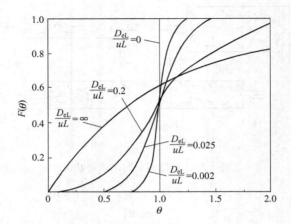

图 4-18　扩散模型的 $F(\theta)$ 曲线

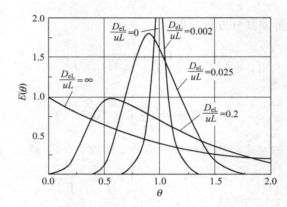

图 4-19　扩散模型的 $E(\theta)$ 曲线

可见，D_{eL} 或 $\dfrac{D_{eL}}{uL}$ 与 σ^2 均反映了流体的返混状态或停留时间分布特性，都可以从停留时间分布函数曲线求得。

$\dfrac{D_{eL}}{uL}$ 较小时，返混较小，$E(t)$ 曲线近似正态分布，$\bar{\theta}=1$，其方差为：

$$\sigma^2 = 2\,\frac{D_{eL}}{uL} = \frac{2}{Pe} \tag{4-54}$$

如果通过 RTD 实验获得了停留时间分布，则根据停留分布曲线可以求得方差 σ_t^2 和平均停留时间 $\bar{t}$，从而求得 σ^2，进而可求得 $\dfrac{D_{eL}}{uL}$：

$$\frac{D_{eL}}{uL} = \frac{\sigma^2}{2} \tag{4-55}$$

返混小时 $E(\theta)$ 曲线与 $\dfrac{D_{eL}}{uL}$ 的关系如图 4-20 所示。

因为 $E(\theta)$ 最大时，$\theta=1$：

$$E(\theta)_{max} = \frac{1}{\sqrt{4\pi\,\dfrac{D_{eL}}{uL}}} \tag{4-56}$$

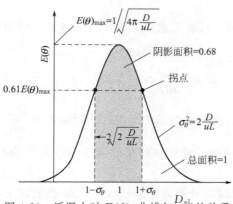

图 4-20 返混小时 $E(\theta)$ 曲线与 $\dfrac{D_{\mathrm{eL}}}{uL}$ 的关系

故，若知 $E(\theta)_{\max}$，也可由式(4-56) 求出 $\dfrac{D_{\mathrm{eL}}}{uL}$。

在 E 曲线的拐点处下式成立：

$$E(\theta)_{\mathrm{inf}}=0.61E(\theta)_{\max} \tag{4-57}$$

$$\Delta\theta=\sqrt{8\frac{D_{\mathrm{eL}}}{uL}} \tag{4-58}$$

$$\theta_{\mathrm{inf}}=1\pm\sqrt{2\frac{D_{\mathrm{eL}}}{uL}} \tag{4-59}$$

由上述方法估算的误差与返混程度有关。当返混较小时，$\dfrac{D_{\mathrm{eL}}}{uL}<0.01$，误差$<5\%$；返混很小时，$\dfrac{D_{\mathrm{eL}}}{uL}<0.001$，误差$<0.5\%$。

② 返混严重时 $\left(\dfrac{D_{\mathrm{eL}}}{uL}>0.01\right)$，求解式(4-49)与边界条件有关。

a. 开式容器：

解式 (4-49) 的偏微分方程，可得解析解：

$$E(\theta)=\frac{1}{\sqrt{4\pi\theta\dfrac{D_{\mathrm{eL}}}{uL}}}\exp\frac{-(1-\theta)^2}{4\theta\dfrac{D_{\mathrm{eL}}}{uL}} \tag{4-60}$$

$$\sigma^2=2\frac{D_{\mathrm{eL}}}{uL}+8\left(\frac{D_{\mathrm{eL}}}{uL}\right)^2 \tag{4-61}$$

$$\bar{\theta}=1+2\frac{D_{\mathrm{eL}}}{uL} \tag{4-62}$$

b. 开闭式或闭开式：

式(4-49) 得不到解析解，只能用数值解确定方差和平均停留时间与返混准数的关系。

$$\bar{\theta}=1+\frac{D_{\mathrm{eL}}}{uL}+3\left(\frac{D_{\mathrm{eL}}}{uL}\right)^2 \tag{4-63}$$

$$\sigma^2=2\frac{D_{\mathrm{eL}}}{uL}-2\left(\frac{D_{\mathrm{eL}}}{uL}\right)^2\left(1-\mathrm{e}^{-\frac{1}{\frac{D_{\mathrm{eL}}}{uL}}}\right) \tag{4-64}$$

c. 闭式容器：

式(4-49) 得不到解析解，只能用数值解确定方差和平均停留时间与返混准数的关系。

$$\bar{\theta} = 1 \tag{4-65}$$

$$\sigma^2 = 2\frac{D_{eL}}{uL} - 2\left(\frac{D_{eL}}{uL}\right)^2 (1 - e^{-\frac{uL}{D_{eL}}}) \tag{4-66}$$

【例 4-4】 根据例 4-2 的脉冲示踪试验结果，求返混准数 $\dfrac{D_{eL}}{uL}$。

解 由例 4-2 和例 4-3 可知，流体在该反应器中的平均停留时间 $\bar{t} = 155\text{s}$，无量纲方差 $\sigma^2 = 0.12688$。

可见，该反应器的停留时间分布的方差较大，说明返混较大，偏离 PFR 较远。因为是闭式反应器，其 $\dfrac{D_{eL}}{uL}$ 必须用式(4-66) 求解。

解式(4-66) 的方程需要采用试差法。为此，先假定反应器中返混很小，确定 $\dfrac{D_{eL}}{uL}$ 的初值。

$$\frac{D_{eL}}{uL} = \frac{\sigma^2}{2} = \frac{0.12688}{2} = 0.06344$$

式(4-66) 两边同除以 σ^2 得：

$$\frac{2}{\sigma^2}\left[\frac{D_{eL}}{uL} - \left(\frac{D_{eL}}{uL}\right)^2 (1 - e^{-\frac{uL}{D_{eL}}})\right] = 1 \tag{a}$$

在 0.06344 附近取不同的 $\dfrac{D_{eL}}{uL}$ 值，代入式(a)，求出左边项的值，并与 1 比较。结果如下表所示：

$\dfrac{D_{eL}}{uL}$	0.06344	0.0678	0.0682
式（a）左边项的值	0.93656	0.99627	1.0017

可见，$\dfrac{D_{eL}}{uL}$ 的值应介于 0.0675 和 0.0678 之间。用补点法可求得 $\dfrac{D_{eL}}{uL}$ 的值：

$$\frac{D_{eL}}{uL} = 0.0678 + \frac{1 - 0.99627}{1.0017 - 0.99627} \times (0.0682 - 0.0678) = 0.0682$$

（2）非理想反应器计算 在反应器中进行反应的结果（x_A 或 C_A）取决于平均浓度、停留时间分布、系统的返混程度。对于非 1 级反应，动力学为非线性，局部结果与总结果没有加和性，因此需要结合扩散模型引入反应因素，一起分析求解。

设达到定常态时：$\dfrac{\partial C}{\partial t} = 0$，且反应器内的积累量为 0。

假定反应为 n 级不可逆反应：$(-r_A) = kC_A^n$，对微元体作物料衡算：

$$D_{eL}\frac{\mathrm{d}^2 C_A}{\mathrm{d}z^2} - u\frac{\mathrm{d}C_A}{\mathrm{d}z} - (-r_A) = 0 \tag{4-67}$$

边界条件：$z = 0$ 处 $\qquad\qquad uC_{A0} = uC_{A0}^+ - D_{eL}\left(\frac{\mathrm{d}C_A}{\mathrm{d}z}\right)_0^+$

$z=L$ 处 $$\frac{\mathrm{d}C_A}{\mathrm{d}z}=0$$

无量纲长度：$Z=\dfrac{z}{L}=\dfrac{z}{u\,\bar{t}}$，所以有：

$$\frac{1}{Pe}\times\frac{\mathrm{d}^2 x_A}{\mathrm{d}Z^2}-\frac{\mathrm{d}x_A}{\mathrm{d}Z}+\bar{k}t\,C_{A0}^{n-1}(1-x_A)^n=0 \tag{4-68}$$

若反应为 1 级反应，则有：

$$D_{eL}\frac{\mathrm{d}^2 C_A}{\mathrm{d}Z^2}-u\,\frac{\mathrm{d}C_A}{\mathrm{d}Z}-kC_A=0 \tag{4-69}$$

式(4-69) 为二阶线性微分方程，根据边界条件可求得解析解：

$$\frac{C_A}{C_{A0}}=1-x_A=\frac{4\alpha\exp\dfrac{Pe}{2}}{(1+\alpha)^2\exp\dfrac{\alpha}{2}Pe-(1-\alpha)^2\exp\left(-\dfrac{\alpha}{2}Pe\right)} \tag{4-70}$$

其中 $$\alpha=\sqrt{1+4k\bar{t}\,\frac{1}{Pe}},\ \left(\bar{t}=\frac{L}{u}\right)$$

由式(4-70) 可知，反应速率是空间（或平均停留时间）和 $\dfrac{D_{eL}}{uL}$ 的函数。图 4-21 示出了以 $\dfrac{D_{eL}}{uL}$ 为参变量所作的未转化率 $(1-x_A)$ 与 $k\bar{t}$ 的关系曲线。可见，理想反应器 PFR $\left(\dfrac{D_{eL}}{uL}\to 0\right)$ 和 CSTR $\left(\dfrac{D_{eL}}{uL}\to\infty\right)$ 是两个极限情况，非理想反应器介于二者之间。根据停留时间分布曲线确定 $\dfrac{D_{eL}}{uL}$，若已知速率常数 k 和空时 τ，则由图 4-21 可算出组分 A 的转化率 x_A。

对于 2 级反应，式(4-68) 为非线性常微分方程，没有解析解，只能用数值方法求解。不同 $\dfrac{D_{eL}}{uL}$ 时，组分 A 未转化率 $(1-x_A)$ 与 $kC_{A0}\bar{t}$ 的关系如图 4-22 所示。比较图 4-21 和图

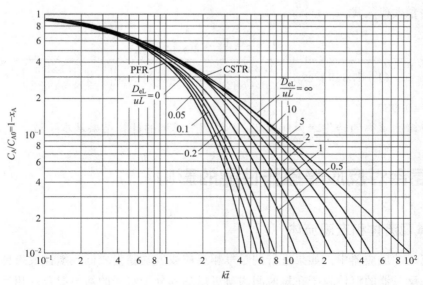

图 4-21 用扩散模型求解非理想流动反应器中 1 级反应的操作方程

4-22 可知，返混对 2 级反应的影响大于 1 级反应。一般反应级数越高，返混对反应转化率的影响也越大。

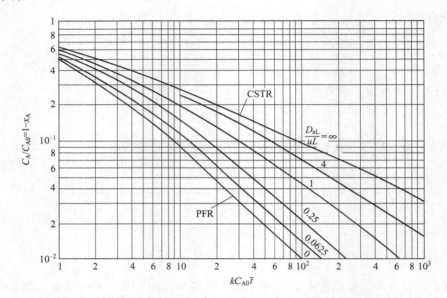

图 4-22 用扩散模型求解非理想流动反应器中 2 级反应的操作方程

【例 4-5】 某 1 级不可逆反应在例 4-2 中的反应器中在相同流动状态下进行，已知 $k = 0.02\,\text{s}^{-1}$。用扩散模型计算反应器出口组分 A 的转化率 x_{Af}，并与例 4-3 用串级模型的计算结果进行比较。

解 由例 4-2 和例 4-4 可知，该反应器流体的平均停留时间 $\bar{t} = 155\,\text{s}$，$\dfrac{D_{\text{eL}}}{uL} = 0.0682$。

先求式 (4-70) 中的参数 α：

$$\alpha = (1 + 4 \times 0.02 \times 155 \times 0.0676)^{1/2} = 1.359$$

将有关参数代入式 (4-70)：

$$1 - x_{\text{Af}} = \frac{4 \times 1.359\,\text{exp}\,\dfrac{1}{2 \times 0.0676}}{(1 + 1.359)^2\,\text{exp}\,\dfrac{1.359}{2 \times 0.0682} - (1 - 1.359)^2\,\text{exp}\left(-\dfrac{1.359}{2 \times 0.0682}\right)} = 0.070$$

所以，$x_{\text{Af}} = 0.930$。

由串级模型求得的转化率为 0.927，说明两个模型的计算结果基本一致。

4.4 混合对反应器操作性能的影响

4.4.1 微观流体和宏观流体

连续流动的反应器中，如果进行的是气相反应或者是黏度较低且搅拌效果良好的液相反应，则进入反应器的流体粒子在短时间内就可以达到分子水平的均匀混合。相反，如果液体的黏度较高，流体进入反应器后很难实现分子水平的混合，而形成一定尺寸的微团。这些微团像固体颗粒一样，作为一个微小的单元在反应器中停留一定时间后离开反应器。

前面讨论的流体都是分子均匀分散或者像离析流模型中全部以微团形式存在的两种极限状态。实现分子水平均匀混合的，称为**微观流体**（micro fluid），微观流体的化学反应是发生在分子之间的，如图 4-23（a）所示。另一种是流体混合时形成一定尺寸的微团，微团内部混合均匀，但微团间不发生质量和能量交换，这种流体称为**宏观流体**（macro fluid）。宏观流体的化学反应只发生在流体微团内部，而两个微团之间不会发生反应，如图 4-23（b）所示，微观流体和宏观流体是两个极端的状态，实际的流体通常是微观流体和宏观流体并存的混合状态。

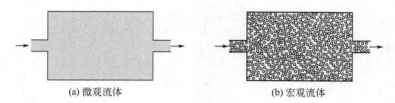

(a) 微观流体　　　　　　　　　　(b) 宏观流体

图 4-23　流体混合的两种极端状态

4.4.2　流体混合对反应的影响

我们前面已经讨论过，返混是指反应器中不同停留时间流体之间的混合，它和停留时间分布有关。而混合是指不同聚集状态的物料之间的混合，它和聚集状态有关。返混程度和混合状态对一个反应的结果都会产生影响。

前面所讨论的所有均相反应过程都是当作微观流体进行分析的。下面将分析反应流体为宏观流体时对间歇反应器、CSTR 和 PFR 操作的影响。

（1）间歇反应器　由于间歇反应器不存在停留时间分布，其中微团像一个个微小的反应器，反应时间都相等，其转化率与在其中进行的微观流体的反应转化率相等。所以，在间歇反应器中流体混合的尺度对反应结果没有影响。

（2）活塞流反应器　由于反应器中流体在轴向和径向都不存在返混，活塞流中反应物料的状态与微团中相似，而且不管是微观流体还是宏观流体，在活塞流反应器中的停留时间都相同，不存在停留时间分布，所以流体的混合尺寸对活塞流反应器的反应结果也没有影响。

（3）全混流反应器　各个独立的微团在全混流反应器中的停留时间存在较宽分布，反应器出口排出的微团中反应组分的浓度也不相同，所以出口的平均浓度和转化率也就不同。既然混合尺度对全混流反应器具有影响，下面我们比较一下不同级数的反应在微观混合和宏观混合条件下的转化率。

对 1 级不可逆反应，由第 3 章 CSTR 操作方程可得出分子级微观混合的转化率为：

$$x_A = \frac{k\tau}{1 + k\tau} \tag{4-71}$$

当流体为微团形式存在的宏观流体时，由于每个微团都相当于一个微小的间歇反应器，所以，每个微团的转化率随时间变化关系就符合间歇釜的操作方程：

$$t = C_{A0} \int_0^{x_A} \frac{dx_A}{kC_{A0}(1 - x_A)}$$

积分得：
$$x_A(t) = 1 - e^{-kt}$$

对于宏观流体，可以利用离析流模型式(4-30)计算平均转化率：

$$\bar{x}_A = \int_0^\infty x_A(t)E(t)dt = \int_0^\infty (1 - e^{-kt})\frac{1}{\tau}e^{-\frac{t}{\tau}}dt$$

$$= \frac{k\tau}{1+k\tau} \tag{4-72}$$

比较式(4-71)和式(4-72)可知，对于1级反应来说，宏观流体和微观流体的反应结果是一样的，流体的混合尺度对反应转化率没有影响。

对于2级反应，间歇反应器中组分A的浓度随时间的变化关系可表示为：

$$\frac{C_A}{C_{A0}} = \frac{1}{1+kC_{A0}t} \tag{4-73}$$

式(4-73)代入离析流模型式(4-30)得：

$$\bar{x}_A = 1 - \frac{1}{\tau}\int_0^\infty \frac{e^{-\frac{t}{\tau}}}{1+kC_{A0}t}dt = 1 + \alpha e^\alpha E_i(-\alpha) \tag{4-74}$$

其中，$\alpha = \dfrac{1}{kC_{A0}\tau}$，$E_i(-\alpha) = -\displaystyle\int_\alpha^\infty \frac{e^{-x}}{x}dx$。

当流体为分子水平混合的微观流体时，2级反应的转化率为：

$$x_A = \frac{1+2k\tau C_{A0} - \sqrt{1+4k\tau C_{A0}}}{2k\tau C_{A0}} \tag{4-75}$$

比较式(4-74)和式(4-75)可知，在全混流反应器中进行2级反应时，宏观流体和微观流体的反应结果不同。图4-24(a)示出了流体混合尺寸对2级反应结果的影响。可见，在全混流反应器中进行2级不可逆反应时，宏观流体的转化率高于微观流体的转化率。

对于0级反应来说，当反应时间 $t < C_{A0}/k$ 时，浓度随时间的变化关系为：

$$C_{A0} - C_A = kt \tag{4-76}$$

当反应时间 $t \geqslant C_{A0}/k$ 时，$C_A(t) = 0$。

将式(4-30)的积分上限改为 C_{A0}/k，并代入式(4-76)得：

$$\bar{x}_A = 1 - \frac{1}{\tau}\int_0^{C_{A0}/k}\left(1 - \frac{k\tau}{C_{A0}}\right)e^{-t/\tau}dt = \frac{k\tau}{C_{A0}}\left[1 - e^{-C_{A0}/(k\tau)}\right] \tag{4-77}$$

当流体为微观流体时，组分A的转化率为：

$$x_A = \begin{cases} k\tau/C_{A0} & (k\tau/C_{A0} \leqslant 1) \\ 1 & (k\tau/C_{A0} > 1) \end{cases} \tag{4-78}$$

图4-24(b)示出了流体混合尺寸对0级反应结果的影响。可见，在全混流反应器中进行0级反应时，宏观流体的转化率低于微观流体的转化率。

通过以上的讨论，可以得到以下结论：

① 对于1级反应，流体的混合状态不影响反应的结果。

② 在间歇反应器和活塞流反应器中，混合状态也不影响反应结果。

③ 对全混流反应器和非理想反应器进行非1级反应，混合状态对反应结果具有影响。对反应级数 $n > 1$ 的反应，宏观混合提高了流体的转化率，利用离析流模型估算的转化率是其可能达到的最大值。对反应级数 $n < 1$ 的反应，流体的宏观混合降低了转化率，利用离析流模型估算的转化率是其可能达到的最小值。

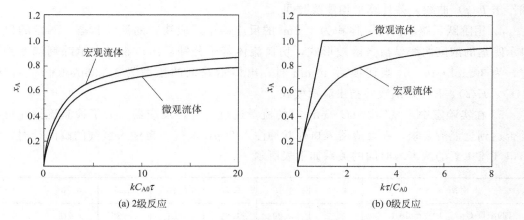

图 4-24 CSTR 中进行反应时流体混合尺寸对反应转化率的影响

习 题

1. 为了测定一液相反应器的平均停留时间分布，在反应器入口处以脉冲方式注入 36g 示踪剂，流体的体积流量 $v = 600\text{L} \cdot \text{min}^{-1}$。出口测得示踪剂浓度随时间的变化如下表所示，试求：

t/min	$C(t) \times 10^4$/g·L^{-1}	t/min	$C(t) \times 10^4$/g·L^{-1}	t/min	$C(t) \times 10^4$/g·L^{-1}
0	0	30	16.1	60	0.64
5	1.84	35	10.9	65	0.32
10	10.8	40	6.9	70	0.16
15	20.2	45	4.05	75	0.08
20	23.5	50	2.27	80	0.03
25	21.1	55	1.22	85	0

（1）所获得实验数据是否可靠？
（2）计算反应器中流体的 $E(t)$、σ^2；流体在反应器中的平均停留时间。
（3）停留时间小于 35min 的物料所占的分数。

2. 有一管式反应器经脉冲示踪法实验测得如下数据。其中进料流量为 $0.6\text{m}^3 \cdot \text{min}^{-1}$，示踪剂质量为 60kg。试根据表中数据确定该装置的有效体积、平均停留时间、方差 σ_t^2 和 σ^2。

t/min	0	2	4	6	8	10	12	14	16
C_A/kg·m^{-3}	0	4	12.5	15	10	4.5	2.5	1.5	0

3. 用阶跃示踪法研究某反应器的停留时间分布。以 NaCl 为示踪剂，NaCl 在进料中浓度为 $1\text{kg} \cdot \text{m}^{-3}$。在出口测得 NaCl 浓度随时间的变化如下表所示：

t/min	0	1	2	3	4	5	6	7	8	9	10
$C(t)$/kg·m^{-3}	1.0	1.0	1.0	1.0	1.0	1.0	1.0	1.2	1.4	1.6	1.8
t/min	11	12	13	14	15	16	17	18	19	20	
$C(t)$/kg·m^{-3}	2.0	2.2	2.4	2.6	2.8	3.0	3.0	3.0	3.0	3.0	

试作出 $F(t)$ 曲线,并计算平均停留时间。

4. 用阶跃示踪法测定一体积为 $1.2m^3$ 的反应器中反应物料的流动状态。测定的出口物料示踪剂的浓度曲线呈指数函数形式,切换流体若干分钟后出口物料中示踪剂浓度趋于恒定,为 $30mol \cdot m^{-3}$。当切换后 $40min$ 时,出口示踪剂的浓度为 $18.96mol \cdot m^{-3}$。确定 $F(t)$、$E(t)$、$E(\theta)$ 函数并指出流动模式。

5. 在实验室中,氮气以 $1L \cdot min^{-1}$ 的流量通过一搅拌反应器。为了检验流体在反应器是否达到全混流要求,在反应器入口处脉冲注入 $20\mu L$ 氢气。自注入氢气的瞬间计时,测得出口气流中氢的浓度与时间的关系如下表所示:

时间/min	0.05	0.10	0.15	0.20	0.25	0.30	0.35
氢的浓度 $C_{H_2} \times 10^6$/mol$\cdot$L^{-1}	5.42	3.29	1.99	1.21	0.733	0.446	0.27

试判断此反应器是否属于全混流反应器?

6. 液相 PFR 和 CSTR 反应器的空时分别为 τ_P 和 τ_C,体积分别为 V_P 和 V_C 若将其串联使用时保持总的空时 $\tau_t = \tau_P + \tau_C$,试讨论:

(1) PFR 串联 CSTR 和 CSTR 串联 PFR 时的 $E(t)$-t 曲线;

(2) 对 1 级不可逆等温反应,什么情况下两种串联组合具有同样的出口转化率?

(3) 若为 2 级不可逆等温反应,V_P/V_C 为什么值时两种串联组合具有相同的出口转化率?

7. 三个连续流动的反应器,用脉冲示踪法测得其出口示踪剂浓度随时间的变化关系如下图所示。若用串级模型描述反应器内流体的流动状态,则这些反应器分别相当于几段 CSTR?

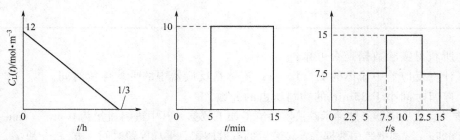

8. 在长度 L 为 $1.21m$、装有螺旋挡板的环形反应器入口处,快速注入 $5mol$ NaCl 溶液,在出口测得下表所示响应结果。如果反应器中物料的体积流率 v 为 $1.3L \cdot min^{-1}$,试计算此反应器内的返混准数 $\left(\dfrac{D_{eL}}{uL}\right)$。

t/s	20	25	30	35	40	45	50	55	70
C_{NaCl}/mol$\cdot$L^{-1}	0	60	210	170	75	35	10	5	0

9. 采用脉冲示踪法测定体积为 15L 的反应器中物料的停留时间分布(RTD)。已知物料的体积流量为 $1L \cdot min^{-1}$,脉冲法输入示踪剂的量是 $50mol$。经测定不同时刻出口物料中示踪剂的浓度列于下表中:

t/min	0	5	10	15	20	25	30	35
$C(t)/\text{mol} \cdot \text{L}^{-1}$	0	1.5	2.5	2.5	2	1	0.5	0

问：

（1）获得的实验数据是否可靠？

（2）确定无量纲方差 σ^2 的值。

（3）若在实验室小试时使用的是 CSTR 反应器，进行液相反应 $A \longrightarrow P$，当空时为 40min 时，A 的转化率为 0.8，求使用 PFR 反应器和 8 段 CSTR 反应器时 A 的转化率。

（4）若进行中试放大，反应器形式改为管式，其停留时间分布的实测结果如上表所示。在与小试相同的温度和空时条件下操作，试用多釜串联模型和轴向扩散模型预测反应器出口 A 的转化率。

10. 用脉冲示踪法于时间 $t=0$ 时，在反应器的入口注入一定量示踪剂，出口测得示踪剂的浓度随时间的变化如下表所示：

t/s	0	48	96	144	192	240	288	336	384
$C(t)/\text{kg} \cdot \text{m}^{-3}$	0	0	0	0.1	5.0	10.0	8.0	4.0	0

试问：

（1）此反应器内流体的平均停留时间为多少？

（2）如在此反应器内进行 1 级反应，其反应速率常数 $k=7.5\text{ks}^{-1}$，其平均转化率为多少？（按扩散模型，闭式容器考虑）。

（3）如果用 PFR 和 CSTR 进行同一反应，平均停留时间也相同，则其平均转化率将各为多少？

11. 某液相反应 $2A \longrightarrow R$ 的反应速率为：$(-r_A)=kC_A^2 (\text{mol} \cdot \text{m}^{-3} \cdot \text{s}^{-1})$，其中 $k=0.0347\text{m}^3 \cdot \text{mol}^{-1} \cdot \text{s}^{-1}$。该反应在一非理想反应器中进行，组分 A 的初始浓度 $C_{A0}=2\text{mol} \cdot \text{m}^{-3}$。试求：

（1）用脉冲示踪法测定反应时流体流动特性，测得平均停留时间 $\bar{t}=1.2\text{min}$，散度 $\sigma^2=0.54\text{min}^2$。该反应器为闭式容器，求其 $\dfrac{D_{\text{eL}}}{uL}$。

（2）求组分 A 的出口转化率。

12. 在保证达到活塞流的条件下，进行等温气相反应 $A \longrightarrow B$ 的小型实验，测得组分 A 的转化率为 99%，反应对组分 A 为 1 级反应。将该反应器放大时，保持了相同的操作温度和相同的平均停留时间，但组分 A 的实际转化率却低于小型实验。经示踪实验测定结果表明，放大后的反应器的流型偏离活塞流，只相当于 18 个等体积的全混反应器串联，试估算实际达到的转化率。

13. 在某反应器中进行 2 级反应 $A+B \Longleftrightarrow R$ 时，$C_{A0}=C_{B0}$，组分 A 的转化率为 90%。本以为反应器内流体流动是活塞流，但是脉冲示踪实验的结果（见下表）表明实际流体并不是理想活塞流。如果采取一定措施使反应器的流动状态达到 PFR 状态，试计算该反应在相同体积的 PFR 中进行时组分 A 的转化率。

t/s	1	2	3	4	5	6	8	10	15	20	30	41	52	67
$C(t)$	9	57	81	90	90	86	77	67	47	32	15	7	3	1

14. 用一反应器处理含有机物 A 的废水溶液，反应速率方程为 $(-r_A) = kC_A$。A 的进口浓度为 $C_{A0} = 8\,mol \cdot m^{-3}$，用多釜串联模型来模拟反应器流动模型时，模型参数为 15，出口浓度可达到 $5 \times 10^{-3}\,mol \cdot m^{-3}$。问：(1) 如果用轴向扩散模型来模拟，出口浓度为多少？(2) 如果采用反应器内设置多块挡板使流动趋于活塞流，出口浓度可达到多少？

15. 在习题 1 所示反应器中等温进行 1 级不可逆液相反应，反应速率常数 $k = 0.04\,min^{-1}$。试按下列要求计算相应的模型参数与转化率，并对计算结果进行比较与讨论。

(1) 用串级模型；

(2) 用扩散模型；

(3) 按 PFR 反应器，宏观流体计算；

(4) 按 CSTR 反应器，宏观流体计算。

16. 下述反应：

$$A \longrightarrow R \quad r_R = k_1 C_A, \quad k_1 = 1.0\,min^{-1}$$

$$A \longrightarrow S \quad r_S = k_2 C_A, \quad k_2 = 0.5\,min^{-1}$$

在一连续流动反应器中进行，流体在该反应器中的停留时间分布如下图所示：

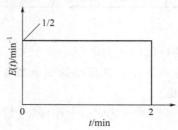

已知，反应器入口处组分 A 的浓度 $C_{A0} = 1\,kmol \cdot m^{-3}$，R 和 S 的初始浓度 $C_{R0} = C_{S0} = 0$，反应流体可看作宏观流体。求反应器出口组分 A 的转化率以及组分 R 和 S 的浓度。

5 气固催化反应宏观动力学

第 3 章和第 4 章主要介绍了均相反应器的操作特性。然而，在现代化学工业中，大多数反应过程都属于多相反应过程。开发环境友好化工工艺的一个很重要的方面是将均相催化过程非均相化。这样不仅可减轻对环境的污染，避免产品和催化剂的交叉污染，而且可提高催化剂的利用率，简化分离工艺。可以预见，化学工业中的多相催化反应的比重会越来越大。

在化学反应工程中，通常将多相反应分为气固反应、气液反应、液液反应和气液固反应。在工业生产中所涉及的气固反应，绝大多数采用固体催化剂，反应组分则在气相。固体催化剂一般为多孔性物质，在反应过程中反应物分子必须扩散到孔内并与表面活性中心结合才能发生反应，而生成的产物分子需要从孔内扩散到气相主体才能收集到。所以，要研究气固催化反应器的操作特点，必须首先研究气固催化反应的动力学规律，掌握反应的本征动力学方程。同时，还必须考虑流体流动、相间传递和孔内扩散（即内扩散和外扩散）对反应速率的影响。

5.1 多孔催化剂结构和物性参数

绝大多数固体催化剂为多孔结构，其内部由许多互相连通的孔道构成，这些内部丰富的孔道为表面反应提供了巨大的可利用内表面。高比表面积是保证催化活性组分高分散并形成大量活性中心的先决条件。

5.1.1 比表面积

多孔物质表面积的相对大小是用比表面积来衡量的。比表面积定义为每单位质量多孔物质上所具有的表面积，记为 $S_g(m^2 \cdot g^{-1})$。比表面积的测定一般采用小分子（如 N_2）吸附法测定吸附等温线，再以适当的吸附理论（如 BET 理论）根据吸附等温线求算。实验方法有体积法、重量法和色谱法三种。所测比表面积既包含内表面积，也包含颗粒外表面积。对于大比表面积的催化剂来说，外表面积所占比例极小，可忽略不计。

工业上常采用负载型催化剂，即将活性组分均匀分散在多孔载体上。负载型催化剂的比表面积取决于所用的多孔载体。不同多孔载体的比表面积差别很大，比如，活性炭比表面积为 $800 \sim 1000 m^2 \cdot g^{-1}$，沸石分子筛的比表面积为 $400 \sim 800 m^2 \cdot g^{-1}$，$\gamma$-$Al_2O_3$ 的比表面积为 $100 \sim 300 m^2 \cdot g^{-1}$，硅藻土的比表面积为 $4 \sim 20 m^2 \cdot g^{-1}$。

5.1.2 孔容和孔隙率

表征多孔材料孔体积大小的参数有孔容和孔隙率。孔容是指单位质量的多孔物质所具有的孔体积，记为 $V_g(cm^3 \cdot g^{-1})$；孔隙率是单位体积的多孔物质所含的孔体积，记为 ε_p。孔容和孔隙率均描述多孔材料中总孔体积的大小，二者的差别在于前者以质量为基准，而后者以体积为基准，二者可视情况灵活选用。

5.1.3 平均孔径 $\bar{r}_p$

多孔物质的孔径分布和平均孔径是表征其孔口尺寸的参数。对于固体催化剂来说，孔径尺寸给出了参与催化反应的分子直径的上限，也表征了分子在孔内扩散的难易程度。对于择形催化反应过程（即利用催化剂孔道孔口的筛分作用抑制某些同分异构体生成的催化过程），催化剂的孔径对反应过程的影响尤其重要。因此，孔径是多孔催化剂的一个重要结构参数。

由于催化剂颗粒内的孔道是粗细不一的，为了定量比较，常采用平均孔径描述多孔材料孔口尺寸。孔径分布是指不同孔径范围内的孔体积占总孔体积的比例。如果已知不同孔径的容积分布，则可用下式计算平均孔径：

$$\bar{r}_p = \frac{1}{V_g}\int_0^{V_g} r_p \, dV \tag{5-1}$$

式中，V 表示半径为 r_p 的孔的总容积；V_g 为多孔物质的孔容。

若没有孔径分布的数据，可以采用 Wheeler 提出的平行孔简化模型由比表面积 S_g 和孔容 V_g 计算而得。该模型假定：①孔道全部由半径为 $\bar{r}_p$、长为 L、彼此不相交的圆柱形直孔构成；②颗粒的外表面积可以忽略不计，比表面积近似等于内比表面积。假设单位质量的催化剂中有 n 个这样的孔，则：

$$S_g = n(2\pi\bar{r}_p)L \tag{5-2}$$

$$V_g = n(\pi\bar{r}_p^2)L \tag{5-3}$$

用式(5-3)除以式(5-2)得：

$$V_g/S_g = \bar{r}_p/2$$

或

$$\bar{r}_p = 2V_g/S_g \tag{5-4}$$

显然，由于实际的多孔物质中的孔道情况与假设不完全相同，因此采用式(5-4)计算的平均孔径只是粗略的估计。

5.1.4 密度

多孔材料的密度分为堆密度、颗粒密度和真密度三个层次，适用于不同的应用场合。对于堆积成床层的颗粒催化剂来说，颗粒床层的体积由三部分组成：①颗粒间空隙的体积 $V_空$；②颗粒内孔的体积 $V_孔$；③颗粒骨架体积 $V_骨$。上述三种密度就是根据不同的体积计算基准定义的。

① 单位床层体积（或称堆积体积）所具有的质量称为堆密度，记为 $\rho_b(g \cdot cm^{-3})$，其定义式为：

$$\rho_b = \frac{m}{V_空 + V_孔 + V_骨} \tag{5-5}$$

② 单位颗粒体积所具有的质量称为颗粒密度，也称为假密度或表观密度，记为 ρ_p（g·cm^{-3}），其定义式为：

$$\rho_p = \frac{m}{V_{孔} + V_{骨}}$$ (5-6)

③ 单位骨架体积所具有的质量称为真密度，也称为骨架密度，记为 ρ_t（g·cm^{-3}），其定义式为：

$$\rho_t = \frac{m}{V_{骨}}$$ (5-7)

式（5-5）～式（5-7）中，m 为固体颗粒的质量。由以上三个密度的定义式可见，对同一颗粒床层而言，堆密度最小，真密度最大。

5.1.5 各结构参数之间的关联

多孔物质的比表面积 S_g、孔容 V_g 和密度可由实验直接测得，其他参数则可由下列关系式计算得出。

催化剂颗粒的孔隙率 ε_p 可由下式求得：

$$\varepsilon_p = \frac{V_{孔}}{V_{骨} + V_{孔}} = \frac{V_{孔}/m}{(V_{孔} + V_{骨})/m} = \frac{V_g}{1/\rho_p} = V_g \rho_p$$ (5-8)

V_g 可由颗粒密度和真密度计算求出：

$$V_g = \frac{V_{孔}}{m} = \frac{V_{骨} + V_{孔}}{m} - \frac{V_{骨}}{m} = 1/\rho_p - 1/\rho_t$$ (5-9)

将式（5-9）代入式（5-4），整理得出平均孔径的计算式为：

$$\bar{r}_p = 2V_g/S_g = 2\varepsilon_p/(S_g \rho_p)$$ (5-10)

【例 5-1】 某催化剂的比表面积 $S_g = 342\,\text{m}^2 \cdot \text{g}^{-1}$，其颗粒密度和真密度分别为：$\rho_p = 1.14\,\text{g} \cdot \text{cm}^{-3}$，$\rho_t = 2.33\,\text{g} \cdot \text{cm}^{-3}$。求其平均孔径 $\bar{r}_p$。

解 因题中未给出孔容数据，故先求算催化剂颗粒的孔隙率：

$$\varepsilon_p = 1 - \frac{\rho_p}{\rho_t} = 1 - \frac{1.14}{2.33} = 0.51$$

由式（5-10）计算得：

$$\bar{r}_p = \frac{2\varepsilon_p}{S_g \rho_p} = \frac{2 \times 0.51}{342 \times 1.14 \times 10^6} = 2.61 \times 10^{-9}\,(\text{m}) = 26.1\text{Å}$$

5.2 催化剂表面的本征反应速率方程

对气固催化反应来说，在催化剂表面上进行的反应往往都是包含数个基元反应的非基元反应。为这些包含数个基元反应的反应过程建立速率方程式在实际操作上是相当困难的。因此，通常都采用一些简化的方法来推导反应速率方程式。若反应过程中某一基元反应的反应速率较其他基元反应要慢很多，则反应的总速率取决于最慢的基元反应，该基元反应称为**速率控制步骤**。相对来说，其他各步的反应速率都非常快，可近似认为它们能迅速达到平衡状态。

在气固催化反应过程中，反应组分必须接触到催化剂表面的活性组分才能实现反应过程，或者说催化反应是在固体催化剂的表面上完成的。因此，催化剂表面的本征反应速率与反应物在催化剂上的表面浓度（或"覆盖度"）有关，而反应物在催化剂表面的浓度取决于反应物在催化剂表面的吸附和脱附。

在以理想表面单层化学吸附理论为前提推导的反应速率方程中，以 Langmuir-Hinshelwood 方程应用得最广泛。该方程以 Langmuir 吸附等温方程为基础，首先由 Hinshelwood 推导出来，之后被 Hougen 和 Watson 扩大使用范围。该方程常简称为 L-H 模型，在有些文献中也称为 LHHW 模型。由于其数学表达式属于双曲线方程，该类反应速率方程也常被统称为"双曲线型速率方程"。

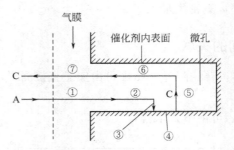

图 5-1　气固催化剂反应过程描述
①，⑦—气膜内扩散；②，⑥—孔内扩散；
③—吸附；④—表面反应；⑤—脱附

对于 A ⟶ C 这一简单的单组分气固催化反应，其反应历程通常包括如图 5-1 所示的 7 个步骤：

① 反应组分 A 分子从气相主体经气固界面处气膜扩散至催化剂外表面；
② 反应组分 A 分子从孔口进入孔内扩散至活性中心处；
③ 反应组分 A 分子在活性中心上吸附；
④ 活性组分 A 分子在活性中心发生表面反应生成产物 C 分子；
⑤ 产物 C 分子从活性中心脱附；
⑥ 产物 C 分子从孔内向孔口扩散；
⑦ 产物 C 分子从催化剂外表面孔口经气膜扩散到气相主体。
其中①、②、⑥和⑦为物理过程，③、④和⑤为表面化学过程。

5.2.1　固体催化剂表面的吸附与脱附

由上面分析可见，吸附是气固催化反应过程必不可少的步骤。反应物在固体催化剂表面吸附分为物理吸附和化学吸附两类。在物理吸附中，吸附质分子通过范德华力与表面结合，一般为多层吸附，活化能较低（$4\sim40$kJ·mol^{-1}）。在化学吸附中，吸附质分子通过氢键等化学键与固体表面结合，其活化能较高（$40\sim200$kJ·mol^{-1}）。物理吸附一般在低温下进行，吸附量随温度的升高而降低。而化学吸附一般在高温下进行，吸附速率随温度的升高而增加。由于一般催化反应的温度较高，在高温时，物理吸附很微弱，化学吸附占优势，所以，化学吸附是多相催化反应的重要特征。化学吸附只发生在固体表面的活性点上，且一个活性点只能吸附一个分子或原子，即化学吸附为单分子层吸附。

对固体表面上的化学吸附作定量处理时，需建立适当的吸附模型。应用比较广泛的理想吸附模型是 Langmuir 理想吸附模型。该模型的基本假定是：①吸附表面上各吸附活性位的能量相等；②吸附在活性位上的分子之间作用力可忽略不计；③吸附活化能与表面吸附程度无关；④每个活性位只能吸附一个气相分子，即属于单层吸附。Langmuir 吸附模型适用于大多数气固相催化反应过程。

由于气体分子的运动，气体分子不断与催化剂表面碰撞。碰撞过程中，具有足够能量的分子被吸附在催化剂表面，而被吸附的分子也可以发生脱附现象，从而形成一种动态平衡。所以，气体分子在催化剂表面的吸附速率与单位时间内碰撞到催化剂自由表面（未被吸附分子占据的表面）上的分子数目成正比，而碰撞的分子数目与气相的分压成正比。因为吸附是在自由表面上进行，故吸附速率与自由表面成正比，即吸附速率与组分 A 的气相分压和未吸附的活性中心分率 θ_v（空位率）成正比。脱附速率与活性中心被组分 A 覆盖的分率 θ_A（吸附组分 A 所覆盖的表面占总表面的分率）成正比。若气相反应组分 A 在催化剂表面的活性中心 σ 上发生化学吸附，各活性中心的结合力相同且活性中心之间没有相互作用，该过程可写成如下化学方程式：

$$A + \sigma \underset{k_{dA}}{\overset{k_{aA}}{\rightleftharpoons}} A\sigma$$

式中，σ 为吸附活性中心；k_{aA} 为吸附速率常数；k_{dA} 为脱附速率常数。反应体系包括气相反应物 A、未吸附催化吸附活性中心 σ 和吸附态的反应物 $A\sigma$。其中，气相反应物的浓度用反应物 A 的分压 p_A 表示，未吸附催化吸附活性中心 σ 的浓度用空位率 θ_v 表示，吸附态组分 A 的浓度用组分 A 的覆盖率 θ_A 表示。吸附和脱附过程都可视为基元反应，因而可以根据质量作用定律写出其速率方程：

$$r_a = k_{aA} p_A \theta_v \tag{5-11}$$
$$r_d = k_{dA} \theta_A \tag{5-12}$$

气相分子 A 的净吸附速率为：

$$r_A = k_{aA} p_A \theta_v - k_{dA} \theta_A \tag{5-13}$$

因为没有其他组分在活性中心上吸附，故有：

$$\theta_A + \theta_v = 1 \tag{5-14}$$

当吸附平衡时，净吸附速率为零，即 $r_A = 0$，由式（5-13）可得 θ_A 与 θ_v 间的关系式为：

$$\theta_A = k_{aA} p_A \theta_v / k_{dA} = K_A p_A \theta_v \tag{5-15}$$

式中，$K_A = k_{aA}/k_{dA}$，为吸附平衡常数。

将式（5-15）代入式（5-14），整理得：

$$\theta_v = 1/(1 + K_A p_A) \tag{5-16}$$

将式（5-16）代入式（5-15），可求得组分 A 的平衡吸附分率 θ_A 与其分压 p_A 的关系：

$$\theta_A = \frac{K_A p_A}{1 + K_A p_A} \tag{5-17}$$

上式为理想吸附等温方程，也称为 Langmuir 吸附等温方程。吸附平衡常数的大小显示了气体分子在吸附中心的吸附强弱。当吸附很弱时，$K_A p_A \ll 1$，则式（5-17）变为：

$$\theta_A = K_A p_A \tag{5-18}$$

即平衡吸附量与 A 的分压成正比。当吸附很强时，$K_A p_A \gg 1$，式（5-17）变为：

$$\theta_A = 1 \tag{5-19}$$

即平衡吸附量与 A 的分压无关。

吸附速率常数 k_a 和脱附速率常数 k_d 与温度的关系遵循 Arrhenius 方程,即

$$k_a = k_{a0} \exp\left(-\frac{E_a}{RT}\right) \tag{5-20}$$

$$k_d = k_{d0} \exp\left(-\frac{E_d}{RT}\right) \tag{5-21}$$

式中,k_{a0} 和 k_{d0} 分别为吸附和脱附过程的指前因子;E_a 和 E_d 分别为吸附和脱附活化能。

吸附平衡常数 K_A 与温度 T 的关系可由式(5-20)和式(5-21)推导出:

$$K_A = \frac{k_{aA}}{k_{dA}} = \frac{k_{aA0}}{k_{dA0}} \exp\left(\frac{E_d - E_a}{RT}\right) \tag{5-22}$$

将吸附热 $q = E_d - E_a$ 与 $K_{A0} = k_{aA0}/k_{dA0}$ 代入式(5-22)得:

$$K_A = K_{A0} \exp\left(\frac{q}{RT}\right) \tag{5-23}$$

可见,温度升高时,吸附平衡常数变小。

对于在相同吸附中心上吸附的双分子体系,若其在催化剂表面的吸附和脱附过程可表示为:

$$A + B + 2\sigma \underset{k_d}{\overset{k_a}{\rightleftharpoons}} A\sigma + B\sigma$$

则该条件下,空位率与 A 组分和 B 组分的覆盖率的关系满足下式:

$$\theta_v + \theta_A + \theta_B = 1 \tag{5-24}$$

组分 A 的吸附速率和脱附速率仍可用式(5-11)和式(5-12)表示。类似地,组分 B 的吸附和脱附速率分别为:

$$r_{aB} = k_{aB} p_B \theta_v \tag{5-25}$$

$$r_{dB} = k_{dB} \theta_B \tag{5-26}$$

当吸附达到平衡时,组分 A 和组分 B 的净吸附速率均为零,即吸附速率和脱附速率相等:

$$r_{aA} = r_{dA} \tag{5-27}$$

$$r_{aB} = r_{dB} \tag{5-28}$$

联立式(5-11)、式(5-12)、式(5-24)~式(5-28)可推导出:

$$\theta_A = \frac{K_A p_A}{1 + K_A p_A + K_B p_B} \tag{5-29}$$

$$\theta_B = \frac{K_B p_B}{1 + K_A p_A + K_B p_B} \tag{5-30}$$

$$\theta_v = \frac{1}{1 + K_A p_A + K_B p_B} \tag{5-31}$$

若反应体系中有 n 个反应物分子且吸附活性中心相同,则组分 i 的平衡覆盖率 θ_i 和催化剂表面的空位率 θ_v 分别为:

$$\theta_i = \frac{K_i p_i}{1 + \sum_{i=1}^{n} K_i p_i} \tag{5-32}$$

$$\theta_v = \frac{1}{1 + \sum_{i=1}^{n} K_i p_i} \qquad (5\text{-}33)$$

在一些双原子分子参与的催化反应中（如加氢反应），反应物分子在吸附的同时会解离为原子（如氢分子吸附在贵金属上会解离为氢原子），每个原子会占据一个吸附活性中心，即

$$A_2 + \sigma \underset{k_{dA}}{\overset{k_{aA}}{\rightleftharpoons}} 2A\sigma$$

其吸附速率、脱附速率和空位率可表示为：

$$r_a = k_{aA} p_A \theta_v^2 \qquad (5\text{-}34)$$

$$r_d = k_{dA} \theta_A^2 \qquad (5\text{-}35)$$

$$\theta_A + \theta_v = 1 \qquad (5\text{-}36)$$

吸附达到平衡时，有：

$$r_a = r_d \qquad (5\text{-}37)$$

联立式(5-34)～式(5-37)，可解得，

$$\theta_A = \frac{\sqrt{K_A p_A}}{1 + \sqrt{K_A p_A}} \qquad (5\text{-}38)$$

式(5-38) 称为解离吸附等温方程。

5.2.2 气固催化反应速率方程

Langmuir-Hinshelwood 方程（L-H 方程）常用于分析气固催化反应，它基于 Langmuir 理想吸附模型，采用速率控制步骤近似法推导而来。以下述反应为例说明不同的速率控制步骤时，气固催化反应速率方程的推导过程。

$$A + B \rightleftharpoons C + D$$

该反应由如下 5 个基元反应构成：

$$A + \sigma \rightleftharpoons A\sigma$$
$$B + \sigma \rightleftharpoons B\sigma$$
$$A\sigma + B\sigma \rightleftharpoons C\sigma + D\sigma$$
$$C\sigma \rightleftharpoons C + \sigma$$
$$D\sigma \rightleftharpoons D + \sigma$$

$$\overline{\qquad\qquad\qquad\qquad\qquad}$$

$$A + B \rightleftharpoons C + D$$

下面分别推导表面反应、反应物吸附和产物脱附为控制步骤时的 L-H 方程。

(1) 表面反应为控制步骤 这时总反应速率近似等于表面化学反应（第三个基元反应）速率，而第三个基元反应可以根据质量作用定律写出：

$$r = \overrightarrow{k}_s \theta_A \theta_B - \overleftarrow{k}_s \theta_C \theta_D \qquad (5\text{-}39)$$

其他各步骤均达到平衡，因而有：

$$k_{aA} p_A \theta_v - k_{dA} \theta_A = 0 \quad \text{或} \quad \theta_A = K_A p_A \theta_v \qquad (5\text{-}40)$$

$$k_{aB} p_B \theta_v - k_{dB} \theta_B = 0 \quad \text{或} \quad \theta_B = K_B p_B \theta_v \qquad (5\text{-}41)$$

$$k_{dC} \theta_C - k_{aC} p_C \theta_v = 0 \quad \text{或} \quad \theta_C = K_C p_C \theta_v \qquad (5\text{-}42)$$

$$k_{dD}\theta_D - k_{aD}p_D\theta_v = 0 \quad 或 \quad \theta_D = K_D p_D \theta_v \tag{5-43}$$

式中，$K_A = k_{aA}/k_{dA}$，$K_B = k_{aB}/k_{dB}$，$K_C = k_{aC}/k_{dC}$，$K_D = k_{aD}/k_{dD}$。将式(5-40)～式(5-43)代入式(5-39)得：

$$r = \overrightarrow{k}_s K_A p_A K_B p_B \theta_v^2 - \overleftarrow{k}_s K_C p_C K_D p_D \theta_v^2 \tag{5-44}$$

因为 $\theta_A + \theta_B + \theta_C + \theta_D + \theta_v = 1$，所以有：

$$K_A p_A \theta_v + K_B p_B \theta_v + K_C p_C \theta_v + K_D p_D \theta_v + \theta_v = 1$$

$$\theta_v = \frac{1}{1 + K_A p_A + K_B p_B + K_C p_C + K_D p_D} \tag{5-45}$$

将式(5-45)代入式(5-44)得：

$$\begin{aligned}
r &= \frac{\overrightarrow{k}_s K_A K_B p_A p_B - \overleftarrow{k}_s K_C K_D p_C p_D}{(1 + K_A p_A + K_B p_B + K_C p_C + K_D p_D)^2} \\
&= \frac{\overrightarrow{k}_s K_A K_B \left(p_A p_B - \dfrac{\overleftarrow{k}_s}{\overrightarrow{k}_s} \times \dfrac{K_C K_D}{K_A K_B} p_C p_D \right)}{(1 + K_A p_A + K_B p_B + K_C p_C + K_D p_D)^2} \\
&= \frac{k(p_A p_B - p_C p_D/K)}{(1 + K_A p_A + K_B p_B + K_C p_C + K_D p_D)^2}
\end{aligned} \tag{5-46}$$

式中，$k = \overrightarrow{k}_s K_A K_B$，为正反应速率常数；$K = \overrightarrow{k}_s K_A K_B / (\overleftarrow{k}_s K_C K_D)$ 为反应的总化学平衡常数。式(5-46)即为表面反应为控制步骤的 L-H 方程。

(2) 组分 A 的吸附为控制步骤 组分 A 的吸附（第一个基元反应）为速率控制步骤时，总反应速率近似等于组分 A 的净吸附速率，因此有：

$$r = k_{aA} p_A \theta_v - k_{dA} \theta_A \tag{5-47}$$

包括表面反应在内的其他基元反应均达到平衡。表面反应达到平衡时，根据式(5-39)有：

$$K_S = \frac{\overrightarrow{k}_s}{\overleftarrow{k}_s} = \frac{\theta_C \theta_D}{\theta_A \theta_B} \tag{5-48}$$

式中，K_S 为表面反应平衡常数。将式(5-41)～式(5-43)代入式(5-48)，整理得：

$$\theta_A = \frac{K_C K_D p_C p_D \theta_v}{K_S K_B p_B} \tag{5-49}$$

因为 $\theta_A + \theta_B + \theta_C + \theta_D + \theta_v = 1$，所以有，

$$K_C K_D p_C p_D \theta_v/(K_S K_B p_B) + K_B p_B \theta_v + K_C p_C \theta_v + K_D p_D \theta_v + \theta_v = 1$$

整理得：

$$\theta_v = \frac{1}{1 + K_C K_D p_C p_D/(K_S K_B p_B) + K_B p_B + K_C p_C + K_D p_D} \tag{5-50}$$

$$\theta_A = \frac{K_C K_D p_C p_D}{K_S K_B p_B [1 + K_C K_D p_C p_D/(K_S K_B p_B) + K_B p_B + K_C p_C + K_D p_D]} \tag{5-51}$$

将式(5-50)和式(5-51)代入式(5-47)，整理可得反应组分 A 吸附为控制步骤的 L-H 方程：

$$\begin{aligned}
r &= \frac{k_{aA} p_A - k_{dA} K_C K_D p_C p_D/(K_S K_B p_B)}{1 + K_C K_D p_C p_D/(K_S K_B p_B) + K_B p_B + K_C p_C + K_D p_D} \\
&= \frac{k_{aA}[p_A - p_C p_D/(p_B K)]}{1 + K_C K_D p_C p_D/(K_S K_B p_B) + K_B p_B + K_C p_C + K_D p_D}
\end{aligned} \tag{5-52}$$

(3) 产物 C 的脱附为控制步骤 产物 C 的脱附（第四步基元反应）为控制步骤时，总反应速率近似等于产物 C 的净脱附速率，因此有：

$$r = k_{dC}\theta_C - k_{aC}p_C\theta_v \tag{5-53}$$

包括表面反应在内的其他基元反应都达到平衡。联立式(5-40)、式(5-41)、式(5-43) 和式(5-48) 可得：

$$\theta_C = \frac{K_S K_A K_B p_A p_B \theta_v}{K_D p_D} \tag{5-54}$$

因为 $\theta_A + \theta_B + \theta_C + \theta_D + \theta_v = 1$，所以有，

$$K_A p_A \theta_v + K_B p_B \theta_v + K_S K_A K_B p_A p_B \theta_v/(K_D p_D) + K_D p_D \theta_v + \theta_v = 1$$

整理可得：

$$\theta_v = \frac{1}{1 + K_A p_A + K_B p_B + K_S K_A K_B p_A p_B/(K_D p_D) + K_D p_D} \tag{5-55}$$

$$\theta_C = \frac{K_S K_A K_B p_A p_B \theta_v/(K_D p_D)}{1 + K_A p_A + K_B p_B + K_S K_A K_B p_A p_B/(K_D p_D) + K_D p_D} \tag{5-56}$$

将式(5-55) 和式(5-56) 代入式(5-53)，整理可得产物 C 脱附为控制步骤的 L-H 方程：

$$r = \frac{k_{dC} K_S K_A K_B p_A p_B/(K_D p_D) - k_{aC} p_C}{1 + K_A p_A + K_B p_B + K_S K_A K_B p_A p_B/(K_D p_D) + K_D p_D}$$
$$= \frac{k(p_A p_B/p_D - p_C/K)}{1 + K_A p_A + K_B p_B + K_S K_A K_B p_A p_B/(K_D p_D) + K_D p_D} \tag{5-57}$$

式中，$k = k_{dC} K_S K_A K_B/K_D = k_{dC} K K_C$。

上述推导过程中，没有考虑惰性气体吸附对反应的影响。当反应体系中含有惰性气体且其在催化活性中心参与吸附过程时，则对反应速率有一定影响。若惰性气体 I 的吸附平衡常数为 K_I，分压为 p_I，则需要在上述 L-H 方程的分母中加入 $K_I p_I$ 项。上述三个方程变为下列各式：

表面反应为控制步骤：

$$r = \frac{k(p_A p_B - p_C p_D/K)}{(1 + K_A p_A + K_B p_B + K_C p_C + K_D p_D + K_I p_I)^2} \tag{5-58}$$

反应组分 A 的吸附为控制步骤：

$$r = \frac{k_{aA}[p_A - p_C p_D/(p_B K)]}{1 + K_C K_D p_C p_D/(K_S K_B p_B) + K_B p_B + K_C p_C + K_D p_D + K_I p_I}$$
$$= \frac{k_{aA}[p_A - p_C p_D/(p_B K)]}{1 + K_A p_C p_D/(K p_B) + K_B p_B + K_C p_C + K_D p_D + K_I p_I} \tag{5-59}$$

产物 C 的脱附为控制步骤：

$$r = \frac{k(p_A p_B/p_D - p_C/K)}{1 + K_A p_A + K_B p_B + K_S K_A K_B p_A p_B/(K_D p_D) + K_D p_D + K_I p_I}$$
$$= \frac{k(p_A p_B/p_D - p_C/K)}{1 + K_A p_A + K_B p_B + K_C K_A p_A p_B/p_D + K_D p_D + K_I p_I} \tag{5-60}$$

可见，对于同一反应体系，速率控制步骤不同，L-H 反应速率方程表达式不相同。但是，它们的表达式都属于双曲线方程，因而又称为双曲线型速率方程，可用下面的通式表示：

$$[反应速率] = \frac{[动力学参数项][推动力项]}{[吸附参数项]^n} \tag{5-61}$$

其中，动力学参数项是由控制步骤反应速率常数和其他平衡常数构成的常数群。推动力项是分压差，代表了速率控制步骤距离平衡状态的远近，离平衡越远，推动力越大。若为不可逆反应，推动力项是反应物的分压，表示反应进行的程度。吸附参数项是一个加和代数式，第一项为1，其余各项为参与吸附的各组分吸附平衡常数和分压的乘积，该项表示哪些组分被固体催化剂吸附以及各组分吸附的强弱。吸附参数项中指数 n 代表完成速率控制步骤反应所需活性中心数。

动力学参数项只包含速率控制步骤的速率常数，而不包含非控制步骤的速率常数。据此，可以从 L-H 方程的动力学参数项的构成判断该反应的控制步骤。表 5-1 分别列出了单组分气固催化反应和双组分气固催化反应在不同速率控制步骤时的动力学参数项。

表 5-1　速率控制步骤不同时动力学参数项与 n 的值

反应		A $\rightleftharpoons$ C		A+B $\rightleftharpoons$ C+D	
控制步骤		动力学参数项	n	动力学参数项	n
A 的吸附		k_{aA}	1	k_{aA}	1
A 的解离吸附		k_{aA}	2	k_{aA}	2
B 的吸附		—	—	k_{aB}	1
C 的脱附		$k_{dC}KK_C$	1	$K_{dC}KK_C$	1
表面反应	A 不解离	$\vec{k}_s K_A$	1	$\vec{k}_s K_A K_B$	2
	A 解离	$\vec{k}_s K_A$	2	$\vec{k}_s K_A K_B$	3

对于表面反应、吸附和脱附为速率控制步骤时推动力项的形式不同。当表面反应为控制步骤且为多组分反应时，推动力项的第一项为反应物组分分压的乘积，第二项为化学平衡时反应组分的分压乘积。当有 n 个反应物分子和 m 个产物分子参与该表面反应时，其推动力项可表示为下面的一般式：

$$\prod_{i=1}^n p_i - \frac{1}{K}\left(\prod_{j=1}^m p_j\right)$$

当反应组分为速率控制步骤时，推动力项中第一项是该组分的分压，第二项是反应平衡对应的该组分的分压。当产物脱附为速率控制步骤时，推动力项的第一项变为反应物分压的乘积除以易脱附产物的分压的乘积（只有一种产物且其脱附为控制步骤时分母为1），第二项为难脱附组分分压除以 K。上述特点也可以用来推断气固催化反应的速率控制步骤。不同控制步骤时的推动力项表达式见表 5-2。

表 5-2　速率控制步骤不同时推动力项的值

反应	A $\rightleftharpoons$ C	A+B $\rightleftharpoons$ C+D
A 吸附控制	$p_A - p_C/K$	$p_A - p_C p_D/(Kp_B)$
B 吸附控制	—	$p_B - p_C p_D/(Kp_A)$
C 脱附控制	$p_A - p_C/K$	$p_A p_B/p_D - p_C/K$
D 脱附控制	—	$p_A p_B/p_C - p_D/K$
表面反应控制	$p_A - p_C/K$	$p_A p_B - p_C p_D/K$

吸附参数项可用通式表示为 $(1+\sum K_i p_i)$，其值恒大于1，当该式中增加项数时会使

反应速率减小，故而称为"阻力项"。在吸附参数项中，如果加和项的各项均为 $K_i p_i$ 的形式，则反应速率控制步骤为表面反应。如果加和项的某一项的形式不同，则说明该组分的吸附过程或者脱附过程是反应速率控制步骤。吸附为速率控制步骤时 K 在替换项的分母位置；脱附为速率控制步骤时 K 在替换项的分子位置。此外，如果某组分在吸附参数项中出现但其分压不在推动力项中出现，则表明该组分为惰性组分。表 5-3 列出了表面反应不是速率控制步骤时的替代项，利用这个表可以组合得到不同控制步骤时的阻力参数项。从吸附参数项，也可以判断进行反应时系统内各组分的状态（吸附态或气态），有利于推测反应机理。比如，对于反应 $A+B \Longrightarrow C+D$，当阻力参数项中只有反应组分 A 的吸附参数，而没有包含反应组分 B 的吸附参数时，就可以推定该反应按照 Riedel 机理进行，即反应发生在吸附态 A 和气态 B 之间。

表 5-3　速率控制步骤不同时阻力参数项（$1+K_A p_A+K_B p_B+K_C p_C+K_D p_D+K_I p_I$）的值

反应	$A \Longrightarrow C$	$A+B \Longrightarrow C+D$
A 吸附控制，将 $K_A p_A$ 替换为	$K_A p_C/K$	$K_A p_C p_D/(Kp_B)$
A 解离吸附控制，将 $K_A p_A$ 替换为	$(K_A p_C/K)^{1/2}$	$[K_A p_C p_D/(Kp_B)]^{1/2}$
B 吸附控制，将 $K_B p_B$ 替换为	—	$K_B p_C p_D/(Kp_A)$
C 脱附控制，将 $K_C p_C$ 替换为	$KK_C p_A$	$KK_C p_A p_B/p_D$
表面反应控制	不变	不变

注：组分 I 为惰性组分。

除了上述三个参数项以外，通式(5-61)的分母中还包含一个指数 n。n 表示速率控制步骤中所涉及的活性中心数目。如：双分子可逆反应的速率控制步骤是表面反应步骤时，需要一对吸附着反应物分子 A 与 B 的活性中心参与，反应物分子转化生成吸附态的反应产物 C 与 D 后仍吸附在这两个活性中心上，故 $n=2$。如果反应物分子 A 必须先解离吸附后才和分子 B 进行反应，那么将涉及 3 个活性中心，这时 $n=3$。不同速率控制步骤时反应速率表达式中的 n 值见表 5-1。

由于在 L-H 型反应速率方程式的通式中，每一项的参数关系式都能反映表面反应过程的某些动力学信息，因此也可以根据一个已有的速率方程式，从其中各个参数项进行反应机理的判断或预测。

【例 5-2】 已知某气固催化反应的本征动力学模型为：

$$(-r_A)=k_r K_B \frac{p_A p_B-\dfrac{1}{K}p_M p_N}{1+K_B p_B+K_M p_M+K_I p_I}$$

试根据上式推测该反应的历程和机理。

解　（1）从题示速率方程中推动力项所包含的组分看：此反应过程的反应物为 A 与 B，反应产物有 M 和 N。

（2）从方程的阻力参数项知，反应体系中在固体催化剂表面吸附的组分包括反应物 B、产物 M 和惰性组分 I。

（3）由动力学参数项和阻力项知，该反应的速率控制步骤是表面反应，且与 1 个吸附活性中心（吸附组分 B）有关。

因此，可以作出如下推断：

（1）此反应可表示成：A＋B $\rightleftharpoons$ M＋N。

（2）反应是按 Riedel 机理进行的，即由气态的 A 分子与吸附态的 B 分子在催化剂表面的活性中心上进行反应，生成的产物中分子 M 被吸附，分子 N 则直接进入气相。

（3）表面反应过程的历程是：

$$B + \sigma \rightleftharpoons B\sigma$$
$$A + B\sigma \rightleftharpoons M\sigma + N$$
$$M\sigma \rightleftharpoons M + \sigma$$

（4）反应速率控制步骤为表面反应。

（5）反应系统中存在惰性组分。

应该指出的是，前面讨论的 L-H 方程推导中吸附过程基于单一吸附活性中心。对于双功能催化体系，气固催化反应中反应物分子可能吸附在两个不同的吸附中心上。对于这类气固催化反应，可以参照前面的速率控制步骤理论推导出相应的 L-H 方程。

上述 L-H 方程虽然基于理想吸附模型推导得出，但由于其表达式具有较强的适应性，在气固相催化反应动力学和反应机理研究中得到了广泛应用。L-H 方程是双曲线型速率方程，属于多参数模型，在关联实验数据时，通过调整方程中各常数得到高精度的速率方程。L-H 方程多用于气固相催化反应的理论研究和过程开发，因为从 L-H 方程的形式可以合理推断反应速率控制步骤，有助于解析催化反应机理。然而，在气固催化反应器设计和优化中，多采用幂函数型的速率方程，这是因为幂函数型速率方程不像双曲线型速率方程那样含有许多与温度有关的常数，在实验数据关联和使用上要简单些。

5.3 孔内扩散

多孔催化剂的比表面积为 $10 \sim 1000 \text{m}^2 \cdot \text{g}^{-1}$，而外表面积仅占其中很小一部分（在 $10^{-4} \text{m}^2 \cdot \text{g}^{-1}$ 数量级）。可见，气固催化反应主要是在催化剂颗粒的内表面上进行的。因此，反应物分子必须从颗粒表面经孔道扩散到催化剂颗粒内才能接触到催化活性中心从而实现反应。反应组分在孔内的扩散过程称为**孔内扩散**，或称**内扩散**。根据气体分子平均自由程 λ_a 与孔半径 r_p 的相对大小，孔内扩散存在两种典型的扩散，即分子扩散和努森（Knudson）扩散。

在不同压力下，气体分子的平均自由程 λ_a（cm）可用下式估算：

$$\lambda_a = 1.013/p \tag{5-62}$$

式中，p 为系统总压，Pa。

当 $\lambda_a/(2r_p) \leqslant 10^{-2}$ 时，即孔径远大于气体分子的平均自由程时，气体分子间的碰撞概率大于气体与孔壁碰撞的概率，分子扩散的阻力主要来自于分子间的碰撞，属于分子扩散，与通常的气体扩散完全相同，扩散速率的大小与孔径无关。当 $\lambda_a/(2r_p) \geqslant 10$ 时，气体与孔壁碰撞的概率大于分子间碰撞的概率，分子在扩散过程中的阻力主要来自于分子与孔壁的碰撞，这种类型的扩散称为努森（Knudson）扩散。努森扩散的扩散速率与催化剂的孔半径有关。

孔内扩散速率的大小可用菲克定律计算。根据费克定律，扩散通量 N 与浓度梯度成正比，比例常数即为扩散系数 D。可见，对于给定的气相体系，扩散系数的大小决定了气体扩散的速率。

5.3.1 孔内扩散系数

(1) 分子扩散系数 分子扩散系数与体系中组分的数量有关,对于常用物系,其扩散系数可查阅有关手册,或者通过实验测定。当缺乏数据和实验条件时,可用经验式估算。对于双组分气体,其分子扩散系数 $D_{12}(\mathrm{cm^2 \cdot s^{-1}})$ 可用以下经验式求得:

$$D_{12} = \frac{0.001 T^{1.75} \left(\frac{1}{M_1} + \frac{1}{M_2}\right)^{1/2}}{p\,[(\sum V)_1^{1/3} + (\sum V)_2^{1/3}]^2} \tag{5-63}$$

式中,p 为系统总压,atm;T 为温度,K;M_1 和 M_2 分别为两组分的分子量;$(\sum V)_1$ 和 $(\sum V)_2$ 分别为两个组分的扩散体积。一些简单分子和原子的扩散体积可由表 5-4 查得,复杂分子的扩散体积可按照组成该分子的原子的扩散体积加和得到。

表 5-4 简单分子和原子的扩散体积

简单分子的扩散体积				原子扩散体积	
H_2	7.07	CO	18.9	C	16.5
D_2	6.70	CO_2	26.9	H	1.98
He	2.88	N_2O	35.9	O	5.48
N_2	17.9	NH_3	19.9	N	5.69
O_2	16.6	H_2O	12.7	Cl	19.5
空气	20.1	CCl_2F_2	114.8	S	17.0
Ne	5.59	Cl_2	37.7	芳烃及多	
Ar	16.1	SiF_4	69.7	环化合物	-20.2
Kr	22.8	Br_2	67.2		
Xe	37.9	SO_2	41.1		

由式(5-63)知,D_{12} 与系统压力成反比,与温度的 1.75 次方成正比,但与孔径无关。

对于多组分反应体系,组分的扩散系数与各组分的组成有关,且各组分的扩散系数与扩散通量也有一定关系。在多组分体系中,组分 1 的扩散系数 D_{1m} 可用下式计算:

$$\frac{1}{D_{1m}} = \sum_{j=2}^{m} \frac{y_j - y_1 N_j/N_1}{D_{1j}} \tag{5-64}$$

如果系统中无化学反应,系统中各组分扩散通量之比与其分子量存在如下关系:

$$N_j/N_1 = \sqrt{M_j/M_1} \tag{5-65}$$

如果系统存在化学反应,则各组分的扩散通量与其化学计量系数成正比,惰性气体的扩散通量 $N_{\mathrm{I}} = 0$。

(2) 努森扩散系数 D_K 努森扩散系数 $D_K(\mathrm{cm^2 \cdot s^{-1}})$ 可由下式求得:

$$D_K = 9700\,\overline{r_{\mathrm{p}}}\sqrt{T/M} \tag{5-66}$$

式中,$\overline{r_{\mathrm{p}}}$ 为平均孔半径,cm;T 为温度,K;M 为组分的分子量。可见,D_K 与系统压力无关,与温度的平方根和孔径成正比。D_K 对温度的敏感程度低于 D_{12}。

(3) 过渡区扩散系数 D 当 $0.01 < \lambda_{\mathrm{a}}/(2r_{\mathrm{p}}) < 10$ 时,上述两种扩散均起作用,称为过渡区扩散。这时的扩散系数为复合扩散系数。在组分 A 和 B 构成的双组分气相体系中,组分 A 的复合扩散系数可由下式得:

$$1/D_A = 1/D_{KA} + (1-by_A)/D_{AB}$$
$$b = 1 + N_B/N_A \tag{5-67}$$

式中，N_A 和 N_B 分别为组分 A 和 B 的扩散通量；y_A 为组分 A 的摩尔分数；D_{AB} 为 A 与 B 两种组分间的分子扩散系数；D_{KA} 为组分 A 的努森扩散系数。若扩散过程为等摩尔逆向扩散，则 $N_A = -N_B$，式(5-67) 可化简为：

$$1/D_A = 1/D_{KA} + 1/D_{AB} \tag{5-68}$$

除了上述三种扩散形式外，当孔径与分子直径在同一数量级时，扩散阻力取决于分子大小，而与孔径无关，此时的扩散过程称为构型扩散。如在沸石分子筛上进行择形催化反应中的扩散即属此类。各类扩散系数与孔径的关系见图 5-2。

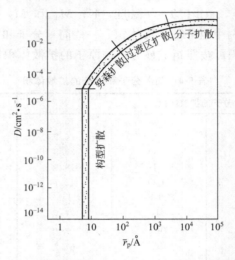

图 5-2　气体分子在多孔物质中的扩散系数与孔径的关系

【例 5-3】　在直径为 4.0×10^{-6} cm 的催化剂孔道中，180℃下等压进行苯蒸气（A）和氢（B）的逆向扩散。试计算：

（1）当苯的摩尔分数 $y_A = 0.05$ 时，总压分别为 1atm 和 10atm 时苯的扩散系数；

（2）当苯的摩尔分数 $y_A = 0.45$ 时，总压分别为 1atm 和 10atm 时苯的扩散系数。

解　根据题意，组分 A 和 B 的分子量分别为 78 和 2；体系的温度 $T = 273 + 180 = 453$ (K)。由于分子的平均自由程未知，无法判断 A 的扩散属于哪种扩散，需要分别求出努森扩散系数和分子扩散系数，然后按过渡区扩散求取扩散系数。

（1）首先根据式(5-66)计算组分 A 的努森扩散系数：

$$D_{KA} = 9700 \times 4.0 \times 10^{-6} \times \sqrt{\frac{453}{78}} = 9.35 \times 10^{-2} (cm^2 \cdot s^{-1})$$

查表 5-4，估算组分 A 和 B 的分子扩散体积：

$$(\textstyle\sum V)_A = 6 \times 16.5 + 6 \times 1.98 - 20.2 = 90.68$$
$$(\textstyle\sum V)_B = 7.07$$

根据式(5-63)可求得总压为 1atm 时双组分分子扩散系数：

$$D_{AB} = \frac{0.001 \times 453^{1.75} \sqrt{1/78 + 1/2}}{1 \times (90.68^{1/3} + 7.07^{1/3})^2} = 0.775 (cm^2 \cdot s^{-1})$$

定态下逆向扩散通量 $-N_A/N_B$ 与扩散组分分子量的平方根成反比：

$$-\frac{N_B}{N_A} = \sqrt{\frac{78}{2}} = 6.245$$

所以，$b = 1 + N_B/N_A = 1 - 6.245 = -5.245$。

当 $y_A = 0.05$ 时，组分 A 的扩散系数可用式(5-67)求得：

$$\frac{1}{D_A} = \frac{1}{D_{KA}} + \frac{1-by_A}{D_{AB}} = \frac{1}{0.0935} + \frac{1+5.245\times0.05}{0.775} = 12.3239$$

$$D_A = 0.0811 \text{cm}^2 \cdot \text{s}^{-1}$$

当总压变为 10atm 时，努森扩散系数不变，而分子扩散系数与压力成反比：

$$D_{AB} = \frac{1}{10} \times 0.775 = 0.0775 (\text{cm}^2 \cdot \text{s}^{-1})$$

$$\frac{1}{D_A} = \frac{1}{D_{KA}} + \frac{1-by_A}{D_{AB}} = \frac{1}{0.0935} + \frac{1+5.245\times0.05}{0.0775} = 26.9823$$

$$D_A = 0.0371 \text{cm}^2 \cdot \text{s}^{-1}$$

（2）当 $y_A = 0.45$ 且总压为 1atm 时：

$$\frac{1}{D_A} = \frac{1}{D_{KA}} + \frac{1-by_A}{D_{AB}} = \frac{1}{0.0935} + \frac{1+5.245\times0.45}{0.775} = 15.0310$$

$$D_A = 0.0665 \text{cm}^2 \cdot \text{s}^{-1}$$

当总压为 10atm 时：

$$\frac{1}{D_A} = \frac{1}{D_{KA}} + \frac{1-by_A}{D_{AB}} = \frac{1}{0.0935} + \frac{1+5.245\times0.45}{0.0775} = 54.0533$$

$$D_A = 0.0185 \text{cm}^2 \cdot \text{s}^{-1}$$

5.3.2 颗粒内扩散系数

前面的讨论是针对孔道内的扩散，但催化剂的颗粒是一个多孔体系，且孔道是不规则的，因此需要以颗粒为对象确定其有效扩散系数。在颗粒中，组分 i 的摩尔扩散通量 N_i 可用费克定律表示为：

$$N_i = -D_{ei}\frac{\text{d}C_i}{\text{d}z} \tag{5-69}$$

式中，D_{ei} 为组分 i 在催化剂颗粒中的有效扩散系数；z 为气体组分 i 的有效扩散距离。由于扩散只能从外表面的孔口进入，故实际扩散面积需用孔口面积分率进行修正。当催化剂颗粒内孔道为任意取向时，孔口面积分率可以用颗粒的孔隙率 ε_p 近似表示。另一方面，由于催化剂颗粒内的孔道弯曲、交叉，且孔道内径也随机变化，因而扩散距离也需修正。通常用曲节因子 τ_m 对扩散距离进行修正，记为 $\tau_m z$。因此，式(5-69)可改写为：

$$N_i = -\frac{\varepsilon_p D_A}{\tau_m} \times \frac{\text{d}C_i}{\text{d}z} \tag{5-70}$$

式中，

$$D_{ei} = \frac{\varepsilon_p D_i}{\tau_m} \tag{5-71}$$

τ_m 与催化剂颗粒的孔结构特征有关，一般由实验测定，其值为 3~5。

【例 5-4】 在 Cu-Cr 催化剂上进行异亚丙基丙酮（简记为 MSO，其分子量为 98.14g · mol^{-1}）的加氢反应，反应温度为 180℃，压力为 1atm，气体分子等摩尔逆向扩散。催化剂的比表面积为 $S_g=35.6m^2 \cdot g^{-1}$，孔容为 $V_g=0.187cm^3 \cdot g^{-1}$，表观密度 $\rho=2.15g \cdot cm^{-3}$，$\tau_m=3$，$MSO-H_2$ 双分子扩散系数为 $0.693cm^2 \cdot s^{-1}$。求 $MSO(A)$ 在颗粒内的有效扩散系数。

解 为求催化剂的平均孔半径，需先统一 V_g 与 S_g 的单位。

$$V_g=0.187cm^3 \cdot g^{-1}=1.87 \times 10^{-7} m^3 \cdot g^{-1}$$

由 V_g 和 S_g 求算催化剂的平均孔径：

$$\bar{r}_p=\frac{2V_g}{S_g}=\frac{2 \times 1.87 \times 10^{-7}}{35.6}=1.05 \times 10^{-8}(m)=1.05 \times 10^{-6}(cm)$$

组分 A 的努森扩散系数：

$$D_{KA}=9700 \times 1.05 \times 10^{-6} \times \sqrt{\frac{180+273}{98.14}}=2.19 \times 10^{-2}(cm^2 \cdot s^{-1})$$

因为双组分体系等摩尔逆向扩散，可用下式求得孔内扩散系数：

$$\frac{1}{D_A}=\frac{1}{D_{KA}}+\frac{1}{D_{AB}}=\frac{1}{2.19 \times 10^{-2}}+\frac{1}{0.693}=47.1051$$

$$D_A=2.12 \times 10^{-2}(cm^2 \cdot s^{-1})$$

可见，$D_A \approx D_{KA}$，说明孔内扩散受努森扩散支配。

催化剂颗粒的孔隙率为：

$$\varepsilon_p=V_g\rho_p=0.187 \times 2.15=0.402$$

组分 A 在颗粒内的有效扩散系数为：

$$D_{eA}=\frac{\varepsilon_p D_A}{\tau_m}=\frac{0.402 \times 2.12 \times 10^{-2}}{3}=2.84 \times 10^{-3}(cm^2 \cdot s^{-1})$$

5.3.3 内扩散有效因子

如前所述，在多相催化反应过程中，反应物分子必须通过孔道向颗粒内部扩散（简称为内扩散），才能充分利用催化剂的活性中心。反应物分子从外表面向催化剂颗粒内部扩散的途中，部分反应物分子会在孔壁的催化活性中心上吸附进而发生反应，扩散和反应交织在一起。其结果是，由于克服扩散阻力和反应消耗，反应物的浓度必然逐渐下降，反应速率也随之减小。因常用催化剂颗粒（球形、条形和片状）具有对称性，故催化剂颗粒中心处的浓度最低。对于不可逆反应，颗粒中心处所能达到的最低浓度为零；而对于可逆反应来说，所能达到的最低浓度为平衡浓度。

由于从催化剂颗粒表面向颗粒中心方向，反应物浓度逐渐降低，等温下整个催化剂颗粒中的实际反应速率恒小于按颗粒外表面反应组分浓度计算的反应速率。当反应速率较低而反应物分子的扩散速率较大时，催化剂颗粒外表面反应物组分的浓度与颗粒中心处的浓度差别不大，这时内扩散对催化反应速率的影响不显著，整个颗粒内表面得到了充分利用。当反应速率很快而扩散速率很慢时，反应物分子无法达到颗粒中心，主要集中在距颗粒表面一定厚度的壳层内进行，内部的催化活性中心未被充分利用。可见，反应速率与扩散速率的相对大小会显著影响反应物组分在颗粒内的浓度分布、反应速率以及内表面催化活性中心的利用程度。为了定量地描述内扩散对反应速率的影响，定义内扩散有效因子 η 为：

$$\eta=\frac{内扩散对反应过程有影响时的反应速率}{内扩散对反应过程无影响时的反应速率}=\frac{(-r_A)_{obs}}{(-r_A)_{int}} \tag{5-72}$$

内扩散有效因子又称效率因子或内表面利用率。根据定义，η 值越小，表明内扩散影响越严重。η 值等于 1 时，表明内扩散对过程没有影响。在实际生产中，要提高气固催化反应的反应速率，强化反应器的生产强度，应设法增大内扩散有效因子。

根据式(5-72)，计算 η 值时需求出内扩散对反应过程有影响时的反应速率。而如前所述，有内扩散影响时，催化剂内部存在浓度分布，催化剂内沿径向反应速率不相等，所以，催化剂颗粒内反应速率应取平均值。内扩散对反应过程没有影响时，颗粒内部的浓度与外表面上的浓度 C_{As} 相同，故反应速率可用外表面浓度 C_{As} 表示。在此条件下可推导得出当催化剂颗粒体积为 V_p 时，催化剂的有效因子可以用下式来定义：

$$\eta = \frac{\dfrac{1}{V_p} \int_0^R r_p(C_A)\,\mathrm{d}V_p}{r_p(C_{As})} \tag{5-73}$$

式中，V_p 为催化剂颗粒体积；$r_p(C_A)$ 为有内扩散影响时的催化剂颗粒内反应物浓度的分布。下面以球形颗粒为例分析颗粒内组分 A 的浓度分布。设组分 A 在半径为 R 的球形催化剂颗粒内部进行 n 级不可逆反应，反应在等温条件下进行，且气体体积在反应中不发生变化。

如图 5-3 所示，在球内取一半径为 r、厚度为 $\mathrm{d}r$ 的球形微元壳体，对组分 A 作物料衡算。根据质量守恒定律，在定态下，单位时间内在 r 处扩散进入该微元壳体的反应组分 A 量与 $r-\mathrm{d}r$ 处扩散出去的反应组分 A 量之差，必等于在该壳体内进行化学反应所消耗 A 的量，即

$$4\pi r^2 D_e \left(\frac{\mathrm{d}C_A}{\mathrm{d}r}\right)_r - 4\pi(r-\mathrm{d}r)^2 D_e \left(\frac{\mathrm{d}C_A}{\mathrm{d}r}\right)_{r-\mathrm{d}r} = (4\pi r^2\,\mathrm{d}r)k_V C_A^n \tag{5-74}$$

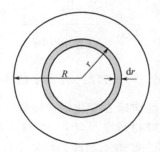

图 5-3　球形催化剂示意图

式中，k_V 为以催化剂颗粒体积（不是堆体积）为基准的反应速率常数；D_e 为组分 A 的有效扩散系数。

因
$$\left(\frac{\mathrm{d}C_A}{\mathrm{d}r}\right)_{r-\mathrm{d}r} = \frac{\mathrm{d}\left(C_A - \dfrac{\mathrm{d}C_A}{\mathrm{d}r}\mathrm{d}r\right)}{\mathrm{d}r} = \left(\frac{\mathrm{d}C_A}{\mathrm{d}r}\right)_r - \left(\frac{\mathrm{d}^2 C_A}{\mathrm{d}r^2}\right)_r\mathrm{d}r \tag{5-75}$$

将式(5-75)代入式(5-74)并略去 $(\mathrm{d}r)^2$ 项，整理后得：

$$\frac{\mathrm{d}^2 C_A}{\mathrm{d}r^2} + \frac{2}{r} \times \frac{\mathrm{d}C_A}{\mathrm{d}r} = \frac{k_p}{D_e}C_A^n \tag{5-76}$$

定义梯尔（Thiele）模数 ϕ 如下：

$$\phi \equiv R\sqrt{\frac{k_V C_{As}^{n-1}}{D_e}} \tag{5-77}$$

梯尔模数是表征内扩散影响的重要参数，也称为扩散模数。

式(5-77)两边平方，并整理可得：

$$\phi^2 = \frac{R^2 k_V C_{As}^{n-1}}{D_e}$$

$$= \frac{3 \times (4/3)\pi R^3 k_V C_{As}^n}{4\pi R^2 D_e (C_{As} - 0)/(R - 0)} \tag{5-78}$$

式(5-78)中，分子代表颗粒中最大反应量，分母代表颗粒中平均扩散量。可见，梯尔模数值反映了反应速率与扩散速率之比，即二者的相对大小。

对于 1 级不可逆反应，式(5-76)有解析解，其推导过程如下。因为球形具有对称性，其中心处浓度梯度为零。若催化剂外表面处组分 A 的浓度为 C_{As}，则有如下边界条件：

当 $r = R$ 时，$C_A = C_{As}$；

当 $r = 0$ 时，$dC_A/dr = 0$。

取 $n = 1$ 并积分式(5-76)得：

$$\frac{C_A}{C_{As}} = \frac{R \sinh\left(\sqrt{\dfrac{k_V}{D_e}}\, r\right)}{r \sinh\left(\sqrt{\dfrac{k_V}{D_e}}\, R\right)} \tag{5-79}$$

对于 1 级不可逆反应，式(5-77)简化为：

$$\phi = R\sqrt{k_V/D_e} \tag{5-80}$$

将式(5-80)代入式(5-79)，并整理得：

$$\frac{C_A}{C_{As}} = \frac{\sinh\left[\phi\left(\dfrac{r}{R}\right)\right]}{\left(\dfrac{r}{R}\right)\sinh\phi} \tag{5-81}$$

取不同 ϕ 值，以 $\dfrac{C_A}{C_{As}}$ 对 $\dfrac{r}{R}$ 作图，可得如图 5-4 所示的浓度分布曲线。当 $\phi \neq 0$ 时，组分 A 的浓度都随 r/R 的减小（从外表面向球心变化）而降低，即从颗粒表面向中心方向组分 A 的浓度逐渐降低。ϕ 越大，C_A 下降得越快。当 $\phi = 2$ 时，中心处浓度 C_A 不到表面浓度 C_{As} 的 5%。当 $\phi = 5$ 时，组分 A 沿径向扩散不到球形颗粒半径的 1/2 处已消耗殆尽，内部的催化活性中心处于闲置状态。如果催化剂在此状态下操作，则会浪费大量宝贵的催化活性组分资源。继续提高 ϕ 值，则反应集中发生在催化剂的表层和次表浅层，催化剂颗粒内部基本没有机会参与催化反应，活性组分浪费更为巨大。可见，ϕ 越大，内扩散对反应的影响越大。

将式(5-80)代入式(5-76)，可求得沿径向的浓度梯度 dC_A/dr，然后代入 $r = R$，可求得颗粒外表面处的浓度梯度：

$$\left(\frac{dC_A}{dr}\right)_{r=R} = \frac{C_{As}\phi}{R}\left(\frac{1}{\tanh\phi} - \frac{1}{\phi}\right) \tag{5-82}$$

因为在定常态时扩散进入催化剂颗粒内的组分 A 必然在颗粒内全部消耗掉，所以，组分 A 在外表面（即孔口处）的扩散速率与整个颗粒内组分 A 的反应速率相等，于是有：

$$(-r_A)_{obs} = 4\pi R^2 D_e\left(\frac{dC_A}{dr}\right)_{r=R} = 4\phi\pi R D_e C_{As}\left(\frac{1}{\tanh\phi} - \frac{1}{\phi}\right) \tag{5-83}$$

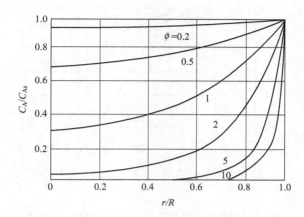

图 5-4 球形催化剂颗粒内组分 A 的浓度分布随梯尔模数的变化

如果不存在内扩散影响，即整个颗粒内浓度均与外表面处的浓度相等，则反应速率为：

$$(-r_A)_{int} = \frac{4}{3}\pi R^3 k_V C_{As} \tag{5-84}$$

根据内扩散有效因子的定义式(5-72)：

$$\eta = \frac{(-r_A)_{obs}}{(-r_A)_{int}} = \frac{3\phi D_e}{R^2 k_V}\left(\frac{1}{\tanh\phi} - \frac{1}{\phi}\right) = \frac{3}{\phi}\left(\frac{1}{\tanh\phi} - \frac{1}{\phi}\right) \tag{5-85}$$

式中，$\tanh\phi = \dfrac{e^\phi - e^{-\phi}}{e^\phi + e^{-\phi}}$。

可见，η 值唯一地取决于 ϕ 的值。换句话说，仅用 ϕ 就可以描述内扩散的影响程度。类似地，可推导出圆柱颗粒和片状颗粒上内扩散有效因子 η 与 ϕ 的关系式。若催化剂颗粒为无限长圆柱形颗粒，则反应组分沿圆柱轴向的内扩散可忽略，这时内扩散有效因子 η 与梯尔模数 ϕ 的关系为：

$$\eta = \frac{2}{\phi} \times \frac{I_1(\phi)}{I_0(\phi)} \tag{5-86}$$

式中，I_0 和 I_1 分别表示 0 阶和 1 阶修正的第一类贝塞尔函数。

若催化剂为无限薄片（即只考虑垂直于薄片方向的内扩散），则内扩散有效因子 η 与梯尔模数 ϕ 的关系为：

$$\eta = \frac{\tanh\phi}{\phi} \tag{5-87}$$

按式(5-85)～式(5-87)在双对数坐标系中绘制 η 与 ϕ 的关系曲线，得到如图 5-5 所示的三条曲线。这三条曲线都有渐近线，无限薄片、无限长圆柱和球形催化剂颗粒的渐近线分别为 $\eta = 1/\phi$、$\eta = 2/\phi$ 和 $\eta = 3/\phi$。

可见，对于不同形状的催化剂颗粒，η-ϕ 的关系曲线不同，这样在使用起来很不方便。为了消除颗粒形状的影响，用一个特征长度 L 代替式(5-78)中的 R，定义如下通用梯尔模数：

$$\psi \equiv L\sqrt{\frac{k_V C_{As}^{n-1}}{D_e}} \tag{5-88}$$

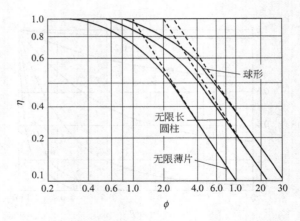

图 5-5　催化剂的有效因子 η 与梯尔模数 ϕ 的关系

$$L \equiv \frac{[颗粒体积]}{[颗粒的扩散表面积]} = \begin{cases} 厚度/2 & 薄片 \\ R/2 & 圆柱 \\ R/3 & 球形 \end{cases} \tag{5-89}$$

如果以 η 对 ϕ 作图，则三条曲线几乎重合，并且特点相同，如图 5-6 所示。可见，η 值总是随着 ϕ 的增大单调降低，而且随着 ϕ 值的增大，其变化速率也随之加快。图中曲线可分三个区域：①$\phi < 0.4$ 时，η 接近于 1，颗粒内的扩散阻力可忽略不计。当颗粒的粒径小、孔径大或内表面积小时，多在这个区域。②$0.4 < \phi < 3$ 时，内扩散影响明显。③$\phi > 3$ 时，内扩散影响严重，此区域内 η 与 ϕ 呈线性关系，可表示为：

$$\eta = \frac{1}{\phi} \tag{5-90}$$

该式表明，当内扩散对反应影响严重时内扩散有效因子 η 与通用梯尔模数 ϕ 成反比。催化剂粒度大、孔径小、内表面积大以及努森扩散占优势时，多在这个区域。

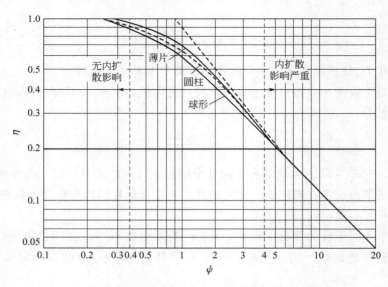

图 5-6　催化剂有效因子与内扩散模数间的关系

在球形颗粒、无限长圆柱形颗粒和薄片状颗粒催化剂上进行反应时，内扩散有效因子 η

与梯尔模数 ψ 的关系式分别为：

球形颗粒：
$$\eta = \frac{1}{\psi}\left[\frac{1}{\tanh(3\psi)} - \frac{1}{3\psi}\right] \tag{5-91}$$

圆柱形颗粒：
$$\eta = \frac{I_1(2\psi)}{\psi I_0(2\psi)} \tag{5-92}$$

薄片状颗粒：
$$\eta = \frac{\tanh(\psi)}{\psi} \tag{5-93}$$

上述讨论和分析都是针对 1 级不可逆反应的。对于非 1 级不可逆反应，由式(5-76) 求解浓度梯度 dC_A/dr 就会变得较困难，推导过程可参考相关文献。值得注意的是，非 1 级不可逆反应的内扩散效率因子除了与梯尔模数有关外，还与反应物组分在颗粒表面的浓度 C_{As} 有关。

在通用梯尔模数 ψ 的定义式中分子项含有本征反应速率常数 k_V，而 k_V 需要通过大量实验，且在排除扩散影响条件下才能获得，需要另行进行有关动力学实验。而在工业或实验室的反应装置中测定包含内扩散限制的宏观反应速率 $(-r_A)_{obs}$ 要容易得多。所以，为了便于数据处理，以宏观反应速率为基准定义一个新的模数，称为 Weisz 模数（We）。

下面以 n 级不可逆反应为例，推导 Weisz 模数 We 及其与通用梯尔模数 ψ 的关系。对 n 级不可逆反应，反应速率方程式可表示为：
$$(-r_A)_{obs} = \eta(-r_A)_{int} = \eta k_V C_{As}^n$$

所以：
$$k_V = \frac{(-r_A)_{obs}}{\eta C_{As}^n} \tag{5-94}$$

将式(5-88) 两边平方，并代入式(5-94) 得：
$$\psi^2 = \frac{L^2 C_{As}^{n-1}}{D_e}k_V = \frac{L^2 C_{As}^{n-1}}{D_e}\frac{(-r_A)_{obs}}{\eta C_{As}^n} \tag{5-95}$$

整理得：
$$\eta\psi^2 = \frac{L^2(-r_A)_{obs}}{D_e C_{As}} \equiv We \tag{5-96}$$

式(5-96) 即为 Weisz 模数的定义式及其与 η 和 ψ 的关系。由该式可见：①当 $\eta=1$，即内扩散对催化反应无显著影响时，$\psi=\sqrt{We}$；②当 η 为非零值时，$\psi=\sqrt{\dfrac{We}{\eta}}$，即当 We 为一定值时，在双对数坐标系中 η 与 ψ 呈线性关系。当 We 的确定时，在图 5-6 所示 η-ψ 图中的双坐标系中过点 $(\sqrt{We}, 1)$ 和 $\left(\sqrt{\dfrac{We}{0.01}}, 0.01\right)$ 可作一条直线，称为等 We 线。该直线与 η-ψ 曲线的交点是对应于该 We 值的 η 值。例如，根据某气固催化反应的宏观反应速率求得 $We=9$，在 η-ψ 曲线的双对数坐标系中（图 5-7），确定点 $A(3, 1)$ 和点 $B(30, 0.01)$，连接 A、B 两点可得直线为 $We=9$ 的等值线，AB 直线与 η-ψ 曲线的交点 C 所对应的纵坐标值即为所求内扩散有效因子 η。当然，也可以采用上述方法标绘 η-We 曲线，如图 5-8 所示。利用该图可以根据 We 的值直接查得 η 值。

当内扩散影响可忽略时，$\eta\approx 1$，$\psi<0.4$，对应的 We 为：
$$We = \eta\psi^2 < 0.16 \tag{5-97}$$

当内扩散影响严重时，$\psi>3$，$\eta=1/\psi$，对应的 We 为：

$$We = \eta\psi^2 = \frac{\psi^2}{\psi} = \psi > 3 \qquad\qquad (5\text{-}98)$$

所以，也可以用 Weisz 模数判定内扩散对反应的影响程度。

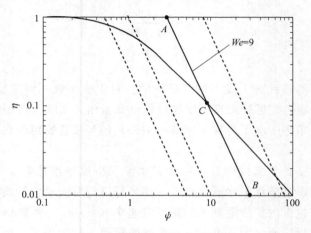

图 5-7 由 We 求效率因子 η

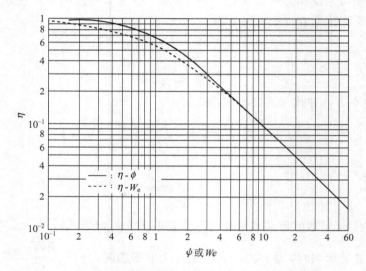

图 5-8 效率因子与 ψ 或 We 与 η 的关系

【例 5-5】 在 530℃ 和 0.1MPa 条件下丁烷的脱氢反应，催化剂为直径 5mm 的小球，其比表面积 $S_g = 180 m^2 \cdot g^{-1}$，孔容 $V_g = 0.35 cm^3 \cdot g^{-1}$，颗粒密度 $\rho_p = 1.2 g \cdot cm^{-3}$，曲节因子 $\tau_m = 3$。该反应可视为 1 级不可逆反应，本征反应速率常数 $k = 0.9 cm^3 \cdot g^{-1} \cdot s^{-1}$。试求内扩散有效因子。

解 丁烷（A）的分子量 $M_A = 58$。用颗粒体积表示的本征速率常数 $k_V = k\rho_p = 0.9 \times 1.2 = 1.08(s^{-1})$。催化剂颗粒的平均孔径：$\bar{r}_p = 2V_g/S_g = 2 \times 0.35/(180 \times 10^4) = 3.89 \times 10^{-7}$ cm。催化剂颗粒的孔隙率：$\varepsilon_p = V_g\rho_p = 0.35 \times 1.2 = 0.42$。

在 0.1MPa 压力下，气体分子的平均自由程为：

$$\lambda_a = 1.013/p = 1.013/(0.1 \times 10^6) = 1.013 \times 10^{-5} \text{(cm)}$$

可以求得：$\dfrac{\lambda_a}{2\times\bar{r}_p}=\dfrac{1.013\times10^{-5}}{2\times3.89\times10^{-7}}=13.0>10$

所以，气体分子在孔内的扩散属于努森扩散，则组分 A 的扩散系数为：

$$D_A=D_{KA}=9700\times3.89\times10^{-7}\times\sqrt{\dfrac{530+273}{58}}=1.40\times10^{-2}(\text{cm}^2\cdot\text{s}^{-1})$$

组分 A 在颗粒内的有效扩散系数为：

$$D_{eA}=\dfrac{\varepsilon_p D_A}{\tau_m}=\dfrac{0.42\times1.40\times10^{-2}}{3}=1.96\times10^{-3}(\text{cm}^2\cdot\text{s}^{-1})$$

球形颗粒的特征尺寸：$L=R/3=(5/2)/3=0.83(\text{mm})=0.083(\text{cm})$。

可求得梯尔模数：

$$\psi=L\sqrt{\dfrac{k_V}{D_{eA}}}=0.083\times\sqrt{\dfrac{1.08}{1.96\times10^{-3}}}=1.95$$

可见，内扩散影响不可忽略，但影响不十分严重，需用式(5-91)进行计算。

$$\tanh(3\psi)=\dfrac{e^{3\times1.95}-e^{-3\times1.95}}{e^{3\times1.95}+e^{-3\times1.95}}=1.00$$

$$\eta=\dfrac{1}{\psi}\left[\dfrac{1}{\tanh(3\psi)}-\dfrac{1}{3\psi}\right]=\dfrac{1}{1.95}\times\left(\dfrac{1}{1}-\dfrac{1}{3\times1.95}\right)=0.425$$

【例 5-6】 在 473K 下进行气固催化反应 A+B ⟶ P，催化剂为球形颗粒。已知：反应物组分 A 和 B 的分压分别为：$p_A=0.05\text{MPa}$，$p_B=2.45\text{MPa}$。在消除颗粒外扩散阻力后测得该反应的表观反应速率 $(-r_A)_{obs}=0.032\text{mol}\cdot\text{h}^{-1}\cdot\text{g}^{-1}$。催化剂的颗粒密度 $\rho_p=1.39\text{g}\cdot\text{cm}^{-3}$；颗粒平均直径 $d_p=0.14\text{cm}$；有效扩散系数 $D_e=2.48\times10^{-2}\text{cm}^{-2}\cdot\text{s}^{-1}$。试判断内扩散对反应的影响程度。

解 因为 $p_A\ll p_B$，即组分 B 过量，该反应过程可近似看作 1 级反应，A 为限量组分。

在催化剂表面上组分 A 的浓度：

$$C_{As}=\dfrac{p_A}{RT}=\dfrac{0.05}{8.314\times473}=1.2715\times10^{-5}(\text{mol}\cdot\text{cm}^{-3})$$

将 $(-r_A)_{obs}$ 换算为以单位催化剂颗粒体积计算的速率，同时将时间单位换算为秒，则有：

$$(-r_A)_{obs}=(-r_A)_{obs}\times\dfrac{\rho_p}{3600}=\dfrac{0.032\times1.39}{3600}=1.24\times10^{-5}(\text{mol}\cdot\text{s}^{-1}\cdot\text{cm}^{-3})$$

圆球形催化剂颗粒的特性尺寸 $L=\dfrac{d_p}{6}=\dfrac{0.14}{6}=0.023$ (cm)。

求 Weisz 模数，

$$W_e=\dfrac{(-r_A)_{obs}}{D_e C_{As}}\times L^2=\dfrac{1.24\times10^{-5}}{0.0248\times1.2715\times10^{-5}}\times\left(\dfrac{0.14}{6}\right)^2=0.0214$$

因 $W_e<0.16$，可知内扩散对反应过程的影响可忽略。

5.3.4　内扩散对表观动力学参数的影响

当内扩散对气固催化反应有影响时，本征反应为 n 级不可逆反应的表观反应速率为：

$$(-r_A)_{obs}=\eta k_V C_{As}^n \tag{5-99}$$

将式(5-99)两边取对数得：

$$\ln(-r_A)_{obs} = \ln\eta + \ln k_V + n\ln C_{As} \tag{5-100}$$

式(5-100) 对 $\ln C_{As}$ 求导得：

$$\frac{d\ln(-r_A)_{obs}}{d\ln C_{As}} = \frac{d\ln\eta}{d\ln C_{As}} + n \tag{5-101}$$

另外，通过实验测得该反应的幂函数型表观反应速率为：

$$(-r_A)_{obs} = k_{obs} C_{As}^{n_{obs}} \tag{5-102}$$

式中，k_{obs} 为表观反应速率常数；n_{obs} 为表观反应级数。

对式(5-102) 两边取对数，并对 $\ln C_{As}$ 求导得：

$$\frac{d\ln(-r_A)_{obs}}{d\ln C_{As}} = n_{obs} \tag{5-103}$$

将式(5-101) 代入式(5-103) 得：

$$n_{obs} = n + \frac{d\ln\eta}{d\ln C_{As}} = n + \frac{d\ln\eta}{d\ln\psi} \times \frac{d\ln\psi}{d\ln C_{As}} \tag{5-104}$$

对于 n 级反应：

$$\psi = L\sqrt{\frac{k_V C_{As}^{n-1}}{D_e}} \tag{5-105}$$

将式(5-105) 两边取对数，然后对 $\ln C_{As}$ 求导得：

$$\frac{d\ln\psi}{d\ln C_{As}} = \frac{n-1}{2} \tag{5-106}$$

将式(5-106) 代入式(5-105) 得：

$$n_{obs} = n + \frac{n-1}{2} \times \frac{d\ln\eta}{d\ln\psi} \tag{5-107}$$

由式(5-107) 可知，当内扩散对反应的影响可忽略时，$\eta = 1$，式(5-107) 中等号右边的第二项恒等于零，则 $n_{obs} = n$，即表观反应级数等于本征反应级数。当内扩散影响严重时，$\eta = 1/\psi$，则有 $d\ln\eta/d\ln\psi = -1$，代入式(5-107) 中得：

$$n_{obs} = \frac{n+1}{2} \tag{5-108}$$

可见，除1级反应外，其他级数的反应表观反应级数与本征反应级数不同。如本征反应级数为0级的反应，其表观反应级数为0.5级；本征反应级数为2级的反应，其表观反应级数为1.5级。这是因为内扩散对1级反应的影响与浓度无关，而对其他级数反应的影响与浓度相关。当内扩散对反应有显著影响时，其表观反应级数介于 n 和 $(n+1)/2$ 之间。

假定表观反应速率常数 k_{obs} 和本征反应速率常数 k_V 与温度的关系都符合 Arrhenius 方程，且活化能分别为 E_{obs} 和 E。对式(5-102) 两边取对数，然后对 $1/T$ 求导：

$$\frac{d\ln(-r_A)_{obs}}{d\ln(1/T)} = \frac{d\ln k_{obs}}{d\ln(1/T)} = -\frac{E_{obs}}{R} \tag{5-109}$$

将式(5-100) 两边对 $1/T$ 求导得：

$$\frac{d\ln(-r_A)_{obs}}{d\ln(1/T)} = \frac{d\ln k_V}{d\ln(1/T)} + \frac{d\ln\eta}{d\ln(1/T)} = -\frac{E}{R} + \frac{d\ln\eta}{d\ln(1/T)} \tag{5-110}$$

将式(5-109) 代入式(5-110) 整理得：

$$E_{obs} = E - R\frac{\mathrm{d}\ln\eta}{\mathrm{d}\ln(1/T)} = E - R\frac{\mathrm{d}\ln\eta}{\mathrm{d}\ln\psi} \times \frac{\mathrm{d}\ln\psi}{\mathrm{d}\ln(1/T)} \tag{5-111}$$

假定有效扩散系数 D_e 与温度的关系符合 Arrhenius 方程，且其活化能为 E_D。将式 (5-105) 两边取对数，然后对 $1/T$ 求导得：

$$\frac{\mathrm{d}\ln\psi}{\mathrm{d}\ln(1/T)} = \frac{1}{2}\left(\frac{\mathrm{d}\ln k_V}{\mathrm{d}\ln(1/T)} - \frac{\mathrm{d}\ln D_e}{\mathrm{d}\ln(1/T)}\right) = \frac{E_D - E}{2R} \tag{5-112}$$

扩散过程为物理过程，其活化能 E_D 远低于化学反应的活化能 E，可以忽略不计，式 (5-112) 可简化为：

$$\frac{\mathrm{d}\ln\psi}{\mathrm{d}\ln(1/T)} \approx \frac{-E}{2R} \tag{5-113}$$

将式 (5-113) 代入式 (5-111) 得：

$$E_{obs} = E + \frac{E}{2} \times \frac{\mathrm{d}\ln\eta}{\mathrm{d}\ln\psi} \tag{5-114}$$

可见，内扩散不仅影响非 1 级不可逆反应的反应级数，而且影响任一反应的活化能。其影响程度取决于 ψ 对 η 的影响程度。当内扩散影响可忽略时，$\eta = 1$，式 (5-114) 右边第二项恒等于零，则 $E_{obs} = E$，即表观活化能等于本征活化能。当内扩散影响严重时，$\eta = 1/\psi$，则有 $\mathrm{d}\ln\eta/\mathrm{d}\ln\psi = -1$，代入式 (5-114) 得：

$$E_{obs} = \frac{E}{2} \tag{5-115}$$

即内扩散影响严重时，表观活化能仅为本征活化能的一半。当内扩散对反应有显著影响时，表观活化能介于 E 和 $E/2$ 之间。由此可知，表观反应级数和表观活化能也可以作为判断是否有内扩散影响的参数。同时也说明，在进行本征动力学参数测定时，必须消除内扩散的影响，否则会导致错误结论。

5.3.5 内扩散影响因素及其判别

根据前面的分析，ψ 值越大，则 η 越小，即内扩散影响越严重。根据 ψ 的物理意义（颗粒表面上的最大反应量与颗粒孔内扩散量极限之比），任何有利于提高反应速率或者有利于降低扩散速率的因素都会使 ψ 变大，从而使有效因子 η 下降。

下面对催化剂颗粒大小、反应物浓度、反应温度、催化剂活性以及颗粒孔隙率和孔径诸因素对 η 的影响分别进行讨论。

(1) 催化剂的粒度 表征内扩散影响程度的特征数 ψ 的定义式中含有催化剂粒度（即特征长度 L）项，因而催化剂粒度与内扩散密切相关。假定某气固催化反应受内扩散影响严重（也称内扩散控制），其表观动力学方程可表示为：

$$(-r_A) = \eta k_V C_{As}^n$$

假定采用半径分别为 R_1 和 R_2 的球形催化剂在相同条件下进行反应，两者的表观速率 $(-r_A)_1$ 和 $(-r_A)_2$ 之比可表示为：

$$\frac{(-r_A)_1}{(-r_A)_2} = \frac{\eta_1 k_V C_{As}^n}{\eta_2 k_V C_{As}^n} = \frac{\eta_1}{\eta_2} \tag{5-116}$$

因为内扩散影响严重时，$\eta = 1/\psi$，且 $\psi \propto R$，所以：

$$\frac{(-r_A)_1}{(-r_A)_2} = \frac{R_2}{R_1} \tag{5-117}$$

可知，颗粒越大，则内扩散对反应影响越严重。换句话说，减小催化剂的粒度有利于降低和消除内扩散对反应的不利影响。

(2) 反应物浓度 由梯尔模数 ψ 的定义式可知，当反应级数 $n>1$ 时，提高反应物浓度将使 ψ 变大，内扩散有效因子 η 变小。当 $n=1$ 时，浓度对 ψ 没有影响，也不会影响内扩散有效因子 η。当 $n<1$ 时，浓度提高则使 ψ 变小，有利于提高内扩散有效因子 η。然而，本征反应级数小于 1 的反应属于少数。

综合上述分析可得出如下结论：对于 $n>1$ 的气固催化反应，如在高浓度时无内扩散影响，则低浓度时必然无内扩散影响。因此，在测定本征速率方程时，应在高浓度下确定消除内扩散影响的条件，然后在较低的浓度下进行反应，则可保证所测定动力学数据不含内扩散的影响。

(3) 温度 由梯尔模数 ψ 的定义式可知，本征反应速率常数 k_V 在定义式的分子上，扩散系数 D_e 在分母上。因为化学反应的活化能远高于扩散过程的活化能，升高温度时 k_V 的增量必然大于 D_e 的增量，从而使 ψ 变大，使 η 变小。如图 5-9 所示，三种不同粒度的某催化剂（$R_3>R_2>R_1$）上进行气固催化反应时，在高温区，不同粒度的催化剂在相同温度下的反应速率常数不同，粒度越小，速率常数越大，属内扩散控制区。在低温区，三条曲线汇合成一条曲线，说明低温下内扩散对反应过程没有明显影响，属于动力学控制区。可见，若在高温下不存在内扩散影响，则低温下必无内扩散影响。因此，在测定本征速率方程时，应在高温下确定消除内扩散影响的条件，然后低温下测定反应速率，则可保证所测定动力学数据不含内扩散的影响。

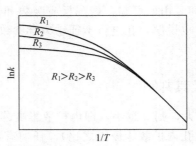

图 5-9 反应速率常数与温度的关系

(4) 催化剂活性 催化剂活性越高，其反应速率常数 k_V 越大。而高 k_V 使 ψ 值变大，η 变小。这说明催化剂的活性越高，内扩散对反应速率的影响越大。为提高活性组分的利用率，应尽可能降低内扩散的影响，在无法克服扩散控制的前提下可将催化剂常加工成"蛋壳形"，使活性组分集中在离外表面很近的地方，以降低内扩散的影响。

(5) 颗粒的孔隙率与孔径 因为孔内有效扩散系数 D_e 与颗粒的孔隙率 ε_p 和孔半径 $\bar{r}$ 都成正比。因此，在大孔或孔隙率较高的催化剂上进行反应时有效扩散系数 D_e 增加，有效因子 η 较大。所以，在分子筛催化剂的开发实践中，内扩散对反应有显著影响时，可以选用介孔或大孔分子筛材料作载体，如采用 20 世纪 90 年代初发现的介孔分子筛 MCM-41、MCM-48、SBA-15 等。

5.3.6 内扩散影响的判别方法

在科学研究或在工业生产中优化反应操作时，一般都必须对反应过程中催化剂微孔内扩散阻力的有无或大小进行判别。

对任何级数为正的反应来说，在一定的反应温度和反应物浓度条件下，催化剂的内扩散有效因子随催化剂粒度的减小而增大，相应地，表观反应速率常数也随催化剂粒度的减小而增大。但是，当催化剂颗粒减小到某一粒度之后，继续减小粒度时表观反应速率常数不再随之增加（如图5-10所示）。这种现象说明，当催化剂的粒度小于某个值时，反应不受内扩散的影响，所测得反应速率常数为本征反应速率常数。

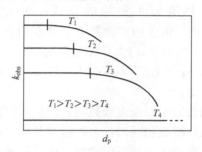

图5-10 表观反应速率常数在不同温度下随催化剂粒度的变化关系

催化剂粒度对反应速率的影响与反应温度和反应物浓度相关。比如，对粒度一定的催化剂颗粒，在反应温度较低时，反应速率常数不随催化剂粒度变化，说明这时反应处于动力学控制区。当升高反应温度时，反应速率常数增大较快，扩散因素的影响便显现出来，当这种影响非常显著时，反应进入内扩散控制区。反应温度越高，完全消除内扩散影响所要求的催化剂粒度越小。反应物浓度对反应速率的影响与反应温度的影响相似。反应物浓度越高，完全消除内扩散影响时所对应的颗粒粒度越小。为判断反应过程是否受内扩散的影响，可以在规定的反应温度和反应物浓度下，逐渐减小催化剂粒度，进行实验，测得表观反应速率常数 k_{obs}，绘制 k_{obs} 与颗粒直径 d_p 的关系曲线。如图5-10所示，在一定温度下，随颗粒直径减小，表观反应速率常数 k_{obs} 增加，当颗粒直径减小至某一值（临界直径）时，继续减小颗粒直径 d_p，表观反应速率常数 k_{obs} 基本不变。此时可以判定当催化剂的粒度小于该临界直径时内扩散对反应速率没有影响。

5.3.7 内扩散对复合反应选择性的影响

前面讨论了内扩散对单一反应速率的影响，即内扩散使颗粒内反应物浓度降低，从而使表观反应速率变慢。对于复合反应来说，上述结论同样适用于其中每个单一反应，内扩散使每个反应的有效因子降低。然而，对于复合反应来说，主反应和副反应的速率受内扩散影响下降幅度可能不同，因而主产物和副产物的生成速率发生变化的程度不同，从而影响产物的选择性。

对于平行反应：

$$A \xrightarrow{k_1} B \quad r_B = k_1 C_A^m \quad (m>0)$$

$$A \xrightarrow{k_2} C \quad r_C = k_2 C_A^n \quad (n>0)$$

若内扩散对反应过程无影响，则催化剂颗粒内各处的反应物浓度与外表面处的浓度 C_{As} 相等，目标产物 B 的瞬时选择性为：

$$S_{B0} = \frac{r_B}{r_B + r_C} = \frac{k_1 C_{As}^m}{k_1 C_{As}^m + k_2 C_{As}^n} = \frac{1}{1 + (k_2/k_1) C_{As}^{n-m}} \tag{5-118}$$

当内扩散对反应有影响时，设颗粒内 A 的平均浓度为 C_{Aav}，则产物 B 的瞬时选择性为：

$$S_B = \frac{1}{1 + (k_2/k_1)C_{Aav}^{n-m}}$$ (5-119)

有内扩散影响与没有内扩散影响时的选择性大小之比为：

$$\frac{S_B}{S_{B0}} = \frac{1 + (k_2/k_1)C_{As}^{n-m}}{1 + (k_2/k_1)C_{Aav}^{n-m}}$$ (5-120)

式（5-120）中，分子和分母都是与 1 相加的和式，其比值与 1 的相对大小取决于 $(C_{As}/C_{Aav})^{n-m}$ 与 1 的相对大小。由于内扩散影响，颗粒内各处组分 A 浓度都低于表面处浓度 C_{As}，显然 $C_{As}/C_{Aav} > 1$。当 $m > n$ 时，$(C_{As}/C_{Aav})^{n-m} < 1$，则 $S_B/S_{B0} < 1$。当 $m = n$ 时，$(C_{As}/C_{Aav})^{n-m} = 1$，则 $S_B/S_{B0} = 1$。当 $m < n$ 时，$(C_{As}/C_{Aav})^{n-m} > 1$，则 $S_B/S_{B0} > 1$。

从上述分析可得出如下结论：

① $m > n$ 时，即主反应级数大于副反应级数时，内扩散目标产物的选择性下降。

② $m = n$ 时，即主、副反应级数相同时，内扩散对目标产物的选择性无影响。

③ $m < n$ 时，即主反应级数小于副反应级数时，内扩散使目标产物的选择性提高。

由此可见，两个平行反应中，级数高的反应对浓度变化较敏感，而内扩散会使反应物的浓度降低，因而高级数反应的速率相对降幅大于低级数的反应，从而使高级数反应的产物选择性降低。如果两个平行反应级数相等，则二者相对降幅相等，目标产物的选择性不变。

对于连串反应：$A \xrightarrow{k_1} B \xrightarrow{k_2} C$

假定两个反应均为 1 级反应，当内扩散对反应没有影响时，目标产物 B 的瞬时选择性为：

$$S_{B0} = \frac{(-r_A) - r_B}{(-r_A)} = \frac{k_1 C_{As} - k_2 C_{Bs}}{k_1 C_{As}} = 1 - \frac{k_2 C_{Bs}}{k_1 C_{As}}$$ (5-121)

当内扩散对反应有影响时，则产物 B 的瞬时选择性可表示为：

$$S_B = 1 - \frac{k_2 C_B}{k_1 C_A}$$ (5-122)

内扩散若对反应过程有影响，则在催化剂颗粒内 C_B/C_A 的值沿扩散方向不断变化，因而各点处的产物选择性也不同。因反应组分 A 是从孔口向颗粒中心边扩散边反应，浓度逐渐降低；而生成的产物 B 是从颗粒内部向表面扩散，因而从颗粒中心向表面浓度逐渐升高。因此，从颗粒外表面向颗粒中心方向，C_B/C_A 的值逐渐变大，越接近颗粒中心，生成产物 B 的浓度越大。也就是说，C_B/C_A 的值恒大于孔口处 C_{Bs}/C_{As} 的值。比较式（5-121）和式（5-122）可知，内扩散也使连串反应中目标产物的选择性降低。

5.3.8 非等温内扩散有效因子

前面关于内扩散影响的讨论都基于等温过程。然而，在工业生产中使用的固体催化剂载体多为导热能力差的无机多孔材料或炭质多孔物质，因而催化剂颗粒内常常存在一定温度梯度（如图 5-11 所示）。由于反应速率不仅与浓度相关，而且也受温度影响，因此非等温催化剂的有效因子计算就必须考虑颗粒内温度分布等传热因素。

在定常态下，对半径为 R 的球形颗粒做热量衡算，根据能量守恒，颗粒内反应放出的热量与从外表面传出的热量相等，于是有，

$$(-r_A)(-\Delta H_r) = -(4\pi R^2)\lambda_e \frac{dT}{dr}$$ (5-123)

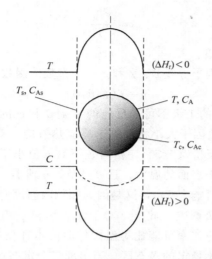

图 5-11　非等温颗粒的温度与浓度的关系

式中，$(-\Delta H_r)$ 为反应热效应，$J \cdot mol^{-1}$；λ_e 是催化剂颗粒的有效热导率，$J \cdot cm^{-1} \cdot K^{-1} \cdot s^{-1}$，其数量级一般为 10^{-3}，该值可以按下式进行估算：

$$\lambda_e = \lambda_s^{(1-\varepsilon_p)} \times \lambda_f^{\varepsilon_p} \tag{5-124}$$

式中，λ_s 和 λ_f 分别是颗粒固体骨架和流体（反应混合物）的热导率，$J \cdot cm^{-1} \cdot K^{-1} \cdot s^{-1}$；$\varepsilon_p$ 为颗粒孔隙率。

在定常态下，反应组分 A 在颗粒内的反应速率等于其在颗粒表面处的扩散速率，即

$$(-r_A) = (4\pi R^2) D_e \frac{dC}{dr} \tag{5-125}$$

联立式(5-123) 与式(5-125)，整理得：

$$-\lambda_e \frac{dT}{dr} = (-\Delta H_r) D_e \frac{dC}{dr} \tag{5-126}$$

积分式(5-126) 得：

$$\Delta T = T - T_s = \frac{(-\Delta H_r) D_e}{\lambda_e} (C_{As} - C_A) \tag{5-127}$$

式中，T_s 为颗粒表面的温度。在催化反应中，$C_A < C_{As}$，即 $C_{As} - C_A > 0$。如果反应是放热反应，颗粒内部与表面温差 $\Delta T > 0$，从颗粒内部向外表面温度逐渐降低。如果是吸热反应，颗粒内部与外表面温差 $\Delta T < 0$，颗粒表面温度高于其中心温度。温差大小则随反应热效应的增大和催化剂颗粒导热性能的变小而增大。

当反应组分 A 全部转化（即 $C_A = 0$）时，可求得催化剂颗粒内可能达到的最大温差：

$$\Delta T_{max} = \frac{(-\Delta H_r)}{\lambda_e} D_e C_{As} \tag{5-128}$$

可见，ΔH_r 很大而 λ_e 很小时，温差 ΔT 可能会很大，颗粒内会存在较大的温度梯度。在此条件下，若求取有效因子 η，则必须将浓度通过速率常数 k 与温差关联。而从物料衡算式只能得到形式较复杂的微分方程式，难以联立求出解析解，因此，有效的求解方法是数值法。为此需引入两个无量纲参数：

Arrhenius 参数：

$$\gamma = \frac{E}{RT_s} \tag{5-129}$$

发热参数：$$\beta = \frac{\Delta T_{\max}}{T_s} \qquad (5\text{-}130)$$

式中，T_s 为颗粒表面温度。

在非等温颗粒中，有效因子 η 是 ψ、γ 和 β 三个参数的函数：

$$\eta = f(\gamma, \beta, \psi)$$

图 5-12 给出了不同 γ 值的 1 级不可逆反应的 η 随 β 和 ψ 的变化曲线。可见，在内扩散阻力相同（ψ 相等）时，有效因子大小将取决于反应热效应。对于等温反应（$\beta = 0$），该曲线与图 5-6 相同。对于吸热反应（$\beta < 0$），相同 ψ 下其 η 值小于等温反应时的值。这是因为吸热反应时颗粒内温度恒低于表面的温度，且 β 越负，η 越小。对于放热反应时（$\beta > 0$），η 恒大于等温反应时的值，且可能大于 1，这是因为颗粒内温度升高对反应速率的正影响可能超出浓度下降对反应速率的负影响。此外，对于强放热和 ψ 值较小的场合，反应物浓度和温升都高的情况下，宏观反应速率可能比等温操作时的本征反应速率大几十倍。这时，η-ψ 曲线可能呈 S 形，可能出现不稳定的多态区。当出现三个定态点时，中间点是不稳定的操作点，稍有扰动，就会使放热剧增，温度骤升，进入内扩散控制区；或者放热剧减，温度急剧下降直到进入动力学控制区。

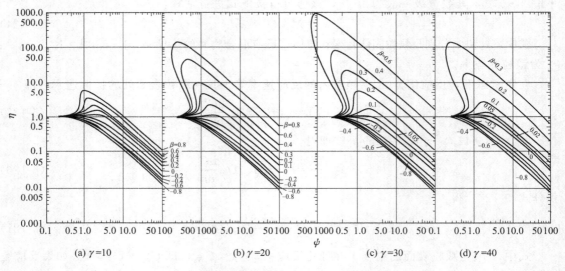

图 5-12　非等温催化剂上 η 与 ψ 的关系

应该指出的是，除了反应热效应特别大的反应，工业应用催化剂上 β 参数值通常都小于 0.1，催化剂颗粒内温度分布对反应速率的影响一般较小，至于因催化剂颗粒内部温升引起多态的情况则更少见。

5.4　固体颗粒与流体间的传质与传热

5.4.1　传质

气固相催化反应的第一步是反应物从气相主体向催化剂颗粒外表面的传递。在定常态反应过程中，反应物组分 A 在球形颗粒内外的浓度分布如图 5-13 所示。固体颗粒与气体接触时，在颗粒的外表面会形成一个很薄的滞留层，称为气膜。该气膜会对气体组分的扩散过程产生阻力，使气膜两侧产生浓度差，反应物从气相主体穿过气膜到达催化剂颗粒外表面的扩散过程称为**外扩散**。

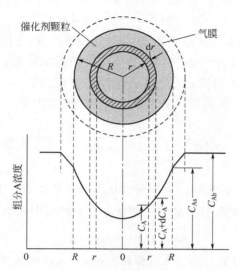

图 5-13 球形催化剂颗粒内组分 A 的浓度分布

单位质量催化剂的外扩散传质速率 N_{Am}（$mol \cdot kg^{-1} \cdot s^{-1}$）可用下式表示：

$$N_{Am} = k_G a_m (C_{Ab} - C_{As}) \tag{5-131}$$

式中，C_{Ab} 为气相主体中组分 A 的浓度，$mol \cdot m^{-3}$；C_{As} 为颗粒外表面上的组分 A 的浓度，$mol \cdot m^{-3}$；k_G 为以浓度差为传质推动力时的传质系数，$m \cdot s^{-1}$；a_m 为单位质量催化剂所具有的外比表面积，$m^2 \cdot kg^{-1}$。

当气相组分 A 的组成以分压表示时，外扩散传质速率可写成：

$$N_{Am} = k_p a_m (p_{Ab} - p_{As}) \tag{5-132}$$

式中，k_p 为以分压差为传质推动力时的传质系数，$mol \cdot m^{-2} \cdot s^{-1} \cdot Pa^{-1}$。

若气体可视为理想气体，则：

$$k_G = k_p RT \tag{5-133}$$

对于粒度均一且形状规整的球形和圆柱形颗粒，其 a_m 值可按下列两式计算：

球形：
$$a_m = \frac{6}{d_p \rho_p} \tag{5-134}$$

圆柱形：
$$a_m = \frac{2/l_c + 4/d_c}{\rho_p} \tag{5-135}$$

式中，d_p 为球形颗粒的直径；l_c 和 d_c 分别为圆柱形颗粒的高度和直径；ρ_p 为催化剂的颗粒密度。

传质系数 k_G 反映了传质过程的阻力大小，与催化剂颗粒外表面处层流边界层的厚度有关，受催化剂颗粒的几何形状、尺寸、流体力学条件以及流体的物理特性影响。

若气相反应 $aA + bB \longrightarrow cC + dD$ 在固体催化剂作用下进行，则其传质系数可用下式表示：

$$k_G = \frac{D_{Am}}{x_f} \times \frac{1}{y_{fA}} \equiv \frac{k_G^0}{y_{fA}} \tag{5-136}$$

式中
$$k_{G}^{0}=D_{Am}/x_{Af} \tag{5-137}$$

$$y_{fA}=\frac{(1+\delta_{A}y_{Ab})-(1+\delta_{A}y_{As})}{\ln[(1+\delta_{A}y_{Ab})/(1+\delta_{A}y_{As})]} \tag{5-138}$$

$$\delta_{A}=(-a-b+c+d)/a$$

式中，k_{G}^{0} 为组分 A 的有效扩散系数 D_{Am} 与气膜厚度 x_{f} 之比，与等摩尔相向扩散时的传质系数相等；y_{fA} 是表征 $\delta_{A}\neq 0$ 时气膜内物质流动的影响系数。当 $\delta_{A}=0$ 时，取 $y_{fA}=1$。y_{Ab} 和 y_{As} 为气相主体和催化剂表面上组分 A 的摩尔分数。

上述反应体系中组分 A 的有效扩散系数 D_{Am} 可用下式计算：

$$\frac{1+\delta_{A}y_{A}}{D_{Am}}=\frac{1}{D_{AB}}\left(y_{B}-\frac{b}{a}y_{A}\right)+\frac{1}{D_{AC}}\left(y_{C}+\frac{c}{a}y_{A}\right)+\frac{1}{D_{AD}}\left(y_{D}+\frac{d}{a}y_{A}\right)+\frac{1}{D_{AI}}y_{I} \tag{5-139}$$

式中，D_{AB}、D_{AC}、D_{AD} 和 D_{AI} 为双组分体系的扩散系数；I 为惰性组分。

k_{G}^{0} 的值可采用经验公式计算。如对于球形颗粒，可用下面的 Ranz-Marshall 公式计算。

$$Sh=2.0+0.6Sc^{\frac{1}{3}}Re_{p}^{\frac{1}{2}} \tag{5-140}$$

式中，Sh 为 Sherwood 数；Re_{p} 为以颗粒直径 d_{p} 表示的雷诺数；Sc 为 Schmidt 数。这三个特征数均无量纲，定义如下：

$$Sh=\frac{k_{G}^{0}}{D_{Am}},\quad Sc=\frac{\mu}{\rho D_{Am}},\quad Re=\frac{d_{p}u\rho}{\mu} \tag{5-141}$$

式中，μ 为流体黏度，$kg \cdot m^{-1} \cdot s^{-1}$；$\rho$ 为流体密度，$kg \cdot m^{-3}$；u 为流体与颗粒间的相对线速度，$m \cdot s^{-1}$。

求取 k_{G}^{0} 的另一简便方法是 j 因子法，传质 j 因子的定义式为：

$$j_{D}\equiv\frac{k_{G}^{0}\rho}{G}Sc^{\frac{2}{3}} \tag{5-142}$$

式中，G 为流体的质量流速，$kg \cdot m^{-2} \cdot s^{-1}$。

对于固定床反应器，当 $3\leqslant Re_{p}\leqslant 1000$，且 $0.6\leqslant Sc\leqslant 5.4$ 时，有：

$$\varepsilon_{b}j_{D}=0.357Re_{p}^{-0.359} \tag{5-143}$$

式中，ε_{b} 为床层空隙率。在计算 Re_{p} 时，线速度 u 为空塔线速率（体积流量与空塔截面积之比）。

在实际生产中，一般都尽可能使用较大的质量流速，以便提高设备的生产强度，所以颗粒外气膜传质常常不会对反应产生显著影响。当气膜内传质速率较慢，显著影响气固反应速率时称反应受外扩散控制。在实验室反应器中进行反应时，流体的流速一般较小，气膜传质系数较小，因而气膜阻力较大，会在气相主体和催化剂表面之间产生浓度差。因此，要得到本征反应速率，必须设法消除这一外扩散影响，即选择合适的气体流量。

在固定床上进行气固催化反应时，在定常态下，组分 A 通过气膜的扩散速率与实际测定的 A 的消失速率（即反应速率）应相等，即

$$k_{G}a_{m}(C_{Ab}-C_{As})=(-r_{Am}) \tag{5-144}$$

根据 k_{G} 和 a_{m} 的计算值和实测 $(-r_{Am})$ 值，由式(5-144)可计算出 $(C_{Ab}-C_{As})/C_{Ab}$ 的值。若该值很小，则表明反应不受外扩散控制。

5.4.2 传热

由于化学反应热效应的存在，反应过程中必然伴随颗粒外表面与流体主体之间的热量传递。反应放热时，热量从催化剂外表面向气相主体传递，吸热时则传热方向相反。通过气膜的传热速率为：

$$q_m = \alpha a_m (T_s - T_b) \tag{5-145}$$

式中，q_m 为单位质量的催化剂的传热速率，$W \cdot kg^{-1} \cdot K^{-1}$；$\alpha$ 为气膜传热系数，$W \cdot m^{-2} \cdot K^{-1}$；$T_s$ 为颗粒表面的温度，K；T_b 为气相主体的温度，K。

α 可采用经验公式计算，最常用的是 j 因子法。传热 j 因子的表达式为：

$$j_H = \frac{\alpha}{G c_p} Pr^{\frac{2}{3}} \tag{5-146}$$

式中，Pr 为普朗特数，其定义式为：

$$Pr = \frac{c_p \mu}{\lambda_f} \tag{5-147}$$

式中，c_p 为流体的比热容，$J \cdot kg^{-1} \cdot K^{-1}$；$\lambda_f$ 为流体的热导率，$kJ \cdot m^{-1} \cdot h^{-1} \cdot K^{-1}$。

对于固定床反应器，当 $30 \leqslant Re_p \leqslant 100000$，且 $0.6 \leqslant Pr \leqslant 3000$ 时，有：

$$\varepsilon_b j_H = 0.395 Re^{-0.36} \tag{5-148}$$

比较式(5-143)和式(5-148)可知：

$$j_D \approx j_H \tag{5-149}$$

可见，用 j 因子可以很方便地关联传质系数和传热系数，二者通过上述关系式可相互换算。尤其是从传热系数推算传质系数更显重要，因为气固间的传热系数测定比传质系数测定要准确，且容易测定。

5.4.3 流体与颗粒外表面的浓度差与温度差

在定常态下，固体催化剂颗粒中反应产热速率等于通过气膜的传热速率：

$$(-r_{Am})(-\Delta H_r) = \alpha a_m (T_s - T_b) \tag{5-150}$$

将式(5-144)代入上式得：

$$k_G a_m (C_{Ab} - C_{As})(-\Delta H_r) = \alpha a_m (T_s - T_b) \tag{5-151}$$

将式(5-142)和式(5-146)代入式(5-151)整理得：

$$T_s - T_b = \frac{-\Delta H_r}{\rho c_p} \left(\frac{Pr}{Sc}\right)^{\frac{2}{3}} \frac{j_D}{j_H} (C_{Ab} - C_{As}) \tag{5-152}$$

对于大多数气体，$Pr/Sc \approx 1$；对于大多数固定床，$j_D = j_H$。化简式(5-152)可得到气膜两侧温度差与浓度差的关系式：

$$\Delta T = \frac{-\Delta H_r}{\rho c_p} \Delta C_A \tag{5-153}$$

可见，催化剂的外表面与气相主体的温度差 ΔT 与浓度差 ΔC_A 成正比。对于热效应不大的反应，只有 ΔC_A 很大时 ΔT 才显著。对于热效应很大的反应，即使 ΔC_A 较小，ΔT 也很大。由于测温元件只能测得气相流体的温度，若该温度差较大，则所测温度无法反映催化剂表面的温度。因高温时会造成催化剂结构破坏或活性丧失，对于热效应大的反应，ΔT 的估算在反应器设计中非常重要。

【例 5-7】 直径和高度均为 2.65mm 的圆柱形镍催化剂填充在固定床反应器中，在 468.5K 进行如下式所示的苯加氢反应：$C_6H_6+3H_2 \longrightarrow C_6H_{12}$（$A+3B \longrightarrow C$）。试根据下面的数据计算苯（组分 A），在气膜两侧的分压差以及气膜两侧温度差。

已知：总压 $p_t=1.028\times10^5$ Pa，气体质量流量 $G=u\rho=0.07175$ kg·m^{-2}·s^{-1}，苯的反应速率 $r_{Am}=0.04872$ mol·kg^{-1}·s^{-1}，平均摩尔质量 $M_{av}=17.52\times10^{-3}$ kg·mol^{-1}，反应器中各组分的平均摩尔分数 $y_A=0.1663$、$y_B=0.7986$、$y_C=0.0351$，催化剂的颗粒密度 $\rho_p=982$ kg·m^{-3}，反应热 $\Delta H_r=-214.6\times10^3$ J·mol^{-1}，分子扩散系数 $D_{AB}=8.705\times10^{-5}$ m^2·s^{-1}，$D_{AC}=6.947\times10^{-6}$ m^2·s^{-1}，气体黏度 $\mu=1.19\times10^{-5}$ kg·m^{-1}·s^{-1}，平均比热容 $\overline{c}_{pm}=50.86$ J·mol^{-1}·K^{-1}，热导率 $\lambda_f=0.0504$ W·m^{-1}·K^{-1}，床层空隙率 $\varepsilon_b=0.36$。

解 （1）组分 A 有效扩散系数的计算

$$1+y_A\delta_A=1+0.1663\times(-1-3+1)/1=0.5011$$

$$\frac{1+y_A\delta_A}{D_{Am}}=\frac{1}{D_{AB}}\left(y_B-\frac{b}{a}y_A\right)+\frac{1}{D_{AC}}\left(y_C+\frac{c}{a}y_A\right)$$

$$=\frac{1}{8.705\times10^{-5}}\left(0.7896-\frac{3}{1}\times0.1663\right)+\frac{1}{6.947\times10^{-6}}\left(0.0351+\frac{1}{1}\times0.1663\right)$$

$$=3.243\times10^4$$

所以

$$D_{Am}=\frac{0.5011}{3.243\times10^4}=1.545\times10^{-5}(\text{m}^2\cdot\text{s}^{-1})$$

（2）计算传质系数 k_G

根据理想气体状态方程 $$pV=\frac{m}{M_{av}}RT$$

$$\rho=\frac{m}{V}=\frac{pM_{av}}{RT}=\frac{1.028\times10^5\times17.52\times10^{-3}}{8.314\times468.5}=0.4629(\text{kg}\cdot\text{m}^{-3})$$

$$Sc=\frac{\mu}{\rho D_{Am}}=\frac{1.19\times10^{-5}}{0.4629\times1.545\times10^{-5}}=1.664$$

直径为 d_c、高为 l_c 的圆柱形颗粒的外表面积相当球体直径 d_p 可按下式计算：

$$\pi d_c l_c+2\times\pi\left(\frac{d_c}{2}\right)^2=\pi d_p^2$$

$$d_p=\left(d_c l_c+\frac{d_c^2}{2}\right)^{1/2}=\left(2.65\times2.65+\frac{2.65^2}{2}\right)^{1/2}=3.25(\text{mm})$$

可求得 Re_p：

$$Re_p=\frac{d_p G}{\mu}=\frac{3.25\times10^{-3}\times0.07175}{1.19\times10^{-5}}=19.6$$

由式(5-136)、式(5-142) 和式(5-143) 整理得：

$$\varepsilon_b\frac{k_G y_{fA}\rho}{G}Sc^{\frac{2}{3}}=0.357Re^{-0.359}$$

$$k_G y_{fA}=\frac{0.357GRe^{-0.359}}{\varepsilon_b\rho Sc^{2/3}}=\frac{0.357\times0.07175\times19.6^{-0.359}}{0.36\times0.4629\times1.664^{2/3}}=0.03762 \qquad (a)$$

因为组分 A 在催化剂表面上的摩尔分数未知，无法求得 y_{fA}。为此，先用 y_{Ab} 代替 y_{fA}

作为第一次试算：

$$y_{fA} = y_{Ab} = 1 + y_A \delta_A = 0.5011 \tag{b}$$

代入式(a) 得

$$k_G = 0.03762/0.5011 = 0.07507 (\text{m} \cdot \text{s}^{-1})$$

$$k_p = \frac{k_G}{RT} = \frac{0.07507}{8.314 \times 468.5} = 1.927 \times 10^{-5} (\text{mol} \cdot \text{m}^{-2} \cdot \text{s}^{-1} \cdot \text{Pa}^{-1})$$

（3）求气膜两侧的分压差 Δp_A

求单位质量圆柱形颗粒的外表面积：

$$a_m = \frac{2/l_c + 4/d_c}{\rho_p} = \frac{6}{982 \times 2.65 \times 10^{-3}} = 2.306 (\text{m}^2 \cdot \text{kg}^{-1})$$

因为反应速率与传质速率相等，所以有：

$$(-r_{Am}) = k_p a_m (p_{Ab} - p_{As}) = k_p a_m \Delta p_A \tag{c}$$

$$\Delta p_A = \frac{(-r_{Am})}{k_p a_m}$$

$$\frac{\Delta p_A}{p_{Ab}} = \frac{(-r_{Am})}{k_p a_m p_{Ab}} = \frac{0.04872}{1.927 \times 10^{-5} \times 2.306 \times 0.1663 \times 1.028 \times 10^5} = 0.0641$$

由此可计算出组分 A 在催化剂表面的分压：

$$p_{As} = p_{Ab} - 0.0641 p_{Ab} = 0.9359 p_{Ab}$$

因此在颗粒表面的 A 的摩尔分数为：

$$y_{As} = p_{As}/p_t = 0.9359 p_{Ab}/p_t = 0.9359 y_{Ab} = 0.1556$$

故：

$$1 + y_{As} \delta_A = 1 + (-3) \times 0.1556 = 0.5332$$

$$y_{fA} = \frac{0.5011 - 0.5332}{\ln(0.5011/0.5332)} = 0.5170$$

用此 y_{fA} 重新计算 k_G 和 k_p 的值：

$$k_G = 0.03762/0.5170 = 0.07277 (\text{m} \cdot \text{s}^{-1})$$

$$k_p = \frac{k_G}{RT} = \frac{0.07277}{8.314 \times 468.5} = 1.868 \times 10^{-5} (\text{mol} \cdot \text{m}^{-2} \cdot \text{s}^{-1} \cdot \text{Pa}^{-1})$$

由式(c) 知，Δp 与 k_p 成反比，所以新的 Δp_A 为：

$$\frac{\Delta p_A}{p_{Ab}} = 0.0641 \times \frac{1.927 \times 10^{-5}}{1.868 \times 10^{-5}} = 0.0661$$

同样，再次对 y_{fA} 进行修正，可得：$y_{fA} = 0.5174$。

此值与前次计算结果 0.5170 非常接近，不必再试算。所以分压差 Δp_A 为：

$$\Delta p_A = 0.066 p_{Ab} = 0.066 \times 1.028 \times 10^5 \times 0.1663 = 1.13 \times 10^3 (\text{Pa})$$

可见，苯在催化剂表面的分压比在气相主体中减少了 6.6%。

（4）计算温度差

$$j_D = \frac{0.357 Re^{-0.359}}{\varepsilon_b} = \frac{0.357 \times 19.6^{-0.359}}{0.36} = 0.3408$$

$$c_p = \frac{c_{pm}}{M_{av}} = \frac{50.86}{17.52 \times 10^{-3}} = 2902.96 (\text{J} \cdot \text{kg}^{-1} \cdot \text{K}^{-1})$$

$$Pr = \frac{c_p \mu}{\lambda_f} = \frac{2902.96 \times 1.19 \times 10^{-5}}{0.0504} = 0.685$$

$$\alpha = \frac{Gc_p j_D}{Pr^{\frac{2}{3}}} = \frac{0.07175 \times 2902.96 \times 0.3408}{0.685^{\frac{2}{3}}} = 91.35(\text{W} \cdot \text{m}^{-2} \cdot \text{K}^{-1})$$

气膜两侧的温差为：

$$\Delta T = \frac{(-r_{Am})(-\Delta H_r)}{\alpha a_m} = \frac{0.04872 \times 214.6 \times 10^3}{91.35 \times 2.306} = 49.6(\text{K})$$

可见，气膜两侧温度差很大，不容忽视。

5.4.4 外扩散对气固催化反应的影响

如前所述，气固催化反应过程中，反应物需由气相主体扩散到催化剂颗粒外表面，反应得到产物由催化剂颗粒的外表面扩散到气相主体，这两个扩散过程称为外扩散。外扩散发生于流体相与催化剂颗粒外表面之间，属于相间传质。下面分别分析外扩散对单一反应的速率和复合反应中目标产物的影响规律。

(1) 单一反应 与内扩散对反应过程的影响类似，用外扩散有效因子 η_x 描述外扩散对气固催化反应的影响，其定义为：

$$\eta_x = \frac{\text{外扩散有影响时颗粒外表面处的反应速率}}{\text{外扩散无影响时颗粒外表面处的反应速率}} \tag{5-154}$$

因为当有外扩散影响时，颗粒表面的浓度低于气相主体的浓度，所以当反应级数为正时，$\eta_x < 1$；当反应级数为负时，$\eta_x > 1$。

下面讨论等温反应条件下，定常态条件下外扩散对反应速率的影响。因外扩散与催化剂颗粒内的扩散和化学反应是串联过程，故在定常态下，传质速率与反应速率应相等。以 n 级反应为例：

$$k_G a_m (C_{Ab} - C_{As}) = k C_{As}^n \tag{5-155}$$

式(5-155)两边同除以 $k C_{Ab}^n$ 并整理得：

$$\left(\frac{C_{As}}{C_{Ab}}\right)^n + \frac{k_G a_m}{k C_{Ab}^{n-1}} \frac{C_{As}}{C_{Ab}} - \frac{k_G a_m C_{Ab}}{k C_{Ab}^n} = 0 \tag{5-156}$$

根据外扩散有效因子 η_x 的定义式：

$$\eta_x = \frac{k C_{As}^n}{k C_{Ab}^n} = \left(\frac{C_{As}}{C_{Ab}}\right)^n \tag{5-157}$$

将式(5-157)代入式(5-156)得：

$$\eta_x + \frac{1}{Da} \eta_x^{\frac{1}{n}} - \frac{1}{Da} = 0 \tag{5-158}$$

其中 $Da = \dfrac{k C_{Ab}^{n-1}}{k_G a_m}$，称为丹克莱尔数。该特征数可改写成：

$$Da = \frac{k C_{Ab}^n}{k_G a_m (C_{Ab} - 0)} \tag{5-159}$$

可见，丹克莱尔数表示在颗粒外表面可能达到的最大化学反应速率与外扩散最大速率之比。当反应速率一定时，Da 值越大，则表明外扩散传质系数项 $k_G a_m$ 越小，外扩散影响越大。

由式(5-157)可见，η_x 唯一地取决于 Da，或者说二者都可以用来描述外扩散影响的大小。反应级数 n 不同，Da 与 η_x 的关系也不同，求解式(5-158)的方程可得下列关系式：

$n=1$ 时
$$\eta_x = \frac{1}{1+Da} \tag{5-160}$$

$n=2$ 时
$$\eta_x = \frac{1}{4Da^2}(\sqrt{1+4Da}-1)^2 \tag{5-161}$$

$n=1/2$ 时
$$\eta_x = \sqrt{\frac{2+Da^2}{2}\left[1-\sqrt{1-\frac{4}{(2+Da^2)^2}}\right]} \tag{5-162}$$

$n=-1$ 时
$$\eta_x = 2/(1+\sqrt{1-4Da}) \tag{5-163}$$

根据上列各式可以绘出如图 5-14 所示的不同级数反应的 η_x-Da 关系曲线。可见，除反应级数为负的反应外，外扩散效率因子总是随着丹克莱尔数的增加而降低，且反应级数 n 越大，η_x 随 Da 的下降幅度越大。当 $Da \to 0$ 时，对于任何级数的反应，其 $\eta_x \to 1$。

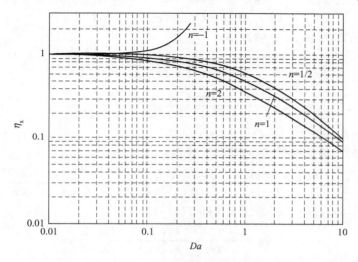

图 5-14 外扩散有效因子与丹克莱尔数的关系

（2）复合反应 对于复合反应，外扩散不仅会影响反应速率，而且会影响各反应路径速率的相对大小，即产物的选择性。下面分别讨论平行反应和串联反应中外扩散对产物选择性的影响规律。

对于平行反应：
$$A \xrightarrow{k_1} B \quad r_B = k_1 C_A^m \, (m>0)$$
$$A \xrightarrow{k_2} C \quad r_C = k_2 C_A^n \, (n>0)$$

若外扩散对反应过程无影响，则催化剂颗粒表面组分 A 的浓度 C_{As} 与气相主体浓度 C_{Ab} 相等，目标产物 B 的瞬时选择性为：
$$S_{B0} = \frac{r_B}{r_B+r_C} = \frac{k_1 C_{Ab}^m}{k_1 C_{Ab}^m + k_2 C_{Ab}^n} = \frac{1}{1+(k_2/k_1)C_{Ab}^{n-m}} \tag{5-164}$$

当外扩散对反应有影响时，组分 A 的表面浓度 C_{As} 小于气相主体浓度 C_{Ab}，这时产物 B 的瞬时选择性为：
$$S_B = \frac{1}{1+(k_2/k_1)C_{As}^{n-m}} \tag{5-165}$$

有外扩散影响与没有外扩散影响时的选择性大小之比为：

$$\frac{S_B}{S_{B0}}=\frac{1+(k_2/k_1)C_{Ab}^{n-m}}{1+(k_2/k_1)C_{As}^{n-m}} \tag{5-166}$$

当外扩散对反应有影响时，C_{Ab} 始终大于 C_{As}，即 $C_{Ab}/C_{As}>1$。比较式（5-120）和式（5-166）可知，外扩散对平行反应选择性的影响规律与内扩散的影响规律类似，即

① $m>n$ 时，即主反应级数大于副反应级数时，外扩散使目标产物的选择性下降。

② $m=n$ 时，即主副反应级数相同时，外扩散对目标产物的选择性无影响。

③ $m<n$ 时，即主反应级数小于副反应级数时，外扩散使目标产物的选择性提高。

对于连串反应 $A \xrightarrow{k_1} B \xrightarrow{k_2} C$，目标产物为 B。假定 A、B 和 C 各组分的传质系数相等，且各反应路径均为 1 级不可逆反应。在定常态时：

$$k_G a_m(C_{Ab}-C_{As})=k_1 C_{As} \tag{5-167}$$
$$k_G a_m(C_{Bs}-C_{Bb})=k_1 C_{As}-k_2 C_{Bs} \tag{5-168}$$

联立式（5-167）和式（5-168）并整理得：

$$C_{As}=\frac{C_{Ab}}{1+Da_1} \tag{5-169}$$

$$C_{Bs}=\frac{Da_1 C_{Ab}}{(1+Da_1)(1+Da_2)}+\frac{C_{Bb}}{1+Da_2} \tag{5-170}$$

式中，$Da_1=k_1/(k_G a_m)$；$Da_2=k_2/(k_G a_m)$。

目标产物 B 的瞬时选择性 S_B 可用下式表示：

$$S_B=\frac{k_1 C_{As}-k_2 C_{Bs}}{k_1 C_{As}}=1-\frac{k_2 Da_1}{k_1(1+Da_2)}-\frac{k_2 C_{Bb}(1+Da_1)}{k_1 C_{Ab}(1+Da_2)} \tag{5-171}$$

因为 $Da_2=k_2 Da_1/k_1$，将其代入式（5-171）得：

$$S_B=\frac{1}{1+Da_2}-\frac{k_2 C_{Bb}(1+Da_1)}{k_1 C_{Ab}(1+Da_2)} \tag{5-172}$$

当没有外扩散影响时，即 $Da=0$ 时，式（5-172）变为：

$$S_{B0}=1-\frac{k_2 C_{Bb}}{k_1 C_{Ab}} \tag{5-173}$$

从式（5-172）和式（5-173）的表达式可知，外扩散对目标产物 B 的选择性有影响。比较式（5-172）和式（5-173）的相对大小可以判断外扩散的影响是否对目标产物的选择性有利。显然，式（5-173）等式右边的被减数大于式（5-172）的被减数。对于大多数连串反应，$k_1>k_2$，即 $(1+Da_1)>(1+Da_2)$，因而式（5-173）右边的减数小于式（5-172）的减数。必然有：$S_{B0}>S_B$，即外扩散使连串反应的选择性下降。

虽然主副反应均为 1 级反应，但外扩散也会使连串反应的选择性下降。而且可以证明，外扩散使任何正级数的连串反应的选择性下降，这一点与平行反应不同。因此，对于连串反应，应设法消除外扩散阻力，以提高产物选择性。例如，对于部分氧化反应（如乙烯在银催化剂上直接氧化制环氧乙烷等），应尽可能降低外扩散阻力，避免深度氧化，从而提高产物选择性和收率。

5.4.5 外扩散影响的判定

从前面的分析可知，外扩散对单一反应的速率和复合反应的选择性都会产生一定影响。因此，研究气固反应动力学和设计反应器时，必须首先判定反应条件下外扩散是否对反应有

显著影响。

由传质系数 k_G 的计算式可知，通过床层的气体质量流量 G 越大，则 k_G 越大。在反应条件一定时，k_G 唯一地取决于 G 的大小。当 G 大到一定值，外扩散阻力便会消除。

在实验室研究气固反应的动力学时，通常是先改变气体的流量 G，测定反应速率随流量的变化，可得如图 5-15 所示的曲线。可见，当 G 大于某一值 G_0 时，G 值再增大时反应速率不再变化，说明当 $G > G_0$ 时外扩散对反应过程没有影响。

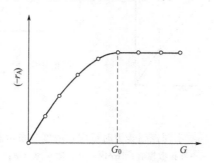

图 5-15　反应速率与气体流量间的关系

5.5　气固催化反应总速率方程

气固催化反应是一个多步串联过程，其中控制步骤是整个反应过程的瓶颈。如能提高该步骤的速率，就会提高反应的总速率。

如 5.2 节中所述，若第①步或第⑦步的速率较之其他步骤要慢得多，即通过气膜的传质过程为速率控制步骤，即为外扩散控制。若第②步或第⑥步为速率控制步骤，则为内扩散控制。若第③、④、⑤步为速率控制步骤，就属于化学动力学控制。

不同速率控制步骤时反应过程有不同的特点，主要体现在反应组分（A）的浓度分布上。速率控制步骤不同时，组分 A 在气相主体中的浓度 C_{Ab}、催化剂颗粒外表面处的浓度 C_{As}、催化剂颗粒中心的浓度 C_{Ac} 和平衡浓度 C_{Ae} 四者的相对大小不同。下面以不同温度区间反应速率的变化规律为例，分别介绍不同控制步骤时的反应特点（如图 5-16 所示）。

A 区为高温区，此时反应受外扩散控制，其表观活化能近似等于外扩散活化能 E_D，一般 $E_D = 4 \sim 12 \text{kJ} \cdot \text{mol}^{-1}$，为活化能最小的区域。此时，$C_{Ab} \gg C_{As} \approx C_{Ac} \approx C_{Ae}$，外表面上的浓度已接近平衡浓度，说明化学反应速率很快，在外表面上迅速建立化学平衡或反应完全。过程的阻力主要集中在催化剂颗粒外的滞流层。

B 区为内和外扩散共同控制区域，这时两种扩散的作用都不可忽略。反应活化能随温度而改变。此时，$C_{Ab} > C_{As} > C_{Ac} \approx C_{Ae}$，化学反应阻力可以忽略不计。

C 区为强内扩散控制区，其表观活化能近似为一常数，约为本征活化能的 1/2。此时，$C_{Ab} \approx C_{As} \gg C_{Ac} \approx C_{Ae}$，$C_{Ab} \approx C_{As}$ 说明外扩散阻力很小，$C_{Ac} \approx C_{Ae}$ 表明化学反应的阻力也小，过程阻力主要来自内扩散。强内扩散区的有效因子很小，一般 $\eta < 0.2$。

D 区为内扩散和动力学共同控制区。此时，$C_{Ab} \approx C_{As} > C_{Ac} > C_{Ae}$，$C_{Ab} \approx C_{As}$ 说明外扩散阻力可以忽略。

E 区为动力学控制区，有效因子接近 1，内外扩散影响已消除。$C_{Ab} \approx C_{As} \approx C_{Ac} \gg C_{Ae}$。

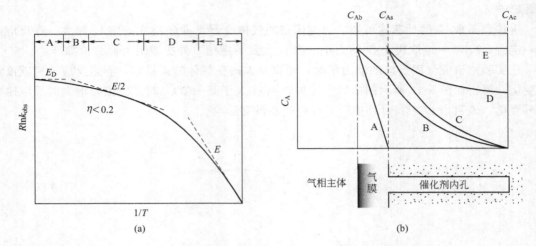

图 5-16　不同控制步骤时反应物浓度分布示意图

A—外扩散控制；B—内、外扩散共同控制；

C—内扩散控制；D—内扩散和动力学共同控制；E—动力学控制

因为 C_{Ab}、C_{As} 和 C_{Ac} 几乎相等，表明传质对反应过程没有影响，过程阻力主要来自于化学反应。由图 5-16 所确定的活化能为本征活化能，该活化能不再随温度而变。

下面以 1 级不可逆反应为例分析包含内扩散和外扩散影响的总反应速率方程。在定常态下，串联各步骤的速率相等并等于总的反应速率 $(-r_A)_g$：

$$(-r_A)_g = k_G a_m (C_{Ab} - C_{As}) = \eta k C_{As} \tag{5-174}$$

求解式(5-174)，可求出 C_{As}：

$$C_{As} = \frac{k_G a_m C_{Ab}}{\eta k + k_G a_m} \tag{5-175}$$

代入式(5-174)并整理得：

$$(-r_A)_g = \frac{C_{Ab}}{1/(\eta k) + 1/(k_G a_m)} \tag{5-176}$$

上式即为气固催化 1 级不可逆反应的总速率方程。一般将速率理解为过程推动力与阻力之比。由式(5-176)知，推动力为 $C_{Ab} - 0$，阻力为 $1/(\eta k) + 1/(k_G a_m)$。阻力项中第一项为内扩散阻力和表面反应的总阻力，第二项为外扩散阻力。

若反应过程为外扩散控制，外扩散阻力远比内扩散和表面反应的阻力大，即 $1/(k_G a_m) \gg 1/(\eta k)$，式(5-176)可简写为：

$$(-r_A)_g = k_G a_m C_{Ab} \tag{5-177}$$

若反应过程为内扩散控制，外扩散阻力可忽略不计，$1/(k_G a_m) \ll 1/(\eta k)$，式(5-176)可简写成：

$$(-r_A)_g = \eta k C_{Ab} \tag{5-178}$$

若反应过程为动力学控制，则内、外扩散阻力均可忽略，$\eta = 1$，$1/(k_G a_m) \ll 1/k$，式(5-176)可简写成：

$$(-r_A)_g = k C_{Ab} \tag{5-179}$$

即总速率与本征反应速率相等。

若反应为 1 级可逆反应，则用类似方法推导出其总速率方程为：

$$(-r_A)_g = \frac{C_{Ab} - C_{Ae}}{1/(\eta k) + 1/(k_G a_m)} \tag{5-180}$$

式(5-176)与式(5-180)的差别在于推动力不同，可逆反应的推动力为气相主体浓度 C_{Ab} 与平衡浓度 C_{Ae} 之差。不同速率控制步骤时，可逆反应速率方程可简化为：

外扩散控制：　　　　　　$(-r_A)_g = k_G a_m (C_{Ab} - C_{Ae})$ $\tag{5-181}$

内扩散控制：　　　　　　$(-r_A)_g = \eta k (C_{Ab} - C_{Ae})$ $\tag{5-182}$

动力学控制：　　　　　　$(-r_A)_g = k (C_{Ab} - C_{Ae})$ $\tag{5-183}$

习　题

1. 采用氮气物理吸附法测得的颗粒催化剂的比表面积为 $122 m^2 \cdot g^{-1}$，孔容为 $0.5 cm^3 \cdot g^{-1}$。现已知颗粒密度为 $1.3 g \cdot cm^{-3}$，堆密度是 $0.8 g \cdot cm^{-3}$。试求：

(1) 颗粒的真密度、孔隙率和平均孔径。

(2) 每毫升的颗粒和每毫升床层的催化剂各有多少表面积？

(3) 床层空隙率。

2. 在 Au 催化剂上进行 CO 低温氧化反应 $2CO(A) + O_2(B_2) \Longleftrightarrow 2CO_2(C)$，其反应步骤可表示如下。

$$A + \sigma \Longleftrightarrow A\sigma$$
$$B_2 + 2\sigma \Longleftrightarrow 2B\sigma$$
$$A\sigma + B\sigma \Longleftrightarrow C\sigma + \sigma$$
$$C\sigma \Longleftrightarrow C + \sigma$$

试用 Langmuir 吸附等温方程推导其动力学方程：

(1) 若反应步骤是速率控制步骤；

(2) 若 A 的吸附步骤是速率控制步骤；

(3) 若 C 的脱附步骤是速率控制步骤。

3. 以 Pt-Ni 催化剂进行环烯烃低温加氢反应满足 Langmuir 吸附等温方程，反应方程式为 $C_6H_{10}(A) + H_2(B) \Longleftrightarrow C_6H_{12}(C)$，反应机理如下：

$$A + \sigma \Longleftrightarrow A\sigma$$
$$B + \sigma \Longleftrightarrow B\sigma$$
$$A\sigma + B\sigma \Longleftrightarrow C\sigma + \sigma$$
$$C\sigma \Longleftrightarrow C + \sigma$$

试分别推导表面反应、氢吸附和环己烷脱附反应为控制步骤时的动力学表达式。

4. 乙醇蒸气与氯化氢在 $ZnCl_2$ 催化剂上发生亲核取代反应生成氯乙烷，反应式为：

$$C_2H_5OH(A) + HCl(B) \Longleftrightarrow C_2H_5Cl(C) + H_2O(D)$$

其动力学方程可能有如下几种形式：

$$r = k_r \frac{p_A p_B - p_C p_D / K}{(1 + K_A p_A + K_B p_B + K_c p_C + K_D p_D)^2}$$

$$r = k_r \frac{K_A K_B p_A p_B}{(1 + K_A p_A + K_c p_C + K_D p_D)(1 + K_B p_B)}$$

$$r = k_r \frac{K_B p_A p_B}{1 + K_B p_B + K_C p_C + K_D p_D}$$

$$r = k_r \frac{K_A K_B p_A p_B}{(1 + K_A p_A + K_B p_B)^2}$$

$$r = k_r \frac{p_A p_B}{1 + K_A p_A + K_C p_C}$$

试说明各式代表的反应机理和控制步骤。

5. 某气固加氢催化反应 $A + H_2 \longrightarrow C$。反应时氢气在催化剂表面发生解离吸附 $H_2 + 2\sigma \rightleftharpoons 2H\sigma$，其吸附活性中心与组分 A 的吸附活性中心相同。假定表面反应为速率控制步骤，试推导该反应的速率方程。

6. 已知某气固催化反应为 $A + \frac{1}{2}B \longrightarrow C$，其反应机理如下：

$$A + \sigma_1 \rightleftharpoons A\sigma_1$$

$$\frac{1}{2}B + \sigma_2 \rightleftharpoons B\sigma_2$$

$$A\sigma_1 + B\sigma_2 \rightleftharpoons C\sigma_1 + \sigma_2$$

$$C\sigma_1 \rightleftharpoons C + \sigma_1$$

试推导表面反应为控制步骤时的动力学方程表达式。

7. 已知某反应以二氧化碳和氢气为原料，在催化剂表面进行反应。催化剂的孔容为 $0.5 cm^3 \cdot g^{-1}$，比表面积为 $150 m^2 \cdot g^{-1}$，颗粒密度为 $1.5 g \cdot cm^{-3}$，曲节因子为 4。试计算在 1atm 和 25℃反应条件下，有效扩散系数是多少？

8. 试推导噻吩（A）和氢气（B）的混合气体在多孔固体内扩散时，噻吩的粒内有效扩散系数 D_{eA}。已知：反应温度 660K，压力 30atm，比表面积 $S_g = 200 m^2 \cdot g^{-1}$，孔隙率为 35%，颗粒密度 $\rho_p = 150 kg \cdot m^{-3}$，分子扩散系数 $D_{AB} = 0.052 cm^2 \cdot s^{-1}$，噻吩的分子量 $M_A = 84 \times 10^{-3} kg \cdot mol^{-1}$，微孔曲节因子为 4。

9. 某气固相反应，通过变换催化剂颗粒大小测得一系列反应速率的数据如下：

催化剂颗粒/mm	2	4	6	8	10	12
反应速率/kmol · m⁻³ · h⁻¹	17.45	17.46	14.65	10.86	8.46	7.32

试求：（1）粒径为 10mm 催化剂的有效因子是多少？（2）粒径为 1.5mm 催化剂的有效因子又是多少？

10. 某 1 级不可逆等温反应，以单位体积为基准的催化剂本征反应速率常数为 $0.24 s^{-1}$。催化剂为球形颗粒，有效扩散系数 $D_e = 0.002 cm^2 \cdot s^{-1}$。试问，不受内扩散影响时的催化剂最大粒径为多少？（外扩散影响可以忽略）

11. 在没有内扩散影响的条件下，测定 1 级反应 $A \longrightarrow C$ 的速率。A 的分压为 0.8atm，温度 $T = 673K$，测得以体积为基准的反应速率为 $1.8 mol \cdot m^{-3} \cdot s^{-1}$。若颗粒内组分 A 的有效扩散系数 $D_{eA} = 2 \times 10^{-7} m^2 \cdot s^{-1}$，希望效率因子不低于 0.95，则催化剂的粒度 d_p 最大为多少？

12. 改变球形催化剂的粒径，测定反应 $A \longrightarrow C$ 的速率随粒径的变化关系，得到如下结果：

粒子半径 R/cm	0.35	0.5	1.2	1.5
$(-r_{Am}) \times 10^3$/mol·kg^{-1}·s^{-1}	10.6	7.35	3.15	2.45

（1）假定反应对组分 A 为 1 级，外扩散阻力可忽略，在各种粒子半径情况下是内扩散控制还是动力学控制？

（2）若反应温度 $T=423K$，总压 $p_t=1.5atm$，组分 A 的摩尔分数 $y_A=0.1$，催化剂的表观密度 $\rho_b=1200kg·m^{-3}$，有效扩散系数 $D_{eA}=2\times10^{-7}m^2·s^{-1}$，求该反应的本征速率常数。

13. 气固催化反应：$2A \longrightarrow C+D$ 在消除内扩散的条件下测得的动力学方程为：
$$(-r_A)=kC_A^2, \quad k=3\times10^{-6}m^6·mol^{-1}·kg^{-1}·s^{-1}$$
当用半径 $R=5\times10^{-3}m$ 的颗粒催化剂在相同条件下进行反应时，反应受内扩散控制，此时测得反应的宏观动力学方程对组分 A 为 1.5 级，宏观反应速率常数 $k_{obs}=1.73\times10^{-5}m^{4.5}·mol^{-0.5}·kg^{-1}·s^{-1}$。催化剂的颗粒密度 $\rho_p=1200kg·m^{-3}$。求催化剂孔内组分 A 的有效扩散系数 D_{eA}。

14. 气固催化反应：$A \longrightarrow C$，$r=kC_A$，在一固定床反应器中进行。催化剂颗粒直径为 3mm 时的转化率为 60%，求催化剂颗粒直径变为 6mm 时的转化率。假定其他反应条件不变，两种催化剂均处于内扩散控制非常严重的状态。

15. 环己烷在 Pt/Al$_2$O$_3$ 催化作用下发生脱氢反应：
$$C_6H_{12} \longrightarrow C_6H_6+3H_2 \quad (A \longrightarrow C+3D)$$
该反应为 1 级反应，在固定床反应器中进行。反应原料为环己烷和氢气的混合物，其中环己烷的摩尔分数 $y_{A0}=0.2$，反应温度 $T=704K$，原料的体积流量 $v_0=32.7\times10^{-7}m^3·s^{-1}$，催化剂质量 $W=10.4g$，反应器出口转化率 $x_A=15.5\%$。催化剂载体主要包含微孔，孔内扩散以 Knudsen 扩散为主，其曲节因子为 4。催化剂的主要参数为：孔容 $V_g=0.48\times10^{-3}m^3·kg^{-1}$，比表面积 $S_g=240\times10^3m^2·kg^{-1}$，催化剂的表观密度 $\rho_p=1330kg·m^{-3}$，粒度 $d_p=3.2\times10^{-3}m$，假定微孔为均匀的圆柱孔。求催化剂的效率因子 η 和本征反应速率常数 k_m。

16. 气固催化反应：$A \longrightarrow R$ 在一等温管式反应器中进行。反应温度为 120℃，压力为 1.5atm。反应原料中含 A 和 B 的摩尔分数分别为 20% 和 80%。W（催化剂质量）/F_{A0}（进料摩尔流量）$=9.91kg·s·mol^{-1}$，催化剂颗粒直径 $d_p=0.25mm$，催化剂的颗粒密度 $\rho_p=1200kg·m^{-3}$。该反应条件下出口转化率为 35%。当催化剂颗粒直径变为 $d_p=1.25mm$，其他条件不变时，反应器的出口转化率变为 20%。求本征反应速率常数 k_m、有效扩散系数 D_{eA} 和效率因子 η。

17. 气固催化反应：$A \longrightarrow R$ 在管式积分反应器内进行。反应温度为 433.2K，压力为 263.4kPa，反应原料为组分 A 和惰性组分的混合物，反应器入口处组分 A 的摩尔分数为 0.6。催化剂的质量为 W(kg)，组分 A 的摩尔流量为 F_{A0} (mol·s^{-1})，$W/F_{A0}=6.84kg·s·mol^{-1}$，反应器出口转化率 $x_A=65\%$。催化剂的颗粒直径 $d_p=5\times10^{-3}m$，催化剂的表观密度 $\rho_p=1200kg·m^{-3}$，组分 A 的粒内扩散系数 $D_{eA}=5\times10^{-7}m^2·s^{-1}$，外扩散阻力可忽略，反应对组分 A 为 1 级反应。求：（1）反应速率常数 k_m；（2）假定其他反应条件不变，催化剂粒度 d_p 从 $5\times10^{-3}m$ 变为 $2.5\times10^{-3}m$ 时催化剂的用量会如何变化？

18. 在一管式微分反应器中进行气固催化反应：

$$A \longrightarrow C, \quad (-r_{Am}) = k_{m_1} C_A$$

反应温度 $T = 523.2K$，压力 $p_t = 304kPa$，组分 A 的摩尔分数 $y_{A0} = 0.8$。上述条件下测得的表观反应速率 $(-r_{Am})_{obs} = 0.02 \, mol \cdot kg^{-1} \cdot s^{-1}$。已知：催化剂颗粒半径 $R = 1.0mm$，催化剂的假密度 $\rho_p = 1250 \, kg \cdot m^{-3}$，有效扩散系数 $D_{eA} = 10^{-8} \, m^2 \cdot s^{-1}$。求本征反应速率常数 k_m。

19. 等温下进行某 1 级不可逆反应，反应物浓度为 $2 \, mol \cdot m^{-3}$，以床层体积为基准的速率常数 $k = 2s^{-1}$，催化剂为直径 5mm 的球形颗粒，床层空隙率 $\varepsilon = 0.4$，测得内扩散有效因子 $\eta = 0.6$。计算以下两种情况下的宏观反应速率。（外扩散影响可以忽略）

(1) 改用直径为 3mm 的球形催化剂。

(2) 在粒度不变的情况下，提高床层空隙率 $\varepsilon = 0.5$。

20. 实验室中将直径为 0.2cm、高 0.2cm 的催化剂在等温管式反应器中进行某 1 级不可逆反应。催化剂床层高度为 150cm，床层空隙率为 $\varepsilon = 0.4$，反应气体流量为 $3 \, cm^3 \cdot s^{-1}$，催化剂颗粒孔隙率为 0.35，曲节因子为 0.2，实验测得该反应转化率为 66% 时，有效因子为 0.637，假如气体密度不变，气体的综合扩散系数是多少？（外扩散影响可以忽略）

21. 等温下在半径为 R 的球形催化剂颗粒内进行反应：$A \longrightarrow C$。反应速率 $(-r_A)_m = k_{m0} \, (mol \cdot kg^{-1} \cdot s^{-1})$，外扩散阻力可忽略，反应受内扩散控制。

(1) 求催化剂外表面处 A 的无量纲浓度 $\alpha = C_{As}/C_{Ab}$；

(2) 推导表观反应速率 $r_{Am} \, (mol \cdot kg^{-1} \cdot s^{-1})$ 的表达式。

22. 在烃类催化裂化时，为了用空气彻底烧炭以再生已失活的催化剂，必须让氧气进入催化剂内部。如果氧在催化剂中的有效扩散系数 D_e 为 $4.6 \times 10^{-7} \, m^2 \cdot s^{-1}$，催化剂的有效热导率 λ 为 $0.36 \, W \cdot m^{-1} \cdot K^{-1}$，烧炭反应热为 $-198.4 \, kJ \cdot mol^{-1}$；在再生温度 760℃ 时，反应速率 $(-r_A)$ 为 $0.4 \, mol \cdot m^{-3} \cdot s^{-1}$。试问：为了避免催化剂内不均匀燃烧，催化剂颗粒直径应为多少？

23. 在直径为 6mm 的球形催化剂上进行某 1 级不可逆反应，催化剂外表面上反应物浓度为 $9.5 \times 10^{-6} \, mol \cdot cm^{-3}$，温度为 350℃。该反应的反应热为 $-131.8 \, kJ \cdot mol^{-1}$，活化能为 $103.6 \, kJ \cdot mol^{-1}$。催化剂的热导率为 $2.0 \times 10^{-6} \, kJ \cdot cm^{-1} \cdot s^{-1} \cdot K^{-1}$，反应物有效扩散系数为 $0.015 \, cm^2 \cdot s^{-1}$。反应速率常数为 $11.8s^{-1}$。试计算：

(1) 按等温处理时的有效因子；

(2) 颗粒中心与催化剂外表面的最大温差；

(3) 按非等温处理时的有效因子；

(4) 比较 (1) 和 (3) 的计算结果并讨论。

24. 常压下平均分子量为 255 的某种油品在硅铝催化剂上进行裂解，反应温度为 630℃。催化剂的平均半径为 $R = 0.088cm$，颗粒密度为 $\rho_p = 0.95 \, g \cdot cm^{-3}$，比表面积 $S_g = 338 \, m^2 \cdot g^{-1}$，催化剂孔隙率 $\varepsilon_p = 0.46$。已测知该反应为 1 级反应，且操作条件下其表观反应速率 $(-r_A)_{obs} = 3.86 \times 10^{-6} \, mol \cdot s^{-1} \cdot cm^{-3}$。反应热效应为 $167.4 \, kJ \cdot mol^{-1}$；已知催化剂的有效热导率 $\lambda_e = 3.6 \times 10^{-7} \, kJ \cdot s^{-1} \cdot ℃^{-1} \cdot cm^{-1}$。在操作条件下，催化剂外扩散阻力可忽略，孔内扩散属努森扩散，曲节因子为 3。试求催化剂粒内最大温差和有效因子。

25. 平均相对分子量为 $28.8 \, kg \cdot kmol^{-1}$ 的气体在常压 500K 情况下流过颗粒床层。已知气体混合物的热容是 $3 \, kJ \cdot kg^{-1} \cdot K^{-1}$，外表面处的传热系数为 $421 \, J \cdot m^{-2} \cdot K^{-1}$，试用传热和传质 j 因子相等的原理计算气体与外表面间的传质系数。

26. 试证明反应级数 $n=1$、$n=2$、$n=0.5$ 和 $n=-1$ 时，外扩散有效因子表达式分别为：

$$\eta_x = \frac{1}{1+Da}$$

$$\eta_x = \frac{1}{4Da^2}(\sqrt{1+4Da}-1)^2$$

$$\eta_x = \left[\frac{2+Da^2}{2}\left(1-\sqrt{1-\frac{4}{(2+Da^2)^2}}\right)\right]^{0.5}$$

$$\eta_x = \frac{2}{1+\sqrt{1-4Da}}$$

27. 用直径 5mm 的球状催化剂进行 1 级不可逆反应 $A \longrightarrow C+D$。气相主体中 A 的摩尔分数 $y_A = 0.5$，操作压力 $p=0.10133MPa$，反应温度为 650K，已知单位体积床层的反应速率常数为 $0.351s^{-1}$，床层空隙率为 0.5，组分 A 在颗粒内有效扩散系数为 $0.00296cm^2 \cdot s^{-1}$，外扩散传质系数为 $70m \cdot h^{-1}$，试计算：

（1）催化剂内表面利用率，内扩散影响是否严重？

（2）催化剂外表面浓度，外扩散影响是否严重？

（3）计算表观反应速率。

6 气固催化反应器

气固相催化反应过程是化学工业中应用最广、规模最大的反应过程，如合成氨、苯和乙烯反应制乙苯等反应过程都使用了固体催化剂。据估计，按产品吨位计约 90% 的化工产品是通过气固相催化反应过程生产的。气固催化反应的研究也较多，已成为反应工程学中的一个重要组成部分。

气固反应所用的反应器有固定床反应器、流化床反应器和移动床反应器等多种类型。在工业上应用最多的反应器类型是固定床反应器，其次是流化床反应器。本章将主要围绕这两种类型的反应器，对气固催化反应器中的传递特性、反应器操作方程和常用反应器进行讨论和分析。

6.1 固定床反应器

流体通过静置的固体物料所形成的床层并进行反应的装置称为固定床（fixed bed）反应器，又常称为"填充床（packed bed）"反应器，流体可以是气体也可以是液体。固定床反应器多应用于气固催化反应。比如，氨的合成、二氧化硫氧化、乙烯部分氧化制环氧乙烷、水煤气变换等反应均采用气固固定床催化反应器。因此本章的分析和讨论将仅限于气固固定床催化反应器，气固非催化固定床反应器和液固固定床反应器可参考有关文献。

6.1.1 固定床催化反应器的类型

在化学反应工程学中，根据催化剂床层是否与外界进行热交换，将固定床反应器分为两大类。一类是反应过程中催化剂床层与外界不进行热交换，称为**绝热反应器**；另一类反应器中催化剂床层与外界进行热量交换，称为**换热反应器**。

（1）绝热反应器 绝热固定床反应器的基本特征是化学反应在绝热状态下进行，反应过程中反应器和物料都不与外界交换热量。固定床绝热反应器有单段和多段之分。所谓单段绝热反应器是指反应物料只穿过催化剂床层一次。在采用单段绝热反应器进行可逆放热反应或热效应很大的反应时，往往会出现因平衡条件的限制而不可能达到要求的高转化率或者反应转化率与床层中催化剂允许温度严重不匹配的情况。因此，为了克服热效应的不利影响，在设计绝热式固定床催化反应器时，常将所需床层高度进行分段，采用多段床层的结构方式。多段绝热反应器有多个连续排列的催化剂床层，反应物料逐个穿过催化剂床层进行绝热反应，在床层之间反应物料与换热介质进行换热以满足反应条件的要求。在多段绝热反应器中，气体每穿过一次催化剂床层称为一段。多段反应器可以是多个反应器的串联，也可以是数段合并在一起组成一个多段反应器组。

多段绝热反应器多应用于放热反应，如合成氨、合成甲醇、二氧化硫氧化等。多段绝热反应器按段间换热方式不同分为间接换热式和直接换热式两类。间接换热需要设置换热器以交换反应过程中放出或吸收的热量。直接换热式又称为冷激式，分为原料气冷激式和非原料气冷激式两种，不需要换热设备。多段绝热固定床反应器的示意图如图 6-1 所示。

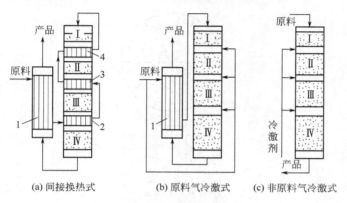

图 6-1 多段绝热固定床反应器

图 6-1(a) 为四段间接换热式绝热固定床反应器。反应原料经 1~4 号换热器预热后进入第 Ⅰ 段反应床层。假定反应为放热反应，反应原料经第 Ⅰ 段反应后温度升高，反应物料在进入第 Ⅱ 段反应床层前通过 4 号换热器冷却至适宜的温度。反应物料在第 Ⅱ 段催化剂床层反应达到一定转化率后，温度随之升高，经 3 号换热器冷却至适宜温度后，进入第 Ⅲ 段绝热床层。离开第 Ⅲ 段反应床层的反应物料经 2 号换热器冷却后，进入第 Ⅳ 段反应床层。经第 Ⅳ 段反应床层出来的物料达到转化率要求，经 1 号换热器冷却后离开反应器。反应一次，换热一次，反应与换热交替进行，是多段绝热反应器的特点。这类反应器的冷却介质一般为原料气，这样既可以使反应后的物料降温，又可以将原料预热，充分利用反应热。如果能量无法平衡，则需要增加换热设备以提供或移出所需的热量。

直接换热式与间接换热式的差别在于换热方式。直接换热式利用冷物料或其他冷介质与反应物料直接接触而使其温度降低，而间接换热式则在段间使用换热器移热。直接换热反应器中的反应和换热程序与间接换热反应器相类似，也采用"反应一次，换热一次"的模式[图 6-1(b) 和图 6-1(c)]。

直接换热式绝热反应器的突出优点是段间换热不需要换热设备。此外，可以通过调节冷剂流量简单灵活地调节各段温度，反应器结构和流程较简单。但是冷却介质的引入会增加反应物系的总流量，从而缩短其在催化剂床层的停留时间，降低反应器的效率。要达到相同的转化率，直接换热式绝热固定床反应器所需要催化剂量较多。再者，非原料冷激时还存在选择合适冷激剂的限制，而原料冷激时受原料气的温度和反应温度的限制。间接换热式所用换热器操作限制条件少，可回收热量，且催化剂用量相对较少。但是，间接换热式多段绝热固定床反应器因需增加多个段间换热器，设备投资大。

在工业生产中，有时将间接换热式与直接换热式联合使用，第一段与第二段之间采用原料气冷激，后续各段采用换热器移热。例如，二氧化硫氧化的工业反应器采用了该反应模式。

　　在常用固定床反应器中，流体在床层中沿轴向流动。当催化剂床层很高或者流体阻力很大时，会导致床层压力降过大，影响床层浓度和温度分布，并大幅增加流体输送能耗。为克服上述缺点，可以采用径向反应器，其示意图如图 6-2 所示。原料进入反应器后通过中心管上的小孔径向流过催化剂床层，反应后的物料通过床层外壁上的小孔流出，在反应器壁与床层间的环隙内汇合后，从反应器底部流出。径向反应器与轴向反应器相比，具有流动截面大、流道短和床层压力降小的优点，但其结构较复杂，且催化剂填装较困难。

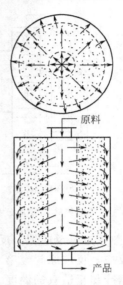

图 6-2　径向流反应器示意图

　　（2）换热反应器　换热式固定床催化反应器在化工生产中应用很广泛，例如，乙炔氯化制氯乙烯、乙苯脱氢制苯乙烯等反应均采用该类反应器。换热式固定床催化反应器既可用于放热反应，也可用于吸热反应，但一般用于热效应大的场合。其特点是催化剂床层内进行化学反应的同时与外界交换热量，传热速率和反应放热速率的相对大小决定床层内的温度分布，温度分布反过来又影响化学反应总速率。与绝热式固定床反应器相比，反应放出的热量可以及时移出，避免产生较大温差，有利于床层温度和反应过程控制。

　　换热式固定床催化反应器因其反应管的形式（单管或双套管）、热源（外热或自热）、冷热流流向（并流或逆流）、催化剂装填位置（管内或管外）等的不同存在多种结构。图 6-3 示出了四种典型换热式固定床反应器结构。常用的换热式固定床反应器结构与列管换热器相似，如图 6-3(a)、图 6-3(b) 和图 6-3(c) 所示。

　　图 6-3(a) 和图 6-3(b) 所示为多管式换热固定床反应器，催化剂填装在管内（管程），而换热介质从管间（壳程）流过，与催化剂床层进行热量交换。换热介质可以是专用热载体也可以是反应原料，当采用反应原料交换反应产生的热量时，称为自热式固定床反应器 [图 6-3(b)]，自热式反应器常用于放热反应。专用换热介质可根据反应过程所需的反应热、温度、操作压力以及过程对温度波动的敏感程度等诸因素来选择。常用热载体有烟道气、水蒸气、高沸点有机蒸气（如联苯、联苯氧化物和有机硅化合物等）、熔盐（如硝酸钠）及熔融金属（如铅）等。

　　图 6-3(c) 所示为列管式固定床反应器，催化剂填充在管间（壳程），换热介质流过管内

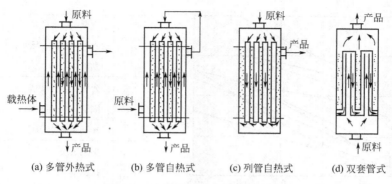

(a) 多管外热式　　(b) 多管自热式　　(c) 列管自热式　　(d) 双套管式

图 6-3　换热式固定床催化反应器

与催化剂床层交换热量。列管式固定床反应器可以采用自热式，也可以采用外热式。操作特点与上述多管式固定床反应器类似。

　　为了提高单位体积催化剂床层的传热面积，也可以采用双套管式固定床反应器［如图 6-3(d) 所示］。原料气从反应器底部进入，分流至各内管中，然后流入双套管的环形管间，从外管下部进入催化剂床层，反应后的物料自顶部排出。由于双套管结构的限制，催化剂一般都置于管间。

6.1.2　固定床反应器内流体流动特性

　　固定床反应器内的流体流动直接影响床层的压力降和传递过程，并最终影响反应结果。流体在固定床中的流动状态比在空管中的流动要复杂得多。在固定床中，流体在颗粒间的空隙内流动，其状态与空隙通道的弯曲程度、单位截面上的空隙通道数和空隙通道面积密切相关。空隙通道的特性可用床层空隙率来表示。

　　(1) 床层空隙率　床层空隙率是指床层的空隙体积与床层总体积之比。它是床层的重要参数之一，与流体的流动、传热和传质密切相关。固定床的空隙率与颗粒的形状及大小、粒度分布、颗粒与床层的直径比以及填充方式等因素有关。通常可由测得的催化剂床层的堆密度 ρ_b 和颗粒密度 ρ_p 计算而得：

$$\varepsilon_b = 1 - \frac{\rho_b}{\rho_p} \tag{6-1}$$

　　床层空隙率 ε_b 随颗粒形状和相对尺寸 (d_p/d_t) 的变化关系如图 6-4 所示。由图可见，颗粒的粒度分布越不均匀，床层的空隙率越小，这是因为小颗粒易于充填大颗粒间的空隙。颗粒表面越光滑，越易于构成接触紧密的床层，因而空隙率越小。

　　在床层的径向，空隙率的分布是不均匀的，从而造成径向流速分布不均匀。图 6-5 示出了空气在一个固定床层中流动时沿径向的流速分布曲线。由图可见，床层中心区域流速分布均匀，说明床层空隙分布均匀。离反应器壁 $1\sim2$ 个颗粒直径 (d_p) 距离的环形区域内流速最大，说明空隙也最大，这种现象称为壁效应。为了消除壁效应对床层操作的不利影响，一般要求床层直径 (d_t) 与颗粒直径之比大于 10。流速的不均一会造成物料的停留时间和传热特性不均一，影响反应结果，因而准确描述这一现象在固定床反应器设计中非常重要。但是由于固定床内流动的复杂性，难以用数学解析式描述流体分布。设计计算时常采用床层平均流速描述。

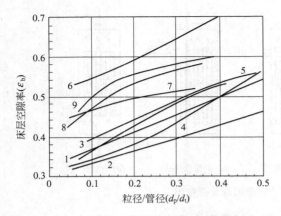

图 6-4　固定床的空隙率随粒径/管径的变化关系（1in＝2.54cm）

1	球	光滑，均一尺寸
2	形	光滑，非均一尺寸
3		黏土
4	圆	光滑，均一尺寸
5	柱	刚玉，均一尺寸
6	形	1/4in陶质拉西环
7	不规则形	熔融磁铁
8		熔融刚玉
9		铝砂

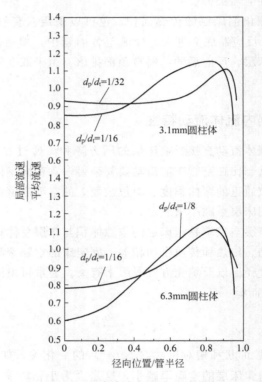

图 6-5　固定床中的径向流速分布

（2）床层压力降　床层压力降是床层上部和下部流体的压力差，是由流体与颗粒表面间的摩擦以及流体在床层孔中因空隙通道直径变化而形成流速再分布等因素引起的。

流体在固定床中的流动与空管中的流动相类似，差别仅在于前者的流道不规则。所以，将空管中流体流动的压力降计算公式加以修正，可用于计算固定床反应器中的床层压力降。

流体等温下在空管流动时，压力降可用下式表示：

$$\Delta p = 4f \frac{L}{d} \times \frac{\rho u^2}{2} \tag{6-2}$$

式中，f 为摩擦系数；L 为管道长度；d 为空管直径；u 为流体线速度。将式（6-2）用于固定床床层压力降计算时，需对 d、L 和 u 进行修正。下面分别介绍修正方法。

① d 的修正。在固定床反应器中，流体在固体颗粒所构成的空隙通道中流动，若把这些小通道合并看成一个大通道，需用床层通道的当量直径 d_e 代替式(6-2) 中的 d。

$$d_e = 4R_H \tag{6-3}$$

式中，R_H 称为水力半径。其定义式为：

$$R_H = \frac{床层的总自由体积}{床层中颗粒的总润湿面积} = \frac{单位体积床层中的自由体积}{单位体积床层中颗粒的外表面积} = \frac{\varepsilon_b}{a_g}$$

所以：

$$d_e = 4R_H = \frac{4\varepsilon_b}{a_g} \tag{6-4}$$

而

$$a_g = \frac{S_g}{V_g} \times 颗粒所占体积 = \frac{(1-\varepsilon_b)S_g}{V_g} \tag{6-5}$$

一般非球形颗粒的粒度可用与外表面积相同的球形颗粒的直径表示，该直径称为比表面积相当直径，记为 d_s，可用下式计算：

$$d_s = \frac{6V_g}{S_g} \tag{6-6}$$

联立式(6-4)～式(6-6)，整理得：

$$d_e = \frac{2\varepsilon_b d_s}{3(1-\varepsilon_b)} \tag{6-7}$$

② L 的修正。由于床层的空隙通道弯弯曲曲，流体在其中流过的距离必大于床层高度 L，但与床高成正比：

$$L_e = \kappa L \tag{6-8}$$

式中，κ 为比例系数。

③ u 的修正。由于颗粒的存在，床层截面上的可流通面积小于空塔截面积。若将可流通面积所占分率与床层空隙率视为近似相等，则修正后的线速度 u 可表示为：

$$u = \frac{u_0}{\varepsilon_b} \tag{6-9}$$

式中，u_0 为空塔计算的流体线速度。

将式(6-7)～式(6-9) 代入式(6-2) 整理得：

$$\Delta p = 4f \frac{\kappa L}{\frac{2\varepsilon_b d_s}{3(1-\varepsilon_b)}} \times \frac{\rho(u_0/\varepsilon_b)^2}{2}$$

$$= f_m \frac{L}{d_s}\rho u_0^2 \frac{1-\varepsilon_b}{\varepsilon_b^3} \tag{6-10}$$

该式称为 Ergun 公式，可用于计算固定床反应器的压力降。式中，$f_m = 3\kappa f$，称为修正摩擦系数。f_m 与修正的雷诺数 Re_m 有关：

$$f_m = \frac{150}{Re_m} + 1.75 \tag{6-11}$$

其中，

$$Re_m = \frac{d_s u_0 \rho}{\mu} \times \frac{1}{1-\varepsilon_b} \tag{6-12}$$

将 f_m 代入式(6-10)，整理得：

$$\frac{\Delta p}{L}=150\times\frac{(1-\varepsilon_b)^2}{\varepsilon_b^3}\times\frac{\mu u_0}{d_s^2}+1.75\times\frac{\rho u_0^2}{d_s}\times\frac{1-\varepsilon_b}{\varepsilon_b^3} \tag{6-13}$$

当流体的线速度较小（$Re_m<10$）时，呈层流流动，$\frac{150}{Re_m}\gg1.75$，$f_m\approx\frac{150}{Re_m}$，所以：

$$\frac{\Delta p}{L}=150\times\frac{(1-\varepsilon_b)^2}{\varepsilon_b^3}\times\frac{\mu u_0}{d_s^2} \tag{6-14}$$

可见，此时单位床层高度的压力降与流体的线速度成正比。

当流体的线速度很大（$Re_m>1000$）时，流体呈湍流流动，$\frac{150}{Re_m}\ll1.75$，$f_m\approx1.75$，所以：

$$\frac{\Delta p}{L}=1.75\times\frac{\rho u_0^2}{d_s}\times\frac{1-\varepsilon_b}{\varepsilon_b^3} \tag{6-15}$$

可见，流体流速很大时，单位床层的压力降与流体线速度的平方成正比。也就是说，流体线速度越大，压力降的变化对流速越敏感。

此外，床层压力降还与床层本身的特性有关。由式(6-14)和式(6-15)可知，当 $Re_m<10$ 时，$\Delta p\propto1/d_s^2$；当 $Re_m>1000$ 时，$\Delta p\propto1/d_s$。这说明，催化剂颗粒减小可使床层压力降显著增大。当催化剂颗粒机械和耐磨强度不高时，在填装和使用过程中会导致粉化，从而使床层压力明显升高。在工业实践中，催化剂颗粒的机械强度和耐磨强度是催化剂生产的重要指标。床层空隙率 ε_b 对床层压力降影响也很大，ε_b 越大，压力降越小。

6.1.3　固定床反应器内的传质

固定床反应器内的传质过程包括：催化剂颗粒内的传质（内扩散）、流体与催化剂外表面之间的传质（外扩散）和床层内的混合扩散。前两种传质过程在第 5 章中已详细讨论过，这里仅对床层内的混合扩散作一介绍。

流体流过催化剂床层时，不断分散和汇合，在床层轴向和径向都存在浓度和温度梯度，即在床层内存在混合扩散。床层内沿轴向和径向的扩散可以用有效扩散系数 D_e 和 Peclet 数 Pe 表示：

轴向扩散：

$$Pe_L=\frac{d_p u}{D_{eL}} \tag{6-16}$$

径向扩散：

$$Pe_r=\frac{d_p u}{D_{er}} \tag{6-17}$$

如图 6-6 所示，径向扩散一般比轴向扩散显著，即径向 Peclet 数较大。对于气体，$Re>40$ 时，$Pe_r\approx10$；$Re>10$ 时，$Pe_L=2$。

根据非理想流动反应器的扩散模型可知，当 $\frac{D_e}{uL}<0.01$ 时，流体的流动接近于 PFR。在固定床反应器中，当 $\frac{D_{eL}}{uL}<0.005$ 时，可以不考虑轴向混合和扩散的影响。当 $Re>10$ 时，$Pe_{eL}=\frac{d_p u}{D_{eL}}=2$，所以有：

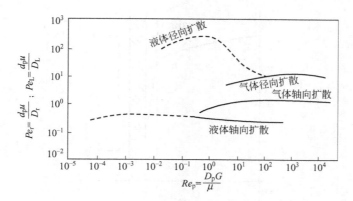

图 6-6　固定床反应器中 Pe_r 和 Pe_L 与 Re 的关系

$$\frac{D_{eL}}{uL}=\frac{D_{eL}}{ud_p}\times\frac{d_p}{L}=\frac{1}{2}\left(\frac{d_p}{L}\right)<0.005 \tag{6-18}$$

可见，当床层高度 $L>100d_p$ 时，可以忽略床层内轴向混合扩散。

6.1.4　固定床层内的传热

由于反应热效应的存在，为了保证反应进行所必需的温度条件，催化剂床层需要与外界进行热交换，以移走或补充反应放出或吸收的热量。固定床反应器与外界换热介质间的传热包含三部分：①换热介质器壁的传热；②器壁内传热；③床层本身及其与器壁的传热。前两种传热特性与换热介质和器壁材质的选择有关，设计时可查有关手册。本节主要讨论与反应密切相关的床层传热。

固定床床层传热模型：由颗粒与粒间空隙构成的固定床床层空间内的传热过程十分复杂，因此按床层内颗粒温度与气流温度是否有差别，有**非均相模型**和**拟均相模型**两种传热模型。在床层直径较小、反应热效应不大、颗粒与气流温差很小的情况下，一般可用拟均相模型。拟均相模型将床层内的固相颗粒与气相流体当成一个均相的物系，并按照床层径向是否存在温度梯度提出了两种简化模型。

(1) 拟均相床层径向有温度梯度的传热模型　如图 6-7 所示，该模型假定：①沿拟均相床层径向有温度梯度。②拟均相床层的热传导用径向有效热导率 λ_{er} 表示。③床层与器壁间对流传热的表面传热系数等于 α_W（壁膜表面传热系数），边界层的传热推动力等于 T_R-T_W。其中，T_R 和 T_W 分别为径向 R 处的床层温度和器壁处的温度。④在任一微分厚度床层内，与径向传热相比，其轴向传热可忽略不计。

定常态时，催化剂床层径向导热速率等于壁膜传热速率，所以有：

$$-\lambda_{er}\frac{dT}{dr}=\alpha_W(T_R-T_W) \tag{6-19}$$

可见，该模型需要用 λ_{er} 和 α_W 两个参数才能表征催化剂床层的传热过程。

由于床层内的传热过程及边界条件很复杂，上述参数只能用实验方法测得，或用半经验公式计算求得。固定床的径向有效热导率为 $4\sim41.8\mathrm{kJ\cdot m^{-1}\cdot h^{-1}\cdot K^{-1}}$，壁膜传热系数 α_W 的值一般为 $418\sim1050\mathrm{kJ\cdot m^{-2}\cdot h^{-1}\cdot K^{-1}}$。

(2) 拟均相床层径向无温度梯度的传热模型　如图 6-8 所示，该模型假定：①沿拟均相床层径向温度相同，均为 T_M；②床层与器壁间的传热阻力全部集中在紧靠器壁的气膜滞流

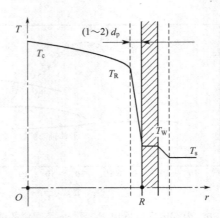

图 6-7　径向有温度梯度的传热模型

层上，其传热系数等于床层对壁表面传热系数 α_b，也称为固定床传热系数，其传热推动力为 $T_M - T_W$。

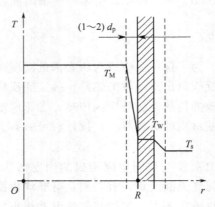

图 6-8　径向无温度梯度的传热模型

定常态时，催化剂床层单位面积径向传热速率等于通过壁膜的传热速率，所以有：

$$d_q = \alpha_b(T_M - T_W) \tag{6-20}$$

式中，d_q 为传热通量。可见，只要确定一个模型参数 α_b，就可以表征催化剂床层的传热过程。固定床传热系数 α_b 的值一般为 $65 \sim 310 \text{kJ} \cdot \text{m}^{-2} \cdot \text{h}^{-1} \cdot \text{K}^{-1}$。

由于固体颗粒的存在，固定床传热系数较之流体流速相同的空管的传热系数大许多，其增大的倍数如表 6-1 所示。

表 6-1　固定床传热系数 α_b 与空管传热系数 α 之比

d_p/d_t	0.05	0.10	0.15	0.20	0.25	0.30
α_b/α	5.5	7.0	7.8	7.5	7.0	6.6

6.1.5　固定床催化反应器的模型方程

固定床反应器也是一种管式反应器，与均相管式反应器的不同之处在于反应器内填充有固体催化剂颗粒。由于该固定相的存在，气体在器内的流动状态发生了很大的变化，同时还会出现相间和多孔颗粒内的传递问题。

建立数学模型时，若将所有这些传递现象都考虑在内，将得到一组非线性偏微分方程，因反应速率与温度和浓度的复杂数学关系，求解方程组非常困难。因此，建立固定床催化反应器的模型时，按照是否考虑流体与催化剂颗粒表面浓度和温度的差别，可对物理模型进行合理简化。通常按简化程度分为非均相和拟均相两种模型。如果在宏观上将整个催化剂床层看成一个均相体系，忽略微观上的气流与颗粒间的传递过程，这样简化得到的模型称为**拟均相模型**。由于拟均相模型比较简单而且对大多数固定床反应器均适用，一般情况下都可以用拟均相模型进行固定床催化反应器的设计和分析。

绝大多数固定床催化反应器都呈圆柱形结构，空间变量有径向和轴向之分。因为固定床床层中反应组分的浓度和反应温度沿轴向和径向连续变化，需选取一个微圆体作物料和热量衡算。如图 6-9 所示，在床层高度 l、直径为 r 处，选取径向厚度为 dr、高为 dl 的微元环柱体，对该微元体作热量衡算。该微元体的输入热量有：轴向气体带入的显热 Q_1，径向扩散传入的热量 Q_3 和轴向扩散传入的热量 Q_5。输出热量有：轴向气体带出的显热 Q_2，径向扩散传出的热量 Q_4 和轴向扩散传出的热量 Q_6。微元体中因反应生成的热量为 Q_7。

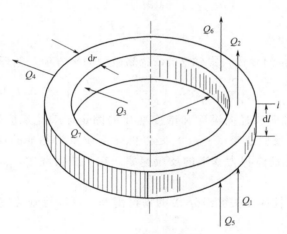

图 6-9　拟均相固定床换热模型

在定常态时，根据热量衡算式有：

$$Q_1+Q_3+Q_5+Q_7=Q_2+Q_4+Q_6$$

而

$$Q_1=Gc_p(2\pi r)\mathrm{d}rT_l$$

$$Q_2=Gc_p(2\pi r)\mathrm{d}rT_{l+\mathrm{d}l}$$

$$Q_3=-\lambda_{er}(2\pi r)\mathrm{d}l\left(\frac{\partial T}{\partial r}\right)_r$$

$$Q_4=-\lambda_{er}[2\pi(r+\mathrm{d}r)]\mathrm{d}l\left(\frac{\partial T}{\partial r}\right)_{r+\mathrm{d}r}$$

$$Q_5=-\lambda_{eL}(2\pi r)\mathrm{d}r\left(\frac{\partial T}{\partial l}\right)_l$$

$$Q_6 = -\lambda_{eL}(2\pi r)\mathrm{d}r\left(\frac{\partial T}{\partial l}\right)_{l+\mathrm{d}l}$$

$$Q_7 = (-r_A)(2\pi r)\mathrm{d}r\,\mathrm{d}l\rho_b(-\Delta H_r)$$

所以

$$Gc_p(2\pi r)\mathrm{d}r(T_l - T_{l+\mathrm{d}l}) - \lambda_{er}(2\pi r)\mathrm{d}l\left[\left(\frac{\partial T}{\partial r}\right)_r - \left(\frac{\partial T}{\partial r}\right)_{r+\mathrm{d}r}\right]$$

$$+ \lambda_{er}(2\pi\mathrm{d}r\,\mathrm{d}l)\left(\frac{\partial T}{\partial r}\right)_{r+\mathrm{d}r} - \lambda_{eL}(2\pi r)\mathrm{d}r\left[\left(\frac{\partial T}{\partial l}\right)_l - \left(\frac{\partial T}{\partial l}\right)_{l+\mathrm{d}l}\right]$$

$$= -(-r_A)(2\pi r)\mathrm{d}r\,\mathrm{d}l\rho_b(-\Delta H_r) \tag{6-21}$$

根据微分中值定理可得:

$$\left(\frac{\partial T}{\partial r}\right)_{r+\mathrm{d}r} = \left(\frac{\partial T}{\partial r}\right)_r + \left(\frac{\partial^2 T}{\partial r^2}\right)\mathrm{d}r \tag{6-22}$$

$$\left(\frac{\partial T}{\partial l}\right)_{l+\mathrm{d}l} = \left(\frac{\partial T}{\partial l}\right)_l + \left(\frac{\partial^2 T}{\partial l^2}\right)\mathrm{d}l \tag{6-23}$$

$$T_{l+\mathrm{d}l} = T_l + \left(\frac{\partial T}{\partial l}\right)_l \mathrm{d}l \tag{6-24}$$

将式(6-22)～式(6-24)代入式(6-21),忽略微分的平方项,整理得:

$$Gc_p\left(\frac{\partial T}{\partial l}\right)_l = \lambda_{eL}\left(\frac{\partial^2 T}{\partial l^2}\right)_l + \lambda_{er}\left(\frac{\partial^2 T}{\partial r^2} + \frac{1}{r} \times \frac{\partial T}{\partial r}\right)_r - (\Delta H_r)\rho_b(-r_A) \tag{6-25}$$

式(6-25)是考虑轴向和径向温度和浓度变化的固定床催化反应器二维温度分布方程。需要指出的是,方程中反应速率($-r_A$)是以催化剂质量为基准的反应速率,与床层堆密度ρ_b的乘积则为以催化剂体积为基准的反应速率。在工业实践中,固体催化剂的反应速率多以质量为基准。

类似地,对微元环柱体作关键组分 A 的物料衡算,可以得到关键组分 A 的二维浓度分布方程:

$$u_0\left(\frac{\partial C_A}{\partial l}\right)_l = D_{eL}\left(\frac{\partial^2 C_A}{\partial l^2}\right)_l + D_{er}\left(\frac{\partial^2 C_A}{\partial r^2} + \frac{1}{r} \times \frac{\partial C_A}{\partial r}\right)_r - (-r_A)\rho_b \tag{6-26}$$

式中,D_{eL}和D_{er}分别为轴向和径向有效扩散系数。

方程式(6-25)和式(6-26)的初值及边界条件为:

当 $l=0$ 时, $T=T_0$, $C_A = C_{A0}$

当 $r=0$ 或 $r=R$ 时, $\dfrac{\partial C_A}{\partial r}=0$

当 $r=0$ 时, $\dfrac{\partial T}{\partial r}=0$

当 $r=R$ 时, $\dfrac{\partial T}{\partial r}=-\dfrac{\alpha_W}{\lambda_{er}}(T_R - T_W)$

式中,R 为床层的半径;T_R 及 T_W 分别为床层外沿及管内壁的温度。式(6-25)和式(6-26)组成的方程组是固定床催化反应器的二维拟均相模型。

如前所述,当催化剂床高与催化剂颗粒直径之比大于 100 时,轴向扩散的影响可以忽略。因为大多数工业固定床催化反应器都能满足 $L > 100d_p$，可以忽略式(6-25) 和式(6-26)中含轴向有效扩散系数和轴向有效热导率的项，得到如下实用二维拟均相模型：

$$Gc_p\left(\frac{\partial T}{\partial l}\right)_l = \lambda_{er}\left(\frac{\partial^2 T}{\partial r^2} + \frac{1}{r}\times\frac{\partial T}{\partial r}\right)_r - (\Delta H_r)\rho_b(-r_A) \tag{6-27}$$

$$u_0\left(\frac{\partial C_A}{\partial l}\right)_l = D_{er}\left(\frac{\partial^2 C_A}{\partial r^2} + \frac{1}{r}\times\frac{\partial C_A}{\partial r}\right)_r - (-r_A)\rho_b \tag{6-28}$$

在工业固定床催化反应器中，许多情况下径向温度分布和浓度分布比较均匀，这时可以忽略式(6-25) 和式(6-26)中含径向有效扩散系数和径向有效热导率的项，得到一维拟均相模型。需要说明的是，若要保持径向温度分布均匀，必须通过管壁与换热介质进行热交换才能实现，所以温度分布方程中需要添加换热项。

温度分布方程可改写成：

$$Gc_p\frac{dT}{dl} = \lambda_{eL}\frac{d^2T}{dl^2} + (-\Delta H_r)(-r_A)\rho_b - \frac{4K}{d_t}(T - T_c) \tag{6-29}$$

式中，K 为总传热系数；T_c 为换热介质温度。换热介质温度沿轴向的分布方程可表示为：

$$G_c c_{pc}\frac{dT_c}{dl} = K\pi d_0(T - T_c) \tag{6-30}$$

式中，G_c 和 c_{pc} 分别为换热介质的质量流速和比热容；d_0 为固定床反应器外径。

浓度分布方程简化为：

$$u_0\frac{dC_A}{dl} = D_{eL}\frac{d^2C_A}{dl^2} - (-r_A)\rho_b \tag{6-31}$$

若固定床催化反应器满足 $L > 100d_p$，则可以忽略式(6-29) 和式(6-31)中含轴向有效扩散系数和轴向有效热导率的项，得到拟均相一维基础模型。

式(6-31) 简化为：

$$u_0\frac{dC_A}{dl} = -(-r_A)\rho_b \tag{6-32}$$

上式可作如下变换：

$$\frac{u_0 A\, dC_A}{A\, dl} = -(-r_A)\rho_b$$

$$\frac{v_0\, dC_A}{dV_R} = -(-r_A)\rho_b$$

$$-v_0\, dC_A = (-r_A)\rho_b\, dV_R$$

$$v_0 C_{A0}\, dx_A = (-r_A)\rho_b\, dV_R$$

$$F_{A0}\, dx_A = (-r_A)\rho_b\, dV_R \tag{6-33}$$

式(6-29) 简化为：

$$Gc_p\frac{dT}{dl} = (-\Delta H_r)(-r_A) - \frac{4K}{d_t}(T - T_c) \tag{6-34}$$

可见，固定床催化反应器的拟均相一维基础模型方程实质上假定流体在反应器内呈活塞流，在垂直于流体流动方向的同一截面上，流体流速、温度、浓度都均匀分布。所以，当固定床催化反应器中轴向和径向扩散及返混可忽略时，则可以用活塞流反应器的操作方程近似描述固定床反应器。

6.1.6　多段绝热固定床反应器

多段绝热反应器主要用于热效应明显的放热反应，特别是可逆放热反应。如前所述，可逆放热反应存在一条最佳温度线，反应在接近该曲线的轨迹进行操作时，可以实现反应速率最大，所需反应体积最小。所以，多段绝热床反应器设计的关键在于确定最佳的分段操作点（各段反应终点与下段反应起点）的转化率和温度，使达到一定转化率所需催化剂体积最小。

（1）段间间接换热式　图 6-10 是三段段间间接换热式绝热固定床反应器的流程示意和进行放热可逆反应时温度-转化率（T-x_A）关系图。图中的双点划线为平衡曲线，它是针对一定的原料组成由热力学方法计算得到的，是该反应的操作极限。如果要达到平衡转化率，则所需的催化剂量为无限多。实际的操作点均位于平衡曲线的下方。图中的虚线为最佳温度线，与反应气体的初始浓度有关。

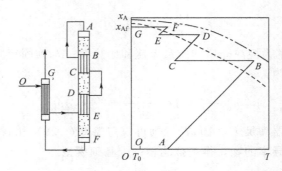

图 6-10　三段段间间接换热式绝热反应过程

图中线段 AB、CD 和 EF 分别表示在第 Ⅰ、Ⅱ 和Ⅲ绝热段进行反应时温度与转化率的关系，即各段的绝热操作线。可近似用 PFR 的绝热操作方程描述，所以有：

$$T-T_i=\lambda(x_A-x_{Ai})$$

式中，x_{Ai} 和 T_i 分别为第 i 段催化剂床层的进口转化率和进口温度。可见，绝热操作线的斜率为 $1/\lambda$，与初始气体组成和反应物系的平均比热容相关。对于大多数反应体系，反应物与产物的比热容差别不大，因而可以视平均比热容为定值。当段间采用间接方式换热时，段间反应物系与外界进行物质交换，所以初始气体组成在整个反应体系中不发生变化。因此，在段间间接换热式绝热固定床反应器中反应时，各段的 λ 值相等。所以，各段操作线的斜率相等，即各线段相互平行。图中的线段 BC、DE 和 FG 分别表示物料经各段间换热器冷却时转化率与温度的关系，称为冷却线。因为换热过程中不发生反应，组分 A 的转化率不变，所以这些线段都平行于横轴。

由图 6-10 可以看到，在反应过程中，只有三个点符合最佳温度条件，即绝热线与最佳温度线的交点。要使整个反应过程完全沿着最佳温度曲线进行操作，就像数学中用矩形面积求曲线的积分那样，段数需要无限多。显然，这是不现实的，因为段数多时会带来投资大、控制难和能耗高等缺点。在工业生产中一般最多采用五段，六段以上极少见。

在多段绝热反应器的设计中，若已知初始原料气组成和最终转化率，在确定了段数之后，需要确定各段进出口转化率，也就是确定图中的 A、B、C、D、E、F 和 G 各点的位置。从数学的角度看，各点的位置可以有无数个方案，因而存在一个优选的问题。当然，优选的目标不同，所得到的最佳方案也不同。在绝热固定床反应器的设计中，一般选定催化剂用量最少作为优化目标。即

$$\sum_{i=1}^{m} V_{Ri} = V_{\min} \tag{6-35}$$

式中，m 为段数；V_{Ri} 为第 i 段的催化剂体积。

在原料气流量和组成一定时，催化剂的总用量是各段的进、出口转化率和温度的函数：

$$\sum_{i=1}^{m} V_{Ri} = f(x_{A1}, x_{A2}, \cdots, x_{Am}, x'_{A1}, x'_{A2}, \cdots, x'_{Am}, T_1, T_2, \cdots, T_m, T'_1, T'_2, \cdots, T'_m) \tag{6-36}$$

式中，x_{Ai} 和 x'_{Ai} 分别为第 i 段的进、出口转化率，T_i 和 T'_i 分别为第 i 段进、出口的温度。上式称为最优化目标函数。催化剂用量最小的问题可归结为求该目标函数的极值问题。

先分析目标函数中的独立变量数。由式（6-36）可知，对含 m 个绝热段的反应器，有 $4m$ 个变量。因为入口转化率 x_{A1} 和最终转化率 x'_{Am} 为已知，未知变量减少为 $4m-2$ 个。间接换热过程中转化率不变，即第 i 段的出口转化率等于第 $i+1$ 段的入口转化率。此外，因为绝热操作方程的约束，在每一段的进出口温度和转化率四个变量中只有三个是独立变量。所以，目标函数的独立变量数为：$(4m-2)-(m-1)-m=2m-1$ 个。选定各段的进口温度（m 个）和各段的出口转化率（第 m 段除外）为式（6-36）的独立变量，优化操作条件。

假定反应气体在床层内的流动可视为活塞流，则式（6-36）可写成：

$$\sum_{i=1}^{m} V_{Ri} = F_{A0} \left[\int_{x_{A1}}^{x_{A2}} \frac{dx_A}{r_A(x_A, T)} + \int_{x_{A2}}^{x_{A3}} \frac{dx_A}{r_A(x_A, T)} + \cdots + \int_{x_{Am-1}}^{x_{Am}} \frac{dx_A}{r_A(x_A, T)} + \int_{x_{Am}}^{x_{Am+1}} \frac{dx_A}{r_A(x_A, T)} \right] \tag{6-37}$$

式中，F_{A0} 为组分的初始摩尔流量。要使催化剂的用量最少，将上式分别对 x_{A2}、x_{A3}、$\cdots$、x_{Am} 和 T_1、T_2、$\cdots$、T_m 求导，并令各式均为 0，可得：

$$\frac{1}{r_A(x_{Ai}, T'_{i-1})} - \frac{1}{r_A(x_{Ai}, T_i)} = 0 \tag{6-38}$$

$$\frac{\partial}{\partial T_i} \int_{x_{Ai}}^{x'_{Ai}} \frac{dx_A}{r_A(x_A, T_i)} = 0 \tag{6-39}$$

式（6-38）和式（6-39）为使催化剂用量最少的条件式。式（6-38）含 $m-1$ 个方程，式（6-39）含 m 个方程，方程总数为 $2m-1$ 个。因此，联立求解这个方程组，便可求得各段的进口温度和出口转化率。计算通常采用试差法，先假定第 1 段的出口转化率和出口温度，然后按上述方程分别计算下一段的出口转化率和温度，直到最后一段。若第 m 段的出口转化率与所规定的最终转化率不符，则说明原先假定的第 1 段反应器出口的转化率设定值不正确，需重新设定该值并重新试算。若所计算第 m 段出口转化率低于规定值，则应提高第 1 段出口转化率的设定值。若计算的第 m 段出口转化率高于规定值，则应减小第 1 段出口转化率的设定值。

为了帮助理解在最佳条件下操作时各段之间的关系，下面分析一下上述条件式的物理意义。根据式(6-38)，要使催化剂的用量最少，任何一段出口处的反应速率应等于下一段进口处的反应速率。该条件式限定了通过换热后的反应物料应达到的温度，又称段间冷却条件。

式(6-39)可改写成：

$$\int_{x_{Ai}}^{x'_{Ai}} \left[\frac{\partial \left(\frac{1}{r_A(x_A, T)} \right)}{\partial T} \right] dx_A = 0$$

令绝热操作线与最佳温度曲线的交点处的转化率为 x_{Am}，则：

$$\int_{x_{Ai}}^{x'_{Ai}} \left[\frac{\partial \left(\frac{1}{r_A(x_A, T)} \right)}{\partial T} \right] dx_A = \int_{x_{Ai}}^{x_{Am}} \left[\frac{\partial \left(\frac{1}{r_A(x_A, T)} \right)}{\partial T} \right] dx_A + \int_{x_{Am}}^{x'_{Ai}} \left[\frac{\partial \left(\frac{1}{r_A(x_A, T)} \right)}{\partial T} \right] dx_A = 0$$

(6-40)

可见，满足上式时，图 6-11 中横轴上下两块带阴影的面积相等，且反应的初始点和终点跨越 x_{Am} 点，而位于其两侧。因此式(6-40)又称反应终点条件。

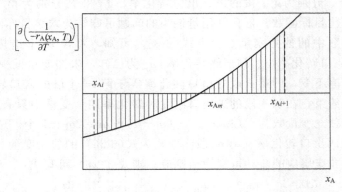

图 6-11　式(6-40)的图解表示

按照上述方法确定各段转化率和温度的最佳值时，可能出现计算的最佳出口温度高于催化剂的最高使用温度的情况。若各段的最佳出口温度均高于催化剂的最高使用温度，则各段的出口温度只能选用催化剂的最高使用温度，从而使独立变量数减少 m 个，最佳操作条件式则变为：

$$\frac{1}{r_A(x_{Ai}, T_{i-1})} - \frac{1}{r_A(x_{Ai}, T_i)} + \lambda_{ad} \int_{x_{Ai}}^{x'_{Ai}} \frac{dx_A}{r_A(x_A, T_i)} = 0$$ (6-41)

(2) 段间原料气冷激式　段间采用冷原料气作为冷却介质的三段绝热固定床反应器的示意流程及进行可逆放热反应时的温度-转化率曲线如图 6-12 所示。由于冷激气组成与反应进料气组成相同，因此冷激气的加入并不改变组分 A 的初始摩尔分数 y_{A0} 和转化率 x_{A0}。同样，反应混合物的比热容一般不随反应转化率和系统温度的变化发生明显改变。所以，各绝热反应段的操作线斜率（$1/\lambda$）和平衡曲线均不发生变化。但是，由于在段间冷却段中引进了转化率为 x_{A0} 的冷激原料气，进入下一反应段的物料转化率 x_{Ai+1} 与上一段出口物料的转化率 x'_{Ai} 不同，所以其冷却线与间接换热的多段绝热反应器不同。

用原料气冷激的方式换热时，原料气与反应物料混合的结果使反应物与产物的比例发生变化，从而使转化率的值发生变化。反应过程中转化率的变化是反应的结果，而原料气冷激过程中转化率的变化是两种转化率不同的气体混合的结果。以冷却线 BC 为例，点 B 对应

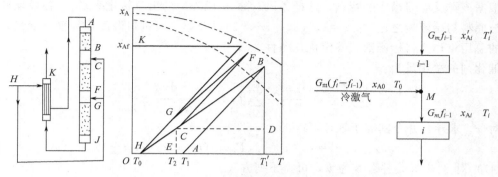

图 6-12 原料冷激式三段绝热固定床反应过程

于第一段出口的转化率和温度，点 C 对应于第二段进口处的转化率和温度。可见，冷激过程中，物料温度降低的同时，转化率值也随之降低。

与多段间接换热时不同，冷激式换热时各段的物料处理量发生了变化。如图 6-12 所示，设进入反应系统的原料质量流量为 G_m，其中关键组分 A 的质量分数为 w_{A0}，第 $i-1$ 段和第 i 段中反应物料流量与进入反应系统的原料流量之比分别为 f_{i-1} 和 f_i。第 $i-1$ 段和第 i 段中反应物料流量分别为 $f_{i-1}G_m$ 和 f_iG_m，而第 $i-1$ 段与第 i 段间加入的冷激物料的量为 $G_m(f_i-f_{i-1})$。对 M 点作物料衡算得：

$$G_mf_{i-1}w_{A0}(1-x'_{Ai-1})+G_m(f_i-f_{i-1})w_{A0}(1-x_{A0})=G_mf_iw_{A0}(1-x_{Ai}) \tag{6-42}$$

整理得：

$$\frac{x'_{Ai-1}-x_{A0}}{x_{Ai}-x_{A0}}=\frac{f_i}{f_{i-1}} \tag{6-43}$$

假定各股物流的比热容值近似相等，均为 c_p，对 M 点作热量衡算得：

$$G_mf_{i-1}c_pT'_{i-1}+G_m(f_i-f_{i-1})c_pT_0=G_mf_ic_pT_i \tag{6-44}$$

整理得：

$$\frac{T'_{i-1}-T_0}{T_i-T_0}=\frac{f_i}{f_{i-1}} \tag{6-45}$$

联立式(6-43)和式(6-45)，整理得：

$$\frac{T'_{i-1}-T_0}{x_{Ai-1}-x_{A0}}=\frac{T_i-T_0}{x_{Ai}-x_{A0}} \tag{6-46}$$

由式(6-46)可见，在 x_A-T 图中，$(T_0，x_{A0})$、$(T_i，x_{Ai})$ 和 $(T'_i，x'_{Ai-1})$ 三点在一条线上。$(T_0，x_{A0})$ 为原料的初始温度和初始转化率，即图中的 H 点。式(6-46)适用于任何两段间的冷激过程，因而所有冷却线均交于 H 点。此外，三点所连的两个线段长度遵循直线规则。以冷却线 BC 为例，冷原料流量与反应物料流量之比等于线段 BC 与 HC 长度之比。

对于该类反应器，各段反应转化率和冷激原料的加入量（与温度成对应关系）的选择也存在优化问题。同样，以催化剂用量最少为优化目标，确定最优化的条件式。

首先确定该系统的独立变量个数。该系统的变量数共有 $5m-1$ 个：各段进、出口的温度为 $2m$ 个，各段进、出口的转化率为 $2m$ 个，而各段冷激原料气的分率共有 $m-1$ 个。因为各段的绝热操作方程有 m 个，段间冷激冷却过程分别用式(6-43)和式(6-45)关联转化率和温度与冷原料气加入量的关系，共 $2m-2$ 个方程，而组分 A 的初始转化率 x_{A0} 和最终转化率（即第 m 段出口转化率）已知。所以，该系统的独立变量数为：

$$(5m-1)-(2m-2)-m-2=2m-1$$

根据该类反应器操作的特点，选择各段（除 m 段外）的出口转化率 x'_{Ai}，各段反应物料流量与原料初始流量之比 $f_i(i=1,2,3,\cdots,m-1)$ 以及第一段进口温度作为独立变量，以催化剂的总用量作为目标函数，确定优化条件。

催化剂的总用量为：

$$\sum_{i=1}^{m} V_{Ri} = \frac{G_m w_{A0}}{M_A} \sum_{i=1}^{m} f_i \int_{x_{Ai}}^{x'_{Ai}} \frac{dx_A}{r_A(x_A,T)} \tag{6-47}$$

上式对 x_{Ai} 求导，并令其等于零，可得：

$$r_A(x'_{Ai},T'_i) = r_A(x_{Ai+1},T_{i+1}) \quad (i=1,2,\cdots,m-1) \tag{6-48}$$

式(6-47) 对 f_i 求导，并令其为零，可得下列方程：

$$\frac{x_{Ai}-x_{A0}}{r_A(x_{Ai},T_i)} - \frac{x'_i-x_{A0}}{r_A(x_{Ai+1},T_{i+1})} + \int_{x_{Ai}}^{x'_{Ai}} \left\{ \frac{1}{r_A(x_A,T)} - \frac{f_i}{[r_A(x_A,T)]^2} \times \frac{\partial r_A}{\partial f_i} \right\} dx_A = 0$$

$$(i=1,2,\cdots,m-1) \tag{6-49}$$

式(6-48) 对第一段反应器进口温度求导，并令其为零，得：

$$\frac{\partial}{\partial T} \int_{x_{A1}}^{x'_{A1}} \frac{dx_A}{r_A(x_A,T)} = 0 \tag{6-50}$$

式(6-48)～式(6-50) 即为满足催化剂用量最少的条件式。这 $2m-1$ 个方程中含有 $2m-1$ 个独立变量，联立求解该方程组即可求出最佳操作条件。

由式(6-49) 可见，原料气冷激式换热的各段反应器也要求上一段出口处的反应速率与下一段入口处的反应速率相等，才能保证催化剂用量最少。由于冷激原料的加入增加了 $m-1$ 个 f_i 变量，多段冷激式反应器的计算比多段间接换热式反应器的计算复杂。

(3) 段间非原料气冷激式 采用非原料气冷激式直接换热时，所用低温气体是不参与反应的惰性气体。图 6-13 示出了非原料气冷激式三段绝热固定床反应器的流程示意以及进行可逆放热反应时温度-转化率的变化关系。

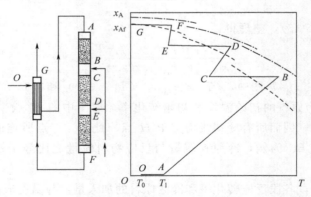

图 6-13 非原料气冷激式三段绝热反应过程

非原料冷激气在段间进行直接冷却时有如下特点：①随着冷激气的逐段引入，关键组分 A 在各段反应气中的含量降低，平衡转化率随之增大，因而平衡曲线和最佳温度线逐段上移；②由于非原料气的引入，各段中组分 A 的初始 y_{A0} 变小，绝热温升值 λ 也随之下降，因而在 x_A-T 图中绝热操作线斜率逐段增大；③由于冷激气的引入并不增加反应物系中关键组分的物质的量，在反应系统中任一点的转化率 x_A 的计算基准不变，段间冷却前后的 x_A 相同，因此在 T-x_A 图上段间冷却线均平行于横轴。

6.1.7 换热式固定床催化反应器

当反应器热效应很大或者催化剂的温度操作窗口较窄时，反应过程中必须及时移出热量，需要采用换热式反应器。换热式反应器与绝热反应器在模型方程上的差别仅在其热量衡算式中必须包含换热项，从而引入换热介质温度 T_C 这一变量。但是，因 T 和 x_A 随反应床层轴向位置变化，要求解模型方程，必须先确定 T_C 与反应温度和反应转化率 x_A 的关系。这个关系式也称为换热介质的温度分布方程。

（1）换热介质的温度分布方程 换热式固定床反应器一般将催化剂置于管内，换热介质流过管外通过管壁与催化剂床层交换热量。下面以其并流式操作为例分析传热介质的温度分布方程。如图 6-14 所示，反应器和换热介质在反应器入口处（0—0 面）的温度分别为 T_0 和 T_{C0}，在 1—1 面处的温度分别为 T 和 T_C，反应器入口处的转化率为 0，在 1—1 面处为 x_A。在 0—0 面和 1—1 面之间作热量衡算：

$$F_{A0}(-\Delta H_r)x_A = GSc_p(T-T_0)+G_CSc_{pc}(T_C-T_{C0}) \tag{6-51}$$

式中，S 为床层截面积；G 和 G_C 分别为按床层截面积计的反应气体和冷却介质的质量流速，$kg \cdot m^{-2} \cdot h^{-1}$，即 $G=\rho u$，故 GS 和 G_CS 分别为它们的质量流量；c_p 和 c_{pc} 分别为反应气体和冷却介质的平均比热容。

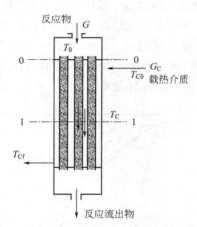

图 6-14 并流操作的换热式固定床反应器

将 $F_{A0}=\dfrac{GSy_{A0}}{M}$ 代入式（6-51）并整理得：

$$T_C = T_{C0}+\frac{Gc_p}{G_Cc_{pc}}\left[\frac{y_{A0}(-\Delta H_r)}{Mc_p}x_A-(T-T_0)\right] \tag{6-52}$$

式中，$\dfrac{y_{A0}(-\Delta H_r)}{Mc_p}=\lambda$，即绝热温升。若令 $\beta=\dfrac{Gc_p}{G_Cc_{pc}}$，则式（6-52）可化简为：

$$T_C = T_{C0}+\beta(\lambda x_A-T+T_0) \tag{6-53}$$

式（6-53）为反应物料和换热介质并流操作时换热介质的温度分布方程。对于逆流操作，则有：

$$T_C = T_{C0}-\beta(\lambda x_A-T+T_0) \tag{6-54}$$

当 $\beta=0$ 时，$T_C=T_{C0}$，为管壁温度恒定的换热过程。当 $\beta=1$ 时，$Gc_p=G_Cc_{pc}$，一般为自热式换热过程，即换热介质为反应原料气；当 $\beta \to \infty$ 时，$G_C=0$，$T=T_0+\lambda x_A$，属于

绝热过程。

（2）壁温恒定的换热式固定床反应器　用饱和蒸汽或沸腾液体作换热介质时，可以视为管外壁温度恒定的反应器。

壁温恒定时，$T_C = T_{C0}$，代入固定床反应器的一维基础换热模型方程式（6-34）得：

$$Gc_p \frac{dT}{dl} = (-r_A)(-\Delta H_r) - \frac{4}{d_t}K(T - T_{C0}) \tag{6-55}$$

根据一维基础模型的操作方程：

$$F_{A0}dx_A = (-r_A)dV = (-r_A)Sdl \tag{6-56}$$

因为

$$F_{A0} = \frac{GS}{M}y_{A0} \tag{6-57}$$

联立式（6-55）～式（6-57），消去 dl 项可得：

$$\frac{dT}{dx_A} = \frac{y_{A0}(-\Delta H_r)}{Mc_p} - \frac{4Ky_{A0}}{(-r_A)Mc_pd_t}(T - T_{C0})$$

$$= \lambda - \frac{4Ky_{A0}}{(-r_A)Mc_pd_t}(T - T_{C0}) \tag{6-58}$$

反应器内温度的控制是反应器操作的重要一环，因为多数化学反应速率对温度非常敏感。而对于可逆放热反应存在一最佳反应温度线，反应时应力求在接近最佳温度线的条件下操作。

解式（6-58）的微分方程，可求得反应过程中温度与转化率间的关系，以 x_A 对 T 作图，可得图 6-15 所示进行可逆放热反应时的 x_A-T 图。图中 MN 为平衡曲线，PQ 为最佳温度线。H 点处的温度为冷却介质的初始温度，平行于纵轴的直线 HD 与平衡曲线 DMN 的交点 D 所对应的转化率为可能达到的最高转化率。

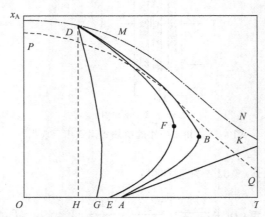

图 6-15　在壁温恒定换热固定床反应器中进行可逆放热反应时的 x_A-T 关系

当反应物料的进口温度分别对应于点 A、E 和 G 时，反应过程中转化率与温度的关系分别用 ABD、EFD 和 GD 表示。可见，进口温度不同，则 x_A-T 曲线的形状及与最佳温度线的接近程度不同。在 ABD 曲线上，物料进入反应器后温度随转化率的提高而升高，在 B 点温度达到最高，之后温度随转化率提高而降低。

温度随 x_A 的变化关系可表示成：

$$\frac{dT}{dx_A} = \frac{dT}{dl}\left(\frac{dx_A}{dl}\right)^{-1} \tag{6-59}$$

在固定床反应器中，转化率总是随着床层的高度增加而增加，即 $dx_A/dl > 0$，所以 dT/dx_A 与 dT/dl 同号。反应初期，因反应物浓度高，反应速率很大，放热速率可能大于冷却介质的移热速率，所以反应初期温度随着反应转化率的提高而升高。随着反应的进行，反应速率因反应物浓度降低而减小，在某一转化率时放热速率等于移热速率，反应温度出现极大值，此时 $dT/dx_A = 0$，对应位置处 $dT/dl = 0$。该位置是反应器中温度的最高点，称为热点。在实际应用中，热点的位置及其大小是反应器操作的一个非常重要的指标，只要该点温度能控制在催化剂允许温度范围内，则床层其他部位的温度也不会超出使用范围。

图 6-15 中的 AK 直线是对应于 A 点温度进料时绝热操作的 x_A-T 线。由于反应过程中移热，在相同的转化率下，换热反应器床层温度必然低于绝热床的温度。所以，ABD 线在 AK 线的左侧。

进料温度降至 E 点时，反应过程中温度与转化率间的关系为曲线 EFD，其变化趋势与 ABD 类似，但其热点温度较低且向高转化率方向移动。当进料温度降至 G 点时，由于反应放热速率始终低于换热介质的移热速率，在反应过程中温度随转化率单调下降，床层不出现热点。

从图 6-15 还可以看出，进料温度不同则接近最佳反应温度曲线的程度也不同，进料温度过高或过低都会偏离最佳反应温度线较远，因而存在一最佳进料温度。在图中的三条曲线中，EFD 曲线与最佳温度线最接近，即以 E 点温度进料反应结果最优。当然这只是定性的粗略比较，准确的比较要根据定量计算结果确定，这往往要借助计算机才能完成。

类似地，在壁温恒定的固定床换热式催化反应器中进行可逆吸热反应时，可以得到如图 6-16 所示的温度与转化率的关系。图中 DK 为平衡曲线，D 点为换热介质的初始温度对应的转化率，为在该条件下可实现的最大转化率。由图 6-16 可见，反应器进口温度不同，反应过程中温度与转化率的关系曲线不同。进料温度较低时（如 G 点对应温度），反应器的前部相当于一个换热器，反应速率较低，吸热速率也小，温度随转化率单调增加。当进料温度较高时（如 A 点对应的温度），开始时反应物浓度高，反应速率较快，导致吸热速率快，并且会大于供热速率，这时温度随转化率的提高而降低。在反应的后期，因反应速率减小，而使吸热速率减小并小于供热速率，这时温度随转化率的增加而提高。所以在反应中期的某一点存在一个温度的极小值，该温度称为冷点温度。图 6-16 中曲线 $DBHM$ 为冷点轨迹曲线。当反应进料温度高于 M 点对应温度时，x_A-T 线必存在一冷点，进料温度低于 M 点对应温度时，则不会出现冷点。

对于可逆吸热反应来说，因为其化学平衡和反应速率与温度的变化关系是一致的，所以反应时应尽可能提高进料温度。

(3) 管壁温度变化的换热式固定床反应器 在管壁恒温的换热式反应器中，换热介质与反应物料采取并流操作还是逆流操作，对反应过程没有影响。但是，当壁温沿轴向变化时，并流和逆流时的换热介质的温度分布方程不同，模型方程中的热量衡算式也不相同。

对于并流固定床催化反应器，将式(6-53)代入一维换热模型方程得：

$$G\frac{dT}{dl} = \frac{(-\Delta H_r)(-r_A)}{c_p} - \frac{4K}{d_t c_p}[-\beta\lambda x_A + (1+\beta)T - (T_{C0} + \beta T_0)] \qquad (6\text{-}60)$$

式(6-60)为并流操作时固定床反应器中床层轴向温度分布的微分方程。

当采用逆流操作时，将式(6-54)代入一维换热模型方程，可得反应器床层轴向温度分布方程：

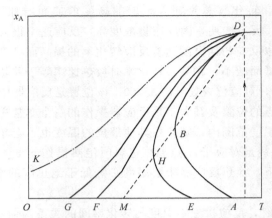

图 6-16 在换热固定床反应器中进行可逆吸热反应时的 x_A-T 关系

$$G \frac{dT}{dl} = \frac{(-\Delta H_r)(-r_A)}{c_p} - \frac{4K}{d_t c_p} \left[\beta \lambda x_A + (1-\beta)T - (T_{C0} - \beta T_0) \right] \tag{6-61}$$

式(6-60) 和式(6-61) 是放热反应的换热模型。对于吸热反应，只需将右边第二项取正号即可。

对于自热式反应器，将 $\beta = 1$ 代入式(6-60) 和式(6-61)，可分别得到并流和逆流时的温度分布方程：

$$G \frac{dT}{dl} = \frac{(-\Delta H_r)(-r_A)}{c_p} - \frac{4K}{d_t c_p} \left[-\lambda x_A + 2T - (T_{C0} + T_0) \right] \tag{6-62}$$

$$G \frac{dT}{dl} = \frac{(-\Delta H_r)(-r_A)}{c_p} - \frac{4K}{d_t c_p} \left[\lambda x_A - (T_{C0} - T_0) \right] \tag{6-63}$$

对于逆流自热式反应器，$T_{C0} = T_0$，故式(6-63) 可进一步化简为：

$$G \frac{dT}{dl} = \frac{(-\Delta H_r)(-r_A)}{c_p} - \frac{4K\lambda x_A}{d_t c_p} \tag{6-64}$$

并流式、逆流式和双套管式自热反应器的轴向温度分布如图 6-17 所示。图 6-17(a) 和图 6-17(b) 的上方曲线为催化剂床层轴向温度分布。图 6-17(c) 中，T_a 为外管的换热介质温度，T_i 为内管的换热介质温度。显然，自热式固定床反应器只能用于放热反应。

由图 6-17(a) 和图 6-17(b) 可见，逆流操作时床层内反应初期气体温度很快升高至热点温度，但反应后期速率下降也快；而并流操作变化趋势正好相反。这种现象可以用传热温差和放热速率的变化来解释。无论是逆流操作还是并流操作，反应初期反应速率和放热速率最大。然而，流向不同时进料温度不同，因而反应速率常数会不同，放热速率就会表现出差异。逆流操作时，在催化剂床层入口处冷却介质的温度较高，反应初期传热温差较小，所以催化剂床层温度上升很快。而在并流操作时，入口处温差较大，床层温度上升较慢。所以，逆流操作时反应初期的反应速率和放热速率比并流操作时快，因而床层升温速率较快。随着反应的进行，放热速率随反应速率的减小而减小，逆流操作时温差逐渐变大，因而出现后期床层温度快速下降的现象。并流操作时随着反应的进行，传热温差逐渐变小，故床层温度下降较缓慢。

可见，逆流操作的优点是原料器进入床层后能快速升温达到最佳反应温度，缺点是反应后期容易过冷。并流操作的优点是后期降温缓慢，缺点是反应初期升温缓慢，初始反应速率

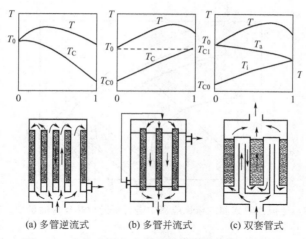

图 6-17　自热式固定床催化反应器的轴向温度分布

较小。显然，理想操作应是初期温度上升较快，后期温度下降较慢。这可以通过在并流操作的多管反应器的上部设置一段绝热床来实现。经预热的反应原料先进入绝热床中进行反应，使床层温度迅速升高，然后反应气体进入与原料气换热的催化剂床层进行反应。这样既保留了并流操作时反应后期降温速率缓慢的优点，又克服了原料气进入床层后升温速度慢的缺点。

下面以逆流操作的反应器为例，讨论管壁温度变化的换热式固定床反应器中进行可逆放热反应时温度与转化率之间的关系。联立式(6-56)、式(6-57) 和式(6-61)，并整理得：

$$\frac{\mathrm{d}T}{\mathrm{d}x_A} = \lambda - \frac{4Ky_{A0}[\beta\lambda x_A + (1-\beta)T - (T_{C0} - \beta T_0)]}{(-r_A)Mc_p d_t} \tag{6-65}$$

解式(6-65)的微分方程，以 x_A 对 T 作图可得如图 6-18 所示的 x_A-T 图。其中，NQE 为平衡曲线，RS 为最佳温度曲线。不同进料温度的操作线分别为 KLM、ABC 和 FGH。与壁温恒定的换热反应器相似，反应物料进口温度不同，则其操作线及热点温度均不同。而且，存在一最佳进口温度，在该温度下其操作线与最佳温度线最接近。KQ、AP 和 FE 分别为对应反应物料进口温度的绝热操作线。因为原料气初始浓度相同，所以这些线相互平行。

当床层进口处反应物料的温度 T_0 一定时，逆流操作时的最终转化率受冷却介质进口温度 T_{C0} 的限制，因为最终转化率不可能超过冷却介质进口温度相对应的平衡转化率。同理，当并流操作时，最终转化率受冷却介质出口温度的限制。所以相同条件下，可逆放热反应在逆流操作时所能达到的转化率高于并流操作。

对于自热式反应器，虽然内部有热交换，在整体上对环境是个绝热过程，所以对整个反应器作热量衡算，可得：

$$F_{A0}(-\Delta H_r)x_{Af} = Gc_p(T_f - T_{C0}) \tag{6-66}$$

整理得：

$$T_f = T_{C0} + \lambda x_{Af} \tag{6-67}$$

式中，x_{Af} 为最终转化率；T_{C0} 和 T_f 分别为冷原料初始温度和反应器出口处的温度。将上式在图 6-18 上作图可得直线 VN。V 点处的温度为冷原料气温度 T_{C0}。因式(6-67) 的制约关系，不管进入催化剂床层的温度如何改变，反应过程到达该直线处即停止。如在操作线 KLM 上，当反应进行到 W 点时便停止反应。可见，对于自热式换热反应器，原料气的入口温度确定很重要。

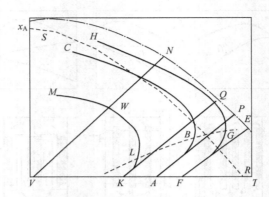

图 6-18　逆流换热式固定床反应器中进行可逆放热反应时的 x_A-T 关系

6.2　流化床催化反应器

　　流态化技术在化工生产中的应用和发展已经相当广泛,而它的最初应用正是在催化反应领域内。目前不仅成为气固催化反应领域中除固定床反应器外最受关注的一种反应技术,而且已经在煤的转化、金属提取加工、环保技术和能源工业等领域内得到广泛利用。

　　生产苯酐的反应是强放热反应,固定床反应器难以达到稳定控制反应温度的要求,其结果是可能引起飞温甚至爆炸。流化床反应器则可以很好地解决该类反应的移热问题,因为床层内气泡的搅拌作用和固体颗粒的快速流动强化了气固间、床层与床层内件间的传热,从而可以有效控制反应温度,防止超温,实现反应的等温或准等温操作。流化床反应器的另一个优点是可以使用粉状催化剂,有利于消除内扩散对反应的不利影响。

　　流化床反应器最著名的应用实例是石油馏分的催化裂化反应。催化裂化反应速率很高,但催化剂极易失活,而在固定床反应器上反应-再生频繁操作难以实现,生产效率极低。然而,采用流化床反应器很好地解决了快速反应和快速再生问题,因而在炼油工业中得到了广泛应用。

　　然而,由于流态化技术的固有特性以及流化过程影响因素的多样性,流化床反应器的应用存在着明显的局限性:①由于固体颗粒和气泡在连续流动过程中的剧烈循环和搅动,气相和固相都存在着相当宽的停留时间分布,导致不适当的产品分布,降低了目的产物的收率;②反应物以气泡形式通过床层,减少了气固相之间的接触机会,反应转化率较低;③固体催化剂在流动过程中的剧烈撞击和摩擦,使催化剂加速粉化,加上床层顶部气泡的爆裂和高速运动使大量细粒催化剂带出,造成明显的催化剂流失和反应器的磨损;④床层内的复杂流体力学、传递现象使得难以揭示其内在的规律。

6.2.1　流态化

　　如图 6-19 所示,当流体自下而上流过颗粒物料层时,随着流速的增加,流体的压力降将发生变化。在低流速范围内,压力降随着流速的增大而增加,床层内的颗粒处于静止状态，属于固定床范围。但当流速增大到某一值 u_{mf} 时，床层内颗粒开始松动，流速再增加，床层膨胀，床层空隙率增大。继续加大流速，颗粒则处于运动状态，床层继续膨胀，空隙率增加，在相当宽的流速范围内，压力降几乎不变。当流速达到 u_{mf} 的 10 倍左右时，在床层中会形成气泡，此时的流速 u_{mb} 称为气泡形成起始速度。流速在 u_{mf} 和 u_{mb} 之间，床层处于稳定的流化态。超出此范围，则床层内有大量气泡生成。进一步增大流速时，颗粒开始被流体带走而离开床层。继续提高流速到一定数值 u_t 时，将会带走床层内全部颗粒，相应的流速 u_t 称为带走速度。

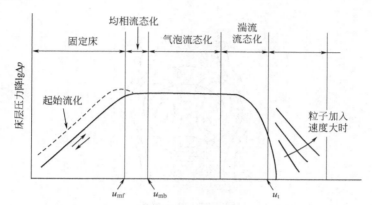

图 6-19 气固床层压力降与气体线速度的关系

床层的流化状态除与流体流速有关外，还与反应器的结构和物料的性质等有关。比如，床层的直径较小时易于形成节涌现象；当粒子间附着性强或分布板的压降较小时，床层容易发生沟流现象。各种流动状态示于图 6-20 中。

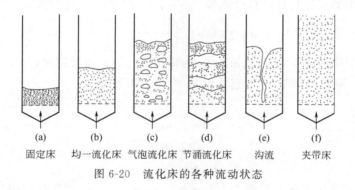

图 6-20 流化床的各种流动状态

6.2.2 流化床中的传递过程

(1) 传质 在流化床中按照固体颗粒的集中度可以分为两个部分：①乳化相，即固体颗粒密度大的部分；②气泡相，即固体颗粒密度很小的部分。进入流化床的气体中除了维持固体颗粒流化的小部分气体外，其余的绝大部分气体都以气泡形式穿过密相床层，气泡中固体颗粒的总量约为床层总颗粒量的 0.4%。

由于绝大部分气体处于气泡相，而形成气泡的气体一般都是反应物，因此气泡及其结构参数等是研究流化床中传递和反应的重要内容。

① 气泡 图 6-21 为流化床中的一个气泡及其周围的结构示意图。气泡周围的密相由三

部分组成：尾涡、泡晕和乳化相。气泡顶部呈圆球状，其直径为 d_b。气泡底部内凹，角度约为 $100°\sim170°$，这是由于气泡上升时在其后部出现低压区并吸入部分固体颗粒的缘故，称为尾涡。随着气泡上升，部分被卷入的气体带着气泡中的气体由气泡顶部通过气泡边界层渗入乳化相，在气泡周围向下运动的颗粒又借摩擦力将这部分气体带下进入尾涡，形成循环运动。气泡周围被循环气体所渗透的区域叫泡晕。气泡上升时，相邻的小气泡凝聚成大气泡，气泡周围的泡晕也不断合并、扩大，通过气泡中的气体与泡晕中气体的对流交换作用进行气泡相和乳化相中的气体交换。气泡相中的气体进入乳化相才能在固体催化剂上发生化学反应。

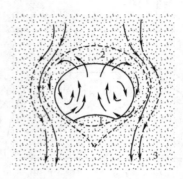

图 6-21　气泡模型
1—尾涡；2—泡晕；3—乳化相

在研究流化床反应器时，需要知道气泡的尺寸、各区域的体积和其中所含颗粒的质量分数等参数。下面分别介绍这些参数的求算方法。

Park 等人提出的气泡直径计算公式如下：

$$d_b = 33.3 d_p \left(\frac{u}{u_{mf}} - 1 \right)^{0.77} \tag{6-68}$$

式中，d_p 为催化剂颗粒直径，cm；u_{mf} 为临界（起始）流化速度，$cm \cdot s^{-1}$。

在流化床中，泡晕体积 V_c 与气泡体积 V_b 的关系如下：

$$\frac{V_c}{V_b} = \frac{u_{br} + 2u_f}{u_{br} - u_f} \tag{6-69}$$

$$u_{br} = 22.16 \sqrt{d_b} \tag{6-70}$$

$$u_f = u_{mf} / \varepsilon_{mf} \tag{6-71}$$

式中，u_{br} 为流化床中单个气泡的上升速度，$cm \cdot s^{-1}$；u_f 为乳化相中气泡的真实速度，$cm \cdot s^{-1}$；ε_{mf} 为临界流化床空隙率。

若用 γ_b、γ_c、γ_e 分别表示气泡中颗粒体积、泡晕及尾涡中颗粒体积和乳化相中颗粒体积与气泡的体积之比，γ_c 可用下式计算：

$$\gamma_c = (1 - \varepsilon_{mf}) \frac{V_c + V_w}{V_b} \tag{6-72}$$

式中，V_w 为尾涡体积，约为 V_b 的 $1/2$。

前已述及，气泡中颗粒含量很少，γ_b 一般为 $0.001\sim0.01$。γ_e 可用下式求得：

$$\delta_b (\gamma_b + \gamma_c + \gamma_e) = (1 - \varepsilon_{mf})(1 - \delta_b) \tag{6-73}$$

式中，δ_b 为床层中气泡所占体积分数，可由下式确定：

$$u_0 = u_0\delta_b + u_{mf}[1-\delta_b-(V_c+V_w)\delta_b/V_b] \tag{6-74}$$

当流化床中大量气泡快速上升时，泡晕的体积可忽略，式(6-74)可简化为：

$$u_0 = (1-\delta_b)u_{mf} + \delta_b u_0 \tag{6-75}$$

② 相间传质　通过上述讨论可知流化床内存在四个不同的区域，即气泡、泡晕、尾涡及乳化相。从相际传递的角度看，尾涡与泡晕区别较小，因此可以合并在一起考虑，称为泡晕。气固相催化反应是在颗粒表面的活性中心上进行的，而绝大部分的颗粒存在于乳化相中，因此反应气体必须从气泡相经泡晕相传至乳化相才能够实现催化反应。

图 6-22 是相际交换示意图。反应组分从气泡经泡晕传至乳化相的过程是一个串联的传递过程。设 C_{Ab}、C_{Ac} 和 C_{Ae} 分别表示气泡相、泡晕相和乳化相中反应组分 A 的浓度。对于定常态传递过程，相间传递速率方程可表示如下：

$$-\frac{dN_{Ab}}{V_b dt} = -u_b\frac{dC_{Ab}}{dl} = K_{bc}(C_{Ab}-C_{Ac})$$
$$= K_{ce}(C_{Ac}-C_{Ae})$$
$$= K_{be}(C_{Ab}-C_{Ae}) \tag{6-76}$$

式(6-76)左边项为交换速率，以气泡的体积为基准计算，表示单位时间、单位气泡体积所传递的组分 A 的物质的量。K_{bc}、K_{ce} 和 K_{be} 分别为气泡与泡晕间、泡晕与乳化相间和气泡与乳化相间的交换系数，均以气泡体积为基准。由上式不难导出这三个交换系数间的关系。

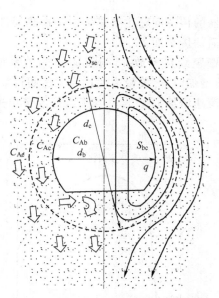

图 6-22　流化床中气泡周围相际交换示意图

⟶　气体运动方向
⇨　颗粒运动方向

$$\frac{1}{K_{be}} = \frac{1}{K_{bc}} + \frac{1}{K_{ce}} \tag{6-77}$$

气泡与泡晕之间的传质包括两个部分，一个是从气泡底部流入而从顶部流出的气量 q 所引起的，另一个是气泡内气体与泡晕中气体间的传质。对于单个气泡，下式成立：

$$-\frac{\mathrm{d}N_{Ab}}{\mathrm{d}t}=(q+k_{bc}S_{bc})(C_{Ab}-C_{Ac}) \tag{6-78}$$

式中，S_{bc}为气泡与泡晕间的传质表面；k_{bc}为气泡与泡晕间的传质系数，$\mathrm{cm\cdot s^{-1}}$，可按下式计算：

$$k_{bc}=0.975D_A^{1/2}(g/d_b)^{1/4} \tag{6-79}$$

式中，D_A是组分 A 的分子扩散系数，$\mathrm{cm^2\cdot s^{-1}}$；$g$ 为重力加速度，$\mathrm{cm^2\cdot s^{-1}}$。

气体的穿流量可用下式计算：

$$q=3\pi u_{mf}d_b^2 \tag{6-80}$$

将式（6-79）和式（6-80）代入式（6-78），再与式（6-76）比较可得：

$$K_{bc}=\frac{4.5u_{mf}}{d_b}+5.85\frac{D_A^{1/2}g^{1/4}}{d_b^{5/4}} \tag{6-81}$$

泡晕与乳化相间的交换系数 K_{ce}可用下式近似计算：

$$K_{ce}=6.78(\varepsilon_{mf}D_{eff}u_b/d_b^3)^{1/2} \tag{6-82}$$

式中，D_{eff}为气体在乳化相中的有效扩散系数。若缺乏数据，D_{eff}可在 D_A与（$\varepsilon_{mf}D_A$）之间取值。

由 K_{bc}和 K_{ce}根据式（6-77）可求得 K_{be}，利用式（6-76）和可测的 C_{Ab}和 C_{Ae}值便可计算出传质速率。

（2）传热 流化床反应器的传热问题主要是床层与换热元件之间的传热问题，目的是确定为了维持流化床温度所必需的传热面。

流体通过颗粒床层时，壁膜给热系数 α_w与流速 u 的关系如图 6-23 所示。当流速小于 u_{mf}时，床层属固定床，流速增加时 α_w缓慢增加；当流速超过 u_{mf}时，α_w随流速增大而急剧增加，达一极大值后，则随流速增加而减低。当流速等于带出速度时，则与空管的 α_w十分接近。

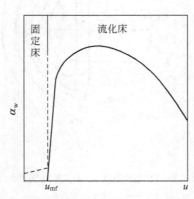

图 6-23 壁膜给热系数与流速的关系

流化床向换热表面的传热是一个复杂的过程，给热系数的关联式与流体和颗粒的性质、流动条件、床层与换热面的几何形状等因素有关。流化床向换热面传热的给热系数关联式的局限性较大，其准确度一般较低。

① 直立换热管 当换热管为直立管时，气固流化床与换热管间给热系数 α_w可按下式计算：

$$\frac{\alpha_w d_P}{\lambda_g} = 0.01844 C_R (1-\varepsilon_f) \left(\frac{c_{pg}\mu_g}{\lambda_g}\right)^{0.43} \left(\frac{d_P \rho_g u_g}{\mu_g}\right)^{0.23} \left(\frac{c_{ps}}{c_{pg}}\right)^{0.8} \left(\frac{\rho_s}{\rho_g}\right)^{0.66} \tag{6-83}$$

式中，u_g 是气体通过流化床的空床流速；ε_f 是流化床的空隙率；下标 s 指固体；下标 g 指气体。C_R 为表示换热管径向位置的参数，其值可从图 6-24 查得。图中横坐标为换热管的中心至床层中心的径向距离 r 与床层半径 R 之比。上式的使用条件是 $Re_p = 10^{-2} \sim 10^2$。

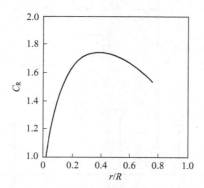

图 6-24　校正系数 C_R 与床层径向相对距离的关系

② 水平换热管　当换热管为水平管时，α_w 可按下列两式计算：

$$\frac{\alpha_w d_P}{\lambda_g} = 0.66 \left(\frac{c_{pg}\mu_g}{\lambda_g}\right)^{0.3} \left[\left(\frac{d_{ti}\rho_g u_g}{\mu_g}\right)\left(\frac{\rho_s}{\rho_g}\right)\left(\frac{1-\varepsilon_f}{\varepsilon_f}\right)\right]^{0.44} \left(\frac{d_{ti}\rho_g u_g}{\mu_g} < 2000\right) \tag{6-84}$$

$$\frac{\alpha_w d_P}{\lambda_g} = 420 \left(\frac{c_{pg}\mu_g}{\lambda_g}\right)^{0.3} \left[\left(\frac{d_{ti}\rho_g u_g}{\mu_g}\right)\left(\frac{\rho_s}{\rho_g}\right)\left(\frac{\mu_g^2}{d_P^3 \rho_s g}\right)\right]^{0.3} \left(\frac{d_{ti}\rho_g u_g}{\mu_g} > 2500\right) \tag{6-85}$$

式中，d_{ti} 是水平管的外径。

③ 外壁　床层与外壁的给热系数的经验式较多，如：

$$\frac{\alpha_w d_P}{\lambda_g} = 0.16 \left(\frac{c_{pg}\mu_g}{\lambda_g}\right)^{0.4} \left(\frac{d_P \rho_g u_g}{\mu_g}\right)^{0.76} \left(\frac{\rho_s c_{ps}}{\rho_g c_{pg}}\right)^{0.4} \left(\frac{u_g}{g d_P}\right)^{-0.2} \left(\frac{u_g - u_{mf}}{u_g} \times \frac{L_{mf}}{L_f}\right)^{0.36} \tag{6-86}$$

6.2.3　流化床反应器的数学模型

根据对流化床中气体与固体颗粒的分布情况、流动模式以及床层中分布板等结构因素的影响认识和估计，目前提出的流化床反应器数学模型已多达几十种。但是，从进行流化床反应器初步设计的要求出发，一般认为采用鼓泡床模型较合适。

鼓泡床模型的主要优点在于其概念比较简单清楚，相间交换机理的假设比较合理，而且它的关键参数是单一的平均气泡直径。鼓泡床模型的基本假定包括：① 床层分为气泡相、泡晕和乳化相三个区域，在这些区域间进行的气体交换过程是串联的；② 乳化相处于临界流化状态，超过临界流化气速（起流速度）的多余气量均以气泡形式通过床层，气泡中基本不含固体颗粒；③ 除了分布板附近的区域以外，整个床层内气泡的直径是均匀的，气泡直径是决定床层内操作情况的关键参数；④ 所有传递到乳化相中的反应组分能在乳化相完全反应，而离开床层的气体组成可以用床层上界面处气泡的组成来表示。鼓泡床模型可用图 6-25 表示。

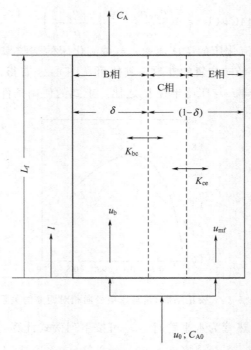

图 6-25　鼓泡床模型示意图

以 1 级反应为例，假定以颗粒体积为基准的反应速率常数为 k_r。分别对气泡相、泡晕相和乳化相作物料衡算，可得下列方程：

$$-u_b \frac{dC_{Ab}}{dl} = \gamma_b k_r C_{Ab} + K_{bc}(C_{Ab} - C_{Ac}) = k_f C_{Ab} \tag{6-87}$$

$$K_{bc}(C_{Ab} - C_{Ac}) = \gamma_c k_r C_{Ac} + K_{ce}(C_{Ac} - C_{Ae}) \tag{6-88}$$

$$K_{ce}(C_{Ac} - C_{Ae}) = \gamma_e k_r C_{Ae} \tag{6-89}$$

式中，k_f 为包括上述所有反应历程的总反应速率常数。

积分式(6-87)，根据边界条件：$l=0$ 时 $C_{Ab} = C_{A0}$，可得下式：

$$C_{Ab} = C_{A0} \exp(-k_f l / u_b) \tag{6-90}$$

当 $l=L_f$ 时 $C_{Ab} = C_{Ab,L}$，代入上式：

$$C_{Ab,L} = C_{A0} \exp(-k_f L_f / u_b) \tag{6-91}$$

消除上述各式中的浓度项可得：

$$k_f = k_r \left(\gamma_b + \cfrac{1}{\cfrac{k_r}{K_{bc}} + \cfrac{1}{\gamma_c + \cfrac{1}{(k_r/K_{ce}) + 1/\gamma_e}}} \right) \tag{6-92}$$

对于床层高度为 L_f 的流化床反应器，组分的出口转化率 x_{Af} 为：

$$x_{Af} = 1 - \frac{C_{Ab,L}}{C_{A0}} = 1 - \exp(-k_f L_f / u_b) \tag{6-93}$$

若已知出口转化率 x_{Af}，则由式(6-93)也可求得流化床反应床层的高度 L_f。

由于流化床反应器内固体颗粒和气泡的流体力学及相间传递过程较复杂，所提出的流化床反应器模型虽然很多，但还没有模型放大的成功实例，经验放大仍是流化床反应器放大和设计所采用的主要方法。

习　题

1. 某固定床反应器内装填固体催化剂颗粒，已知所填充的固体颗粒的堆密度为 $1.5g \cdot cm^{-3}$，颗粒密度为 $2.2g \cdot cm^{-3}$。若空管时测得的气体线速度为 $0.1m \cdot s^{-1}$，试求真实床层的线速度为多少？

2. 在一个列管式固定床反应器内进行丙烯氧化合成丙烯腈的反应。反应管内径为 $25mm$，床层高度为 $2.7m$。床层内装填平均粒径 d_p 为 $3.5mm$ 的 Bi-MoP 系石英砂催化剂，床层空隙率为 0.50，床层平均温度为 $460℃$，每根反应管进丙烯量为 $1.48mol \cdot h^{-1}$，原料气分子比为 C_3H_6：NH_3：空气：水 $= 1：1.1：12.5：3.19$，反应原料混合气黏度为 $3.15 \times 10^{-5} Pa \cdot s$，管内平均压力为 $1.41atm$，试计算反应器床层的压力降。

3. 常压下，在氧化铬/氧化铝催化剂上丁烷脱氢反应为 1 级反应。拟在装有直径为 $4mm$ 的球形催化剂的固定床反应器中，将 $100kg \cdot h^{-1}$ 的丁烷脱氢以生产丁烯；反应在 $530℃$ 等温进行。如催化剂的平均孔径为 $100Å$，孔容为 $0.34cm^3 \cdot g^{-1}$，颗粒密度为 $1.2g \cdot cm^{-3}$，曲节因子取 2.8，$530℃$ 时反应速率常数为 $0.94cm^3 \cdot g^{-1} \cdot s^{-1}$。计算丁烷转化率达到 28% 所需的催化剂量。

4. 在直径为 $3mm$ 的多孔球形催化剂组成的等温固定床反应器中进行 1 级不可逆反应，反应速率常数为 $0.8s^{-1}$。有效扩散系数为 $0.013cm^2 \cdot s^{-1}$。当床层高度为 $2m$ 时，可达到所要求的转化率。为了降低床层压力降，拟改用直径为 $6mm$ 的球形催化剂，其他条件均保持不变。试计算：

（1）催化剂床层高度；

（2）床层压力减小的百分率。

5. 一工业固定床绝热反应器，用新催化剂操作时，反应器进出口的气体温度分别为 $400℃$ 和 $420℃$，经过一段时间的操作，催化剂活性下降，为了维持原来的转化率水平，将进气温度提高到 $440℃$，出口气体温度相应地变为 $460℃$。如果反应的活化能为 $104.7kJ \cdot mol^{-1}$，试估计催化剂活性下降的百分率。

6. 在直径为 $1.2m$ 的反应器中，装填直径为 $3mm$ 的 $Zn-Fe_2O_3$ 催化剂 $0.24m^3$，在 $400℃$ 等温条件下进行乙炔水合反应。操作压力为 $1atm$。原料气流量为 $1000m^3 \cdot h^{-1}$，其中含 3% 乙炔，其余为水蒸气。若该反应为 1 级不可逆反应，$400℃$ 时反应速率常数等于 $0.323s^{-1}$。由于乙炔的浓度甚低，可忽略反应过程中反应混合物总物质的量的变化。现假定反应混合物的施米特数近似等于 1，试按下述模型计算床层出口处乙炔的转化率。

（1）拟均相一维模型；

（2）拟均相一维基础模型。

7. 重复习题 6 的计算，但反应器直径改为 $0.4m$。

8. 气固催化反应：

$$A \longrightarrow C+D \qquad (-r_{Am}) = k_m C_A (mol \cdot kg^{-1} \cdot s^{-1}) \qquad (1)$$

在固定床反应器中进行。反应开始时的转化率为 0.9，催化剂活性按表达式（2）递减，反应运行 30 天后速率常数 k_m 降至初始值 k_m^0 的一半。

$$k_m = k_m^0 e^{-k_d t} \qquad (2)$$

式中，t 为反应时间，h；k_d 为催化剂失活系数，h^{-1}。

假定催化剂外扩散阻力可忽略，催化剂颗粒半径 $R = 1.5 \times 10^{-3} m$，催化剂的表观密度 $\rho_p = 1200 kg \cdot m^{-3}$，粒内扩散系数 $D_{eA} = 5 \times 10^{-7} m^2 \cdot s^{-1}$，$k_m^0 = 1.50 \times 10^{-2} m^3 \cdot kg^{-1} \cdot s^{-1}$。求：

（1）催化剂失活系数 k_d；

（2）反应 60 天后出口转化率变为多少？

9. 某放热可逆反应在下图（a）和（b）所示的反应器组中进行。图中 Q_{in} 表示加热，Q_{out} 表示冷却，γ 为循环比。在 T-x_A 图上画出各反应器组中转化率和温度的变化情况。

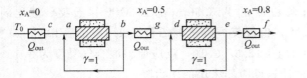

(a) 段间冷却的两段绝热反应器组　　　　　　(b) 段间原料气冷激式两段绝热反应器组

10. 下图中的（a）和（b）分别为两个可逆反应的 T-x 图，其中 MN 为平衡线，OP 为最佳反应速率线，AB 为换热操作线，AC 为绝热操作线，DE 为等温操作线。

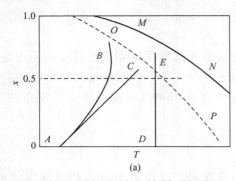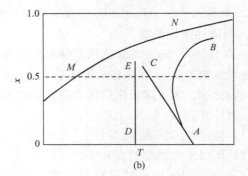

(a)　　　　　　　　　　　　　　(b)

（1）试比较两图的差异，并说明原因。

（2）对于图（a）所示的反应，三种操作方式中哪种所需的催化剂量最小？哪种所需催化剂量最大？为什么？

（3）对于图（b）所示的反应，三种操作方式中哪种所需的催化剂量最小？哪种所需催化剂量最大？为什么？

11. 在流化床反应器中，采用以微球硅胶为载体的磷钼铋催化剂将丙烯氨氧化成丙烯腈。若催化剂的平均直径为 $51\mu m$，颗粒密度为 $2.5 g \cdot cm^{-3}$，床层空隙率为 0.5，起流时床层空隙率为 0.6。反应气体的密度及黏度分别按 $1 g \cdot L^{-1}$ 及 $4 \times 10^{-4} g \cdot cm^{-1} \cdot s^{-1}$ 计算。试求：

（1）最小流化速度；

（2）带走速度；

（3）操作速度。

12. 在流化床催化剂反应器进行 1 级不可逆反应 $A \longrightarrow B$。净床高 900mm，起流速度及操作速度分别为 $0.02 m \cdot s^{-1}$ 及 $0.2 m \cdot s^{-1}$。起流和操作时的床层空隙率分别等于 0.5 和

0.45。在反应温度下反应速率常数为 $2s^{-1}$。试用鼓泡床模型，气泡的有效直径为 7.5cm，计算组分 A 的转化率。

13. 若习题 12 的气体处理量增加一倍，相应的催化剂也增加一倍，气泡的有效直径变为 15cm，其余条件不变，重新计算组分 A 的转化率。

7 气液反应器与气液固反应器

气液反应和气液固反应也是重要的工业反应，下面分别分析这两类反应的特点及其所使用的反应器。

7.1 气液反应器

气液反应广泛地应用于化工、炼油等过程工业中。气液反应器是用于气相组分在液相中边溶解边反应的反应器。气液反应分为两类，一类是以气体净化为目的的化学吸收过程（如用碱性溶液吸收 CO_2），另一类是由气相和液相反应物参与的多相反应过程（如卤化、加氢、空气氧化、磺化等精细化学品合成中常用的反应和生化过程中的好气性微生物发酵过程等）。这两类气液反应在基本原理上并无不同，只是在反应器设计和操作上有一定差别。

气液反应通过气液相界面进行传质和实现反应。由于气相和液相都是流动相，气液相界面的位置和大小都不是固定不变的，取决于反应器的结构、流体力学特性以及操作条件等。在气液反应过程中，气相反应组分从气相主体扩散到两相界面，在界面处溶解进入液膜，在液膜中气液组分的扩散和反应是同时进行的，扩散速率和反应速率的相对大小会影响反应组分在液膜中的浓度分布，所表现出的宏观反应速率方程的形式因而存在差异。

本章将主要介绍气液反应的宏观动力学和几种典型的气液反应器的特点。

7.1.1 反应宏观动力学

对于气液反应：

$$A(g) + bB(l) \longrightarrow P$$

其宏观反应历程为：①组分 A 从气相向气液相界面扩散并在界面处溶解；②溶解的组分 A 在继续向液相内部扩散的同时，与液相中的组分 B 反应；③产物 P 若为液相则向低浓度方向扩散，若为气相则向界面扩散。所以，实际表现出的反应速率是包含扩散因素影响的反应速率，称为气液反应宏观动力学。

用于描述气液两相传质的模型有稳态扩散和非稳态扩散两大类。属于第一类的有双膜模型，属于第二类的有渗透模型和表面更新模型。非稳态模型虽然较稳态模型更能真实地反映实际传质过程，但数学表达和处理均较烦琐。所幸的是，双膜模型与非稳态模型计算的结果相差在 10% 之内。所以，本章将以双膜模型研究气液反应的宏观动力学。

　　双膜模型假定在气液相界面两侧各存在一个静止膜，气侧称为气膜，液侧称为液膜，相间传质速率取决于其扩散系数和各组分的浓度差。根据扩散速率与反应速率的相对值大小，气液反应可分为瞬间反应、快速反应、中速反应和慢速反应四类（如图 7-1 所示）。

　　(1) 瞬间反应　当组分 A 和 B 的反应速率非常快时，它们在相接触的一瞬间，反应即进行完毕。如图 7-1(a) 所示，A 和 B 的浓度在液膜内的某一位置（称为反应界面）处变为 0。当液相浓度提高时，反应界面向气液相界面方向移动。当液相浓度达到一定值时，反应界面与气液相界面重合，反应速率完全受气膜内传质过程控制［如图 7-1(b) 所示］。该浓度称为临界浓度，用 $(C_{BL})_c$ 表示。

　　(2) 快速反应　当 A 与 B 的反应速率大于组分在液膜中的传质速率时，反应在液膜中完成，在液相主体中无反应。在反应过程中 A 和 B 的典型浓度变化如图 7-1(c) 所示，在液膜内 A 和 B 的浓度迅速降低，A 的浓度在液膜中某一位置变为 0。当组分 B 过量较多时，B 在液膜内变化很小，如图 7-1(d) 所示的那样，B 的浓度可近似看作不变，宏观反应速率可看成只与 C_A 有关，按 1 级反应处理。

　　(3) 中速反应　当 A 与 B 的反应速率小于 A 在液膜中的传质速率且处于同一数量级时，反应不能在液膜中完成，需继续在液相主体中进行［如图 7-1(e) 所示］。对于这类反应，如果 B 组分的浓度很高，同样可按 1 级反应处理［如图 7-1(f) 所示］。

　　(4) 慢速反应　当 A 与 B 的反应速率很慢时，在液膜内的反应量很少，可忽略。反应主要在液体主体中进行。如图 7-1(g) 所示。组分 A 在液膜内的浓度分布只与传质过程有关，呈线性递减；组分 B 的浓度则保持不变。如果反应速率非常小，而扩散速率相对较大时，组分 A 在液膜内的浓度分布变平坦。极限情况如图 7-1(h) 所示。

7.1.2　气液反应的宏观反应速率方程

　　由 7.1 节分析可见，反应速率与扩散速率的相对大小不同时，反应物组分的浓度分布差异较大，因而其宏观反应速率的计算也各不相同。

7.1.2.1　瞬间反应

　　如图 7-1(a) 所示，A 和 B 在液膜内 $x=x$ 处，瞬间完全反应，在该反应面上 C_A 和 C_B 均变为 0。通过单位反应界面积的 A 和 B 组分的扩散速率 N_A 和 N_B（mol·m^{-2}·s^{-1}）分别可表示为：

$$N_A = D_A(C_{Ai}-0)/x \tag{7-1}$$
$$N_B = D_B(C_{BL}-0)/(x_L-x) \tag{7-2}$$

　　式中，C_{Ai} 为气液相界面处 A 的浓度，mol·m^{-3}；C_{BL} 为液相主体中 B 的浓度；D_A 和 D_B 分别为组分 A 和 B 在液相中的扩散系数，m^2·s^{-1}；x_L 为液膜厚度。

　　根据反应的化学计量式有：

$$N_A = N_B/b \tag{7-3}$$

由式(7-1)、式(7-2) 和式(7-3) 整理得：

$$\frac{x}{x_L} = \frac{1}{1+\dfrac{D_B}{bD_A}\times\dfrac{C_{BL}}{C_{Ai}}} \tag{7-4}$$

将上式代入式(7-1) 得：

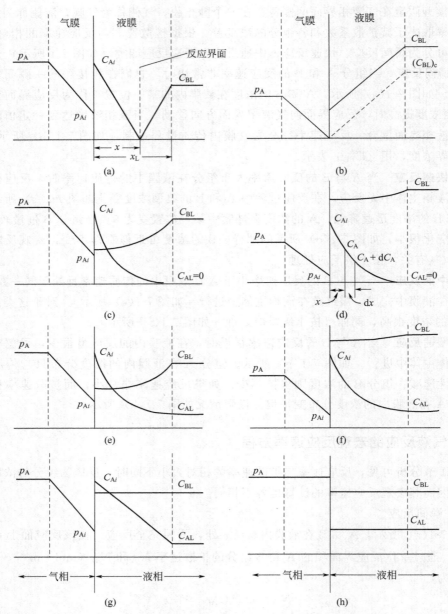

图 7-1 不同气液反应情况下的浓度分布

$$N_A = \frac{D_A}{x_L} \times C_{Ai} \left(1 + \frac{D_B}{bD_A} \times \frac{C_{BL}}{C_{Ai}} \right) \tag{7-5}$$

根据双膜模型，D_A/x_L 定义为液膜内组分 A 的传质系数 k_L，将其代入式(7-5) 得：

$$N_A = k_L C_{Ai} \left(1 + \frac{D_B}{bD_A} \times \frac{C_{BL}}{C_{Ai}} \right) \tag{7-6}$$

令

$$\beta = 1 + \frac{D_B}{bD_A} \times \frac{C_{BL}}{C_{Ai}} = 1 + q \tag{7-7}$$

$$q = D_B C_{BL} / (b D_A C_{Ai}) \tag{7-8}$$

则式(7-6) 可表示为：

$$N_A = k_L C_{Ai} \beta \tag{7-9}$$

对于无化学反应参与的物理吸收过程来说，若吸收液的量很大，吸收速率可表示为：

$$N_A = k_L (C_{Ai} - C_{AL}) \tag{7-10}$$

若在液相主体中 A 的浓度 C_{AL} 较小，则可简化为：

$$N_A = k_L C_{Ai} \tag{7-11}$$

比较式(7-9)和式(7-11)可知，有化学反应参与的化学吸收速率是物理吸收的 $\beta(>1)$ 倍。β 称为增强因子，表示反应对吸收速率的增强程度。

上面推导的速率表达式中，组分 A 的相界面浓度无法测定，需要与气膜一侧的气体分压进行关联。因为在气相中不发生反应，扩散速率 N_A 可用下式表示：

$$N_A = k_G (p_A - p_{Ai}) \tag{7-12}$$

式中，p_{Ai} 为气相组分在气液相界面处的分压。

假定气液平衡关系遵循亨利定律，则有：

$$p_{Ai} = H_A C_{Ai} \tag{7-13}$$

式中，H_A 为亨利系数。

因为组分 A 在气膜和液膜中的扩散为串联过程，在定常态操作时其速率相等。联立式(7-6)、式(7-12)和式(7-13)，整理并消去难以测定的相界面浓度（p_{Ai} 和 C_{Ai}），可求得组分 A 的扩散速率为：

$$N_A = \frac{p_A/H_A + [D_B/(bD_A)]C_{BL}}{(1/k_G H_A) + (1/k_L)} \tag{7-14}$$

对于图 7-1(a) 所示的瞬间反应，通过单位气液相界面 A 的消失速率（即 A 的反应速率）与 A 的扩散速率相等，所以 A 为限量组分的气液反应速率 $(-r_{As})$ 可写成：

$$(-r_{As}) = N_A = K_G \left(p_A + \frac{H_A D_B}{bD_A} C_{BL} \right) \tag{7-15}$$

式中，K_G 为气膜总传质系数。

$$1/K_G = 1/k_G + H_A/k_L \tag{7-16}$$

由式(7-4)可知，当不断提高液相组分 B 的浓度 C_{BL} 时，$x \to 0$，即反应界面向气液相界面靠近，液膜内 B 的浓度按图 7-1(b) 中的虚线变化。当 $x = 0$ 时，气液两组分的浓度均变为 0。此时液相主体中 B 的浓度用 $(C_{BL})_c$ 表示，可得下式：

$$k_G(p_A - 0) = \frac{1}{b} \times \frac{D_B}{x_L} [(C_{BL})_c - 0] = \frac{D_B}{bD_A} k_L (C_{BL})_c \tag{7-17}$$

或

$$(C_{BL})_c = \frac{bD_A k_G}{D_B k_L} p_A$$

当 $C_{BL} > (C_{BL})_c$ 时，气膜内 A 的浓度分布不变，而液膜内 B 的浓度分布线向上平移[图 7-1(b) 中实线]。此时，反应速率可用下式表示：

$$(-r_{As}) = N_A = k_G p_A \tag{7-18}$$

7.1.2.2 快速反应

在以净化为目的的化学吸收过程中，大多数情况下气液反应过程中液相组分 B 大量过剩，反应过程中组分 B 的浓度基本不变，其浓度分布见图 7-1(d)。其化学反应速率可用 $r = kC_A C_{BL}$ 表示，在 x 与 $x + dx$ 之间的微元中对于组分 A 作物料衡算：

$$-D_A a \frac{dC_A}{dx} - \left[-D_A a \frac{d}{dx}\left(C_A + \frac{dC_A}{dx}dx\right) \right] - kC_{BL}C_A a\,dx = 0$$

即

$$-D_A \frac{dC_A}{dx} + D_A \frac{dC_A}{dx} + D_A \frac{d^2C_A}{dx^2} - kC_{BL}C_A\,dx = 0$$

式中，a 为微元体两侧扩散面积。上式整理可得：

$$D_A(d^2C_A/dx^2) = kC_{BL}C_A \tag{7-19}$$

边界条件：
$$x = 0, \quad C_A = C_{Ai}$$
$$x = x_L \quad C_A = 0$$

积分式(7-19) 得：

$$C_A = \frac{\sinh[(x_L - x)\sqrt{kC_{BL}/D_A}]}{\sinh(x_L\sqrt{kC_{BL}/D_A})}C_{Ai} \tag{7-20}$$

其中，双曲正弦函数的表达式为：$\sinh\alpha = \dfrac{e^\alpha - e^{-\alpha}}{2}$。

将式(7-20) 对 x 求导，并令 $x = 0$，便可求得气液相界面处组分 A 的浓度梯度，从而可求得组分 A 穿过气液相界面的扩散速率。因为单位气液界面上 A 的反应速率（$-r_{As}$）与 $x = 0$ 处的扩散速率相等，因而有：

$$(-r_{As}) = -D_A\left(\frac{dC_A}{dx}\right)_{x=0} = \frac{D_A}{x_L}C_{Ai}\frac{x_L\sqrt{kC_{BL}/D_A}}{\tanh(x_L\sqrt{kC_{BL}/D_A})} = k_L C_{Ai}\frac{\gamma}{\tanh\gamma} \tag{7-21}$$

$$k_L = D_A/x_L$$
$$\gamma = x_L\sqrt{kC_{BL}/D_A} = \sqrt{kC_{BL}D_A}/k_L$$

比较式(7-11) 和式(7-21) 可知，此时的增强因子 β 可用下式表示：

$$\beta = \frac{\gamma}{\tanh\gamma} \tag{7-22}$$

式中，γ 是气液反应的重要参数，称为八田数。如式(7-23) 所示，γ^2 的物理意义为最大反应速率与最大扩散速率之比。

$$\gamma^2 = \frac{x_L^2 kC_{BL}}{D_A} = \frac{kC_{Ai}C_{BL}x_L a}{(D_A/x_L)a(C_{Ai}-0)} \tag{7-23}$$

因此，当 $\gamma \gg 1$ 时，表明反应速率大于组分 A 在液膜内的扩散速率。

式(7-22) 所示的 β 和 γ 关系如图 7-2 的曲线所示。当 $\gamma > 5$ 时 $\tanh\gamma \approx 1$，则：

$$\beta = \gamma \tag{7-24}$$

相应地，式(7-21) 可改写成：

$$(-r_{As}) = C_{Ai}\sqrt{kC_{BL}D_A} \tag{7-25}$$

式(7-25) 中不含传质系数，这是因为当反应速率较大时，反应主要在气液相界面附近的液膜内完成，宏观反应速率与液膜厚度 x_L（$x_L = D_A/k_L$）无关。

由图 7-2 可知，当 $\gamma < 0.1$ 时，$\beta \approx 1$，式(7-21) 可写成：

$$(-r_{As}) = k_L C_{Ai} \tag{7-26}$$

上式与液量大时的纯物理吸收速率相等，也就是说可以忽略液膜中的化学反应，属于极慢反应。

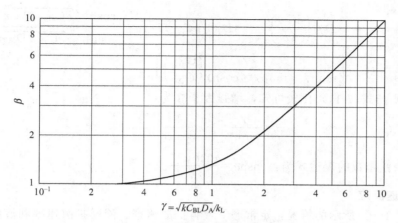

图 7-2　拟 1 级反应的系数关系

对于气膜侧来说，单位相界面积上组分 A 的传质速率为：

$$N_A = k_G(p_A - p_{Ai}) \tag{7-27}$$

由于气膜传质与液膜传质过程相串联，定常态下二者速率相等，且等于 A 的反应速率：

$$(-r_{As}) = N_A = k_G(p_A - p_{Ai}) = k_L C_{Ai}\beta \tag{7-28}$$

将式（7-13）代入式（7-28）并化简得：

$$(-r_{As}) = \frac{p_A}{1/k_G + H_A/(k_L\beta)} \tag{7-29}$$

当 $\gamma > 5$ 或 $\gamma < 0.1$ 时，上式可写成：

$$(-r_{As}) = \frac{p_A}{1/k_G + (H_A/\sqrt{kC_{BL}D_A})} \quad (\gamma > 5) \tag{7-30}$$

$$(-r_{As}) = \frac{p_A}{1/k_G + (H_A/k_L)} \quad (\gamma < 0.1) \tag{7-31}$$

7.1.2.3　中速反应

在液相中反应物 B 大量过剩的条件下，C_{BL} 可以看成基本不变。与快速反应类似，在 x 与 $x + \mathrm{d}x$ 之间的微元中对组分 A 作物料衡算，并简化得：

$$D_A(\mathrm{d}^2 C_A/\mathrm{d}x^2) = kC_{BL}C_A \tag{7-32}$$

其边界条件与快速反应不同：

$$x = 0 \text{ 时，} C_A = C_{Ai}$$
$$x = x_L \text{ 时，} C_A = C_{AL}$$

积分式（7-32）得：

$$C_A = \frac{C_{Ai}\sinh[(x_L - x)\sqrt{kC_{BL}/D_A}] + C_{AL}\sinh(x\sqrt{kC_{BL}/D_A})}{\sinh(x_L\sqrt{kC_{BL}/D_A})} \tag{7-33}$$

上式求导得：

$$\frac{\mathrm{d}C_A}{\mathrm{d}x} = \frac{-C_{Ai}\sqrt{kC_{BL}/D_A}\cosh[\sqrt{kC_{BL}/D_A}(x_L - x)] + C_{AL}\sqrt{kC_{BL}/D_A}\cosh x}{\sinh(x_L\sqrt{kC_{BL}/D_A})} \tag{7-34}$$

单位气液相界面的组分 A 的反应速率（即吸收速率）与 $x = 0$ 处的扩散速率相等：

$$(-r_{As}) = N_A = -D_A \left(\frac{dC_A}{dx}\right)_{x=0} = D_A \sqrt{kC_{BL}/D_A} \frac{C_{Ai}\cosh(\sqrt{kC_{BL}/D_A}\,x_L) - C_{AL}}{\sinh(\sqrt{kC_{BL}/D_A}\,x_L)}$$

$$= k_L C_{Ai} \left[\frac{\gamma}{\tanh\gamma} - \frac{\gamma}{\tanh\gamma \times \cosh\gamma}\left(\frac{C_{AL}}{C_{Ai}}\right)\right] \tag{7-35}$$

式(7-35)与式(7-11)比较可知,增强因子 β 为:

$$\beta = \frac{\gamma}{\tanh\gamma}\left[1 - \frac{1}{\cosh\gamma}\left(\frac{C_{AL}}{C_{Ai}}\right)\right] \tag{7-36}$$

其中,双曲余弦函数的表达式为:$\cosh\alpha = \dfrac{e^\alpha + e^{-\alpha}}{2}$。

7.1.2.4 慢速反应

对于图 7-1(g)所示的情况,定常态下气膜扩散速率、液膜扩散速率和液体主体内的反应速率相等,且等于宏观反应速率,即

$$(-r_A) = k_G a_b(p_A - p_{Ai}) = k_L a_b(C_{Ai} - C_{AL}) = kC_{AL}C_{BL} \tag{7-37}$$

将亨利公式代入上式,并消去无法测定的 p_{Ai} 和 C_{Ai},得:

$$(-r_A) = \frac{p_A}{[1/(k_G a_b)] + [H_A/(k_L a_b)] + [H_A/(kC_{BL})]} \tag{7-38}$$

若反应速率非常慢,浓度分布如图 7-1(h)所示,其反应速率为:

$$(-r_A) = kC_{AL}C_{BL} = (k/H_A)p_A C_{BL} \tag{7-39}$$

7.1.2.5 宏观反应速率方程的适用条件

根据反应速率和传质速率的相对大小以及气液相界面附近液膜中反应物浓度分布情况,前面分四种情况分别推导了气液反应宏观反应速率方程式。但是,推导过程中只对反应速率方程的成立条件作了定性描述,而没有量化该条件。为量化各速率方程的适用条件,需使用的描述浓度分布的参数包括:

$$\gamma = \sqrt{kC_{BL}D_A}/k_L \tag{7-40}$$

$$q = \frac{D_B}{bD_A} \times \frac{C_{BL}}{C_{Ai}} \tag{7-41}$$

$$\delta = \frac{1}{a_b x_L} = \frac{k_L}{D_A a_b} \tag{7-42}$$

式中, γ 表示反应速率与扩散速率的相对大小; q 表示组分 A 和 B 在液膜内的扩散速率之比; δ 表示单位液相体积所具有液膜体积($a_b x_L$)的倒数,其值越大表示液体体积相对量越大。

当 $\gamma > 5$ 时,反应在液膜内完成,浓度分布如图 7-1(a)、图 7-1(b)、图 7-1(c)或图 7-1(d)所示。当 $\gamma < 0.1$ 时,液膜内的反应可忽略不计,反应主要在液相主体中进行,浓度分布如图 7-1(g)或图 7-1(h)所示。当 $0.1 < \gamma < 5$ 时,在液相主体和液膜中的反应量都不可忽略,浓度分布如图 7-1(e)或图 7-1(f)所示。根据 γ 的大小可大致区分浓度分布的情况,但要详细划分各种情况时还需要 q 和 δ 等参数。表 7-1 列出了各宏观反应速率方程的量化适用条件。

【例 7-1】 用有机胺 RNH_2 水溶液吸收含 0.2% H_2S 的尾气($1.0MPa$, $20℃$),求溶液浓度分别为 $30mol \cdot m^{-3}$ 和 $150mol \cdot m^{-3}$ 时的反应速率。

已知,气液反应为瞬间反应:

表 7-1 气液宏观反应速率方程的适用条件

浓度分布情况 (图 7-1)	(a)	(b)	(c)	(g) ($C_{AL}=0$)	(h)
条件	$\gamma>5$ $\gamma>10q$ $C_{BL}<(C_{BL})_c$	$\gamma>5$ $\gamma>10q$ $C_{BL}\geqslant(C_{BL})_c$	$\gamma>5$ $q>5\gamma$	$\gamma<0.1$ $\delta\gamma^2>100$	$\gamma<0.1$ $\delta\gamma^2<0.01$
宏观速率方程	式(7-15)	式(7-18)	式(7-25)	式(7-26)	式(7-39)

$$H_2S+RNH_2 \longrightarrow HS^- + RNH_3^+ \qquad [A(g)+B(l) \longrightarrow C(l)+D(l)]$$

$k_L=4.3\times10^{-5}\,\text{m}\cdot\text{s}^{-1}$, $\quad k_G=0.6\,\text{mol}\cdot\text{m}^{-2}\cdot\text{s}^{-1}\cdot\text{MPa}^{-1}$,

$D_A=1.48\times10^{-9}\,\text{m}^2\cdot\text{s}^{-1}$, $D_B=9.5\times10^{-10}\,\text{m}^2\cdot\text{s}^{-1}$, $a_b=1200\,\text{m}^2\cdot\text{m}^{-3}$ 液体,

气液平衡关系遵从亨利定律, $H_A=1.2\times10^{-5}\,\text{MPa}\cdot\text{m}^3\cdot\text{mol}^{-1}$。

解 对于瞬间反应来说,首先需区分反应界面是与气液相界面重合还是在液膜内。先计算临界浓度 $(C_{BL})_c$:

$$(C_{BL})_c=\frac{bD_A k_G p_A}{D_B k_L}=\frac{1\times1.48\times10^{-9}\times0.6\times1.0\times0.002}{9.5\times10^{-10}\times4.3\times10^{-5}}=43.5(\text{mol}\cdot\text{m}^{-3})$$

(1) RNH_2 的浓度 $C_{BL}=30\,\text{mol}\cdot\text{m}^{-3}$ 时:

因为 $C_{BL}=30<(C_{BL})_c=43.5$,反应速率可用式(7-15)计算。首先,用式(7-16)计算气膜总传质系数 K_G:

$$1/K_G=1/k_G+H_A/k_L=1/0.6+1.2\times10^{-5}/4.3\times10^{-5}=1.95$$

$$K_G=0.514\,\text{mol}\cdot\text{m}^{-2}\cdot\text{s}^{-1}\cdot\text{MPa}^{-1}$$

因 $1/k_G$ 和 H_A/k_L 分别代表气膜和液膜的传质阻力,可见这里气膜阻力比液膜阻力大一个数量级。

将 K_G 代入式(7-15),得到:

$$(-r_{As})=K_G\left(p_A+\frac{H_A D_B}{b D_A}C_{BL}\right)=0.514\times(1.0\times0.002+\frac{1.2\times10^{-5}\times9.5\times10^{-10}}{1\times1.48\times10^{-9}}\times30)$$

$$=1.15\times10^{-3}(\text{mol}\cdot\text{m}^{-2}\cdot\text{s}^{-1})$$

若反应速率以体积为基准表示,则:

$$(-r_{Av})=(-r_{As})a_b=1.15\times10^{-3}\times1200=1.38(\text{mol}\cdot\text{m}^{-3}\cdot\text{s}^{-1})$$

(2) RNH_2 的浓度 $C_{BL}=150\,\text{mol}\cdot\text{m}^{-3}$ 时:

因为 $C_{BL}=150>(C_{BL})_c=43.5$,浓度分布如图 7-1(b)中的实线所示,反应速率可用式(7-18)求得:

$$(-r_{As})=k_G p_A=0.6\times1.0\times0.002=1.2\times10^{-3}(\text{mol}\cdot\text{m}^{-2}\cdot\text{s}^{-1})$$

若以体积为基准表示:

$$(-r_{Av})=(-r_{As})a_b=1.2\times10^{-3}\times1200=1.44(\text{mol}\cdot\text{m}^{-3}\cdot\text{s}^{-1})$$

由上述计算结果可见,由于该化学吸收过程的传质阻力主要来自气膜阻力,吸收液的浓度对总吸收速率影响很小。

7.1.3 气液反应器

工业应用的气液反应器形式应首先适合反应系统特性的要求,具有较高的生产强度。其

次，反应器的结构形式应有利于反应温度的控制，抑制副反应发生，提高反应选择性。最后，反应器设计应考虑能量的综合利用，降低能量消耗。工业常用气液反应器主要有塔式反应器和机械搅拌釜式反应器两类。塔式反应器又可分为填料塔、板式塔、鼓泡塔及喷雾塔等，其结构如图 7-3 所示。下面分别介绍各类反应器的特点。

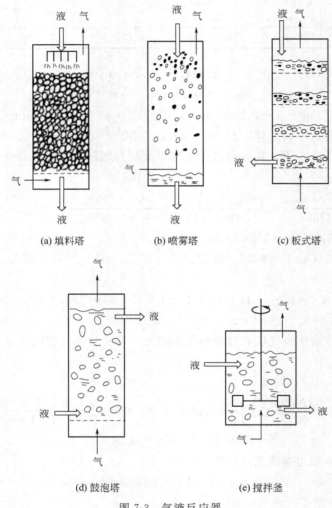

图 7-3　气液反应器

（1）填料塔反应器　填料塔式反应器是指填充有惰性粒子或填料的塔式反应器，其中气相是分散相，液体是连续相。该反应器的特点是气相流动压降小，气液相接触面积大但持液量较少，适用于快速和瞬间反应过程。根据反应的需要，气体与液体既可采用逆流也可采用并流操作，在塔内气相和液相均接近于活塞流。该类反应器操作适应性好，结构简单，填料材料可选范围广，可用于腐蚀性物料的反应。但是，该类反应器的传热性能较差，且难以布置换热设备，因而不适用于热效应大的反应。此外，若反应产物中有固体，不宜采用填料塔。

（2）喷雾塔反应器　通过塔顶的喷嘴将液相雾化后与气相并流或逆流接触的气液反应设备，其中液体是分散相，气体为连续相。喷雾塔反应器的特点是结构简单，塔内无构件，可用于高温和气体中含有固体细粒、污泥、沉淀的场合。适用于快速及瞬间反应、过程受气膜控制以及过程必须保持低压降的反应。但是，该类反应器液贮量过低，液侧传质系数过低，效率不高。

(3) 板式塔反应器　在塔内设有多层塔板的气液反应设备，其中气体是分散相，液体是连续相。塔板可以是筛板、泡罩板等精馏塔用塔板。该反应器的特点是持液量大，气液呈逆流方式接触，气液间传质系数大。适宜于快速和中速反应过程。但由于液体在板上有一定持留量，也可以用于某些慢反应。板式塔还可用于进行生成沉淀或结晶的气液反应。板式塔反应器结构较复杂，气相流动压降较大，且塔板有时需采用较昂贵的耐腐蚀材料，设备投资和操作费用较高，一般多用于加压操作。

(4) 鼓泡塔反应器　塔内充满液体，气体自塔底吹入，呈气泡状通过液体的气液反应设备，其中气相为分散相，液体为连续相。该反应器的特点是结构简单，持液量大，但是单位液相体积所具有的相界面积则是所有塔式反应器中最小的一种，气体通过液层的压力降也较大。鼓泡塔反应器适用于慢速和放热量大的气液反应过程，可以连续操作，也可以半连续（气流连续引入、液体间断引入）操作，还可以采用多段操作。鼓泡塔反应器中气体的流速较大时会产生大量大气泡，使气液相界面积变小。若在塔中置以填充物或构件（如换热管、筛板等），则可以抑制大气泡的生成。

(5) 机械搅拌釜式反应器　又称带搅拌的鼓泡反应器（简称搅拌釜），与鼓泡塔相比，除了有搅拌装置外，其高度与直径比要小得多（一般为 1～3）。由于设有搅拌装置，使气体分散得更好，并将气泡破碎成更小的气泡。因此，其单位液相体积的相界面积和持液量均较其他类型气液反应器大，是一种适应性很强的气液反应器。当然该类反应器结构一般较复杂，存在转动轴在高压下操作时的密封问题。此外，该类反应器的功率消耗也较其他类型反应器大。

以上各反应器的特征参数汇总于表 7-2 中。

表 7-2　气液反应器的特征参数

型式	$a_b / m^2 \cdot m^{-3}$	空塔气速/cm $\cdot$ s^{-1}	ε_L	$k_L \times 10^2 / cm \cdot s^{-1}$
填料塔	1200	10～100	0.05～0.1	0.3～2
板式塔	1000	50～200	0.5～0.7	1～4
喷雾塔	1200	5～300	—	0.5～1.5
鼓泡塔	20	1～20	0.6～0.8	1～4
搅拌釜	200	0.1～2	0.5～0.8	1～5

注：ε_L = 液体体积与反应器有效容积之比。

可见，气液反应器的结构形式较多，在选择适宜的反应器时，应结合气液反应的目的以及反应的特征和反应速率控制步骤，根据对持液量和相界面积的要求作出选择。如果为瞬间反应或者快速反应，因反应发生在相界面上或液膜内，故应选用相界面积大、持液量小的反应器。此时，填料塔反应器和喷雾塔反应器是比较适合的。对于慢反应过程，反应在液相主体中进行，故应选择液相反应体积较大的设备，如鼓泡塔反应器或搅拌鼓泡反应器。当反应是以生产液体产品为目的时（如加氢反应），持液量大的反应器生产效率高。对于气膜控制的反应系统，则应选择气相传质系数大的反应器，如喷雾塔反应器。

7.1.4　填料塔气液反应器的操作方程

如前所述，气液反应器的形式很多，这里以填料塔反应器为例介绍气液反应器的操作方程建立方法。

填料塔式反应器是工业生产过程中进行气液反应最常见的反应器类型之一。常用于中速、快速和瞬间反应，有时也用于要求压降较低的常、低压操作中以及存在腐蚀性物质的反应或反应液易于起泡的反应中。对填料塔反应器的设计主要是反应器有效高度的计算。

建立填料塔式反应器的模型时通常假定气液两相的流动均为活塞流，这种假设在大多数情况下是成立的。这一简化使得填料塔的设计计算大为简化，因此得到了广泛的应用。但是，近年来许多研究者发现有些填料塔反应器中的轴向扩散不能忽略，否则会带来很大偏差。下面对这两种情况分别加以介绍。

（1）当轴向扩散可以忽略时　假定填料塔反应器中气液两相均为活塞流。如图 7-4 所示，以塔顶为原点取一垂直坐标系，坐标为填料高度。假定反应过程中气液两相的摩尔流量不变，组分 A 为气相，组分 B 为液相，气相和液相逆向流动。通过单位空塔截面积的气体和液体的流量用 G_M 和 L_M 表示，在 $l=0$ 和 $l=l$ 之间，A 的吸收量和 B 的反应量可分别表示如下：

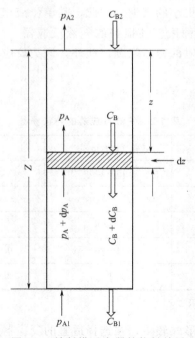

图 7-4　填料塔反应器的物料关系

$$\text{A 的吸收量} = G_M(p_A/p_t - p_{A2}/p_t)$$
$$\text{B 的反应量} = L_M(C_{B2}/C_t - C_B/C_t)$$

式中，p_t 为总压；C_t 为液相的总物质的量浓度；p_A 为组分 A 在气相的分压；C_B 为组分 B 的液相主体的浓度；下标 1 表示塔底；下标 2 表示塔顶。若气液反应为瞬间反应，因进入液相的 A 组分全部参与反应，液相中不含 A 组分，因此有：

$$\frac{G_M}{p_t}(p_A - p_{A2}) = \frac{L_M}{bC_t}(C_{B2} - C_B) \tag{7-43}$$

上式为塔内任意位置 l 处 p_A 与 C_B 的关系式,与物理吸收的操作方程相同。将式(7-43)应用于全塔,则有:

$$\frac{G_M}{p_t}(p_{A1} - p_{A2}) = \frac{L_M}{bC_t}(C_{B2} - C_{B1}) \tag{7-44}$$

若对 l 与 $l+\mathrm{d}l$ 之间的微元进行物料衡算,则有:

$$\frac{G_M}{p_t}\left[(p_A + \frac{\mathrm{d}p_A}{\mathrm{d}l}\mathrm{d}l) - p_A\right] = \frac{L_M}{bC_t}\left[C_B - (C_B + \frac{\mathrm{d}C_B}{\mathrm{d}l}\mathrm{d}l)\right] \tag{7-45}$$

整理得:

$$\frac{G_M}{p_t}\mathrm{d}p_A = -\frac{L_M}{bC_t}\mathrm{d}C_B \tag{7-46}$$

另外,在 l 与 $l+\mathrm{d}l$ 之间的微元中组分 A 的反应量:

$$(-r_{As})a_b(l \times \mathrm{d}l) \tag{7-47}$$

定常态操作时,对于串联的气相扩散、液相扩散和反应过程,各步骤的速率应相等,即

$$\frac{G_M}{p_t}\mathrm{d}p_A = -\frac{L_M}{bC_t}\mathrm{d}C_B = (-r_{As})a_b l \,\mathrm{d}l \tag{7-48}$$

积分式(7-48)可得填料高度计算式为:

$$L = \frac{G_M}{p_t}\int_{p_{A2}}^{p_{Ai}} \frac{\mathrm{d}p_A}{(-r_{As})a_b} = \frac{L_M}{bC_t}\int_{C_{B1}}^{C_{B2}} \frac{\mathrm{d}C_B}{(-r_{As})a_b} \tag{7-49}$$

式中,$(-r_{As})$ 的为前面推导的组分 A 的反应速率。需要说明的是,由于 $(-r_{As})$ 中隐含 p_A 和 C_B,故必须联立式(7-43),才可得到解析解。

对于图 7-1(a) 所示的瞬间气液反应,反应速率表达式为:

$$(-r_{As}) = K_G p_t[\alpha(p_A/p_t) + \lambda] \tag{7-50}$$

式中:

$$\alpha = 1 - \frac{D_B}{D_A} \times \frac{H_A G_M}{p_t(L_M/C_t)} \tag{7-51}$$

$$\lambda = \frac{D_B}{D_A} \times \frac{H_A C_{B2}}{p_t b} + \frac{D_B}{D_A} \times \frac{H_A G_M}{p_t^2(L_M/C_t)}p_{A2} \tag{7-52}$$

将式(7-50)代入式(7-49)并积分得:

$$L = \frac{G_M}{K_G a_b p_t} \times \frac{1}{\alpha}\ln\frac{\alpha p_{A1} + p_t\lambda}{\alpha p_{A2} + p_t\lambda} \tag{7-53}$$

应注意的是,上式的适用条件为填料塔的整个床层各截面上的浓度分布都必须满足图7-1(a) 所示的浓度分布。也就是说,塔顶和塔底的液相主体浓度 C_{B2} 和 C_{B1} 都必须小于对应的临界浓度 $(C_{B2})_c$ 和 $(C_{B1})_c$,即

$$C_{B1} < \frac{D_A}{D_B} \times \frac{bk_G a_b}{k_L a_b}p_{A1} \tag{7-54}$$

$$C_{B2} < \frac{D_A}{D_B} \times \frac{bk_G a_b}{k_L a_b}p_{A2} \tag{7-55}$$

【**例 7-2**】 常压下在一填料塔反应器中,用含 $0.05\mathrm{kmol \cdot m^{-3}}$ 组分 B 的水溶液吸收空气

中的组分 A[1.0%（体积分数）]，求将组分 A 的浓度降至 0.2% 所需的填料高度。

已知：气体流量为 $50\mathrm{kmol \cdot m^{-2} \cdot h^{-1}}$，水溶液的流量为 $10\mathrm{m^3 \cdot m^{-2} \cdot h^{-1}}$，该操作条件下，$k_G a_b = 32\mathrm{kmol \cdot m^{-3} \cdot h^{-1} \cdot atm^{-1}}$，$k_L a_b = 0.25\mathrm{h^{-1}}$，$H_A = 1.3 \times 10^{-5}\mathrm{atm \cdot m^3 \cdot mol^{-1}}$，$D_A = D_B$。

反应为不可逆瞬间反应：$2A(g) + B(l) \longrightarrow R(l)$

解

（1）C_{B1} 的计算

根据式（7-44）有：

$$C_{B2} - C_{B1} = \frac{bG_M}{p_t(L_M/C_t)}(p_{A1} - p_{A2}) = \frac{0.5 \times 50}{1 \times 10} \times (0.01 - 0.002) = 0.02$$

$$C_{B1} = C_{B2} - 0.02 = 0.05 - 002 = 0.03(\mathrm{kmol \cdot m^{-3}})$$

（2）浓度分布的判定

$$(C_{B1})_c = \frac{D_A}{D_B} \times \frac{b\,k_G}{k_L}p_{A1} = 1 \times \frac{0.5 \times 32}{0.25} \times 0.01 = 0.64(\mathrm{kmol \cdot m^{-3}})$$

$$(C_{B2})_c = \frac{D_A}{D_B} \times \frac{b\,k_G}{k_L}p_{A2} = 1 \times \frac{0.5 \times 32}{0.25} \times 0.002 = 0.128(\mathrm{kmol \cdot m^{-3}})$$

所以，$C_{B1} < (C_{B1})_c$ 且 $C_{B2} < (C_{B2})_c$。

反应器中气液浓度分布与图 7-1(a) 一致，可用式（7-53）计算填料高度。

（3）α 和 λ 的计算

$$\alpha = 1 - \frac{D_B}{D_A} \times \frac{H_A G_M}{p_t(L_M/C_t)} = 1 - 1 \times \frac{1.3 \times 10^{-5} \times 10^3 \times 50}{1 \times 10} = 0.935$$

$$\lambda = \frac{D_B}{D_A} \times \frac{H_A C_{B2}}{p_t b} + \frac{D_B}{D_A} \times \frac{H_A G_M}{p_t^2(L_M/C_t)}p_{A2}$$

$$= 1 \times \frac{0.013 \times 0.05}{1 \times 0.5} + 1 \times \frac{0.013 \times 50 \times 0.002}{1^2 \times 10} = 0.00143$$

（4）$K_G a_b$ 与 L 的计算

$$1/(K_G a_b) = 1/(k_G a_b) + H_A/(k_L a_b) = 1/32 + 0.013/0.25 = 0.0833$$

$$K_G a_b = 12$$

根据式（7-53）可求得填料塔高度为：

$$L = \frac{G_M}{K_G a_b p_t} \times \frac{1}{\alpha} \ln \frac{\alpha p_{A1} + p_t \lambda}{\alpha p_{A2} + p_t \lambda}$$

$$= \frac{50}{12 \times 1} \times \frac{1}{0.935} \ln \frac{0.935 \times 0.01 + 1 \times 0.00143}{0.935 \times 0.002 + 1 \times 0.00143} = 5.28(\mathrm{m})$$

（2）当轴向扩散不能忽略时 实际操作的填料塔反应器都会存在一定程度的气、液相轴向返混。当返混程度不大时，可忽略轴向返混的影响，按气、液两相为活塞流处理。当填料塔气液反应器中的轴向返混不能忽略时，可先按气液两相为活塞流进行设计计算，计算结果利用图 7-5 进行校正。根据气相中组分 A 的未转化率 $(1-x_A) = C_A/C_{A0}$ 与 $Pe_G = u_G L/D_A$ 或 $N_{OG} = K_G a_b L/u_{0G}$，在图 7-5 中可查得比值 L/L_p。比值中 L_p 是按活塞流求得的填料层高度（即前面计算出的 L 值），L 即为考虑轴向返混时的填料层高度。

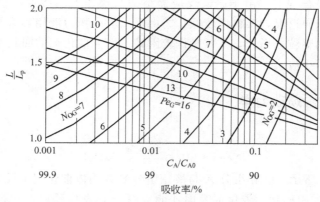

图 7-5　L/L_p 与 Pe_G 及 N_{OG} 的关系图

7.2　气液固反应器

气液固三相反应是反应物和催化剂分别处于气、液和固三个相中的反应过程。工业上的气液固相催化反应多为反应组分之一为低分子气体参与的非均相催化反应，如加氢反应、氧化反应等。

在气液固三相反应中，由于液体的热容量大，且可通过部分液体汽化而移走热量，因而，反应温度容易控制，传热速率快且效率高，反应器热稳定性好，不会出现飞温现象。从而使操作条件趋于缓和、催化剂寿命得到延长、反应选择性有所提高，特别是对于高热敏感性产品的生产，例如，酶催化剂只有采用三相反应才能得以实现。

气液固三相催化反应器按固体催化剂在反应器中所处的状态可以划分为两大类，即催化剂处于静止不动状态中的滴流床反应器以及催化剂颗粒悬浮在液体内且处于运动状态中的淤浆反应器。

滴流床反应器按气流和液流的方向可分为三种操作方式，即气液并流向下、气液并流向上以及液流向下而气流向上的逆流。流向的选择取决于物料的处理量、热量回收以及传质和化学反应的推动力。逆流时流速会受到液泛现象的限制，而并流则可以采用较大的流速。其中，液流向下的并流或逆流操作的滴流床又称涓流床，是应用最广泛的三相催化反应器之一。滴流床反应器的优点包括：①气、液两相都接近于活塞流，可以用单一的反应器取得较高的转化率；②液固比很小，当反应过程中存在液相的均相副反应时，不会对反应选择性产生明显负面影响；③液体呈膜状流动，气相反应物向催化剂固相表面扩散的阻力很小；④不会引起液泛；⑤压降小，在整个反应器内，反应物分压分布均匀；⑥气相与液相流量分布均匀，固体催化剂的润湿率高且均匀。但是，它也存在一些缺点：①操作时径向传热效率较差；②径向液体流速分布不均，可能产生沟流、短路乃至催化剂表面不能完全润湿等操作状态；③因床层压降的制约催化剂颗粒不能太小，而大颗粒催化剂存在明显的内扩散效应。

固体悬浮的淤浆反应器常用的有三种，即带搅拌的淤浆反应器、不带搅拌的淤浆床反应器和不带搅拌的三相流化床反应器。淤浆反应器的优点主要是：①可以使用粉状催化剂，适用于内扩散阻力较大的催化剂；②由于液相贮量大、热容量大，便于控制温度，也便于回收热量；③对于失活较快的催化剂，可以方便地取出更换；④可以通过改变搅拌强度或鼓泡强度灵活调节物料的混合程度。由于淤浆反应器结构与操作上的特点，它也存在着明显的缺点：①由于强烈的轴向返混，转化率较低；②由于反应产物为液相，需要设置过滤器才能与悬浮在其中的催化剂颗粒分离开，不仅操作较困难，而且催化剂的回收率低；③难以避免在液相中进行的均相副反应。

7.2.1 三相反应宏观动力学

对于三相反应：

$$A(g)+bB(l) \xrightarrow{\text{催化剂(s)}} C(l)$$

其反应过程如图 7-6 所示，气相组分 A 与液相组分 B 在固体催化剂上反应形成产物 C。气相中的组分 A 只有穿过液相到达催化剂表面才能与组分 B 发生反应。根据界面双膜理论，上述反应包括以下几个步骤：①气体组分 A 从气相扩散至气液相界面，在气膜内分压由 p_A 降至 p_{Ai}；②在相界面处，气体溶解于液相，气液达成平衡，相界面处组分 A 在液相中的浓度 C_{Ai}，与相界面处组分 A 的分压 p_{Ai} 遵循亨利定律：$p_{Ai}=H_A C_{Ai}$；③组分 A 在液膜中扩散，浓度由 C_{Ai} 降至 C_{AL}；④组分 A 在液相中与组分 B 均匀混合；⑤组分 A 和 B 穿过固液界面的液膜层，浓度分别降至 C_{As} 和 C_{Bs}；⑥两组分在固相催化剂表面吸附并发生反应，若为多孔载体则还包括两组分在孔内的扩散；⑦生成的产物 C 经固液界面的液膜扩散至液相主体，随液相流出反应区（图中未标注）。

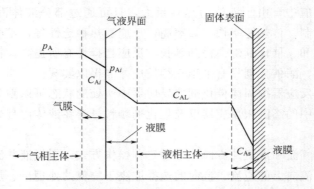

图 7-6 气液固催化反应中气相组分 A 的浓度分布

下面以单位体积的催化剂为基准计算各步的速率。气相组分 A 从气相主体向气液相界面的传递速率为：

$$N_{AG}=k_G a_b(p_A-p_{Ai}) \tag{7-56}$$

气液相界面处：

$$p_{Ai}=H_A C_{Ai} \tag{7-57}$$

组分 A 从气液相界面向液相主体的传递速率为：

$$N_{AL}=k_L a_b(C_{Ai}-C_{AL}) \tag{7-58}$$

组分 A 从液相主体向固体催化剂外表面的传递速率为：

$$N_{As}=k_p a_p(C_{AL}-C_{As}) \tag{7-59}$$

式中，k_G 为组分 A 在气相中的传质系数；H_A 为组分 A 的亨利常数；k_L 为组分 A 在液相中的传质系数；k_p 为组分 A 在固体催化剂表面液膜内的传质系数；a_b 和 a_p 分别为单位体积液体所具有的气液相界面积和液固相界面积。若气泡和催化剂颗粒均为球形，且直径分别

为 d_b 和 d_p，则 a_b 和 a_p 可用下列式子求得：

$$a_b = \frac{6\varepsilon_g}{d_b(1-\varepsilon_g)} \tag{7-60}$$

$$a_p = \frac{6m}{\rho_p d_p} \tag{7-61}$$

式中，ε_g 为气液固混相中气相的体积分数；m 为单位液体体积中催化剂的质量，$kg \cdot m^{-3}$；ρ_p 为催化剂颗粒的密度，$kg \cdot m^{-3}$。

因为多数情况下反应体系中液相组分 B 的浓度比气相组分 A 的浓度大很多，B 浓度变化很小，反应速率主要与组分 A 的浓度相关，所以一般可按对 A 的拟 1 级反应处理。计入内扩散影响的反应速率为：

$$(-r_{Av}) = \eta k C_{As} \tag{7-62}$$

当过程达到定常态时，各步速率相等。由式(7-56)～式(7-59) 及式(7-62) 消去难测的中间浓度项求得：

$$(-r_{Av}) = \frac{p_A}{1/(k_G a_b) + H_A/(k_L a_b) + H_A/(k_p a_p) + H_A/(\eta k)} \tag{7-63}$$

若将宏观动力学方程表示成幂指数型，可写成：

$$(-r_{Av}) = K_{OG} p_A \tag{7-64}$$

比较式(7-63) 和式(7-64)，可得宏观反应速率常数 K_{OG} 的表达式：

$$\frac{1}{K_{OG}} = \frac{1}{k_G a_b} + \frac{H_A}{k_L a_b} + \frac{H_A}{k_p a_p} + \frac{H_A}{k\eta} \tag{7-65}$$

式中，$1/K_{OG}$ 为反应过程的总阻力；$1/(k_G a_b)$ 代表气液界面的气膜侧传质阻力；$H_A/(k_L a_b)$ 代表气液界面的液膜侧传质阻力；$H_A/(k_p a_p)$ 代表液固界面的液膜传质阻力；$H_A/(k\eta)$ 代表孔内扩散及化学阻力。根据特定的反应，某些步骤的阻力可以忽略。例如，气相为纯气体（如加氢反应常采用纯氢），此时气膜不存在，其阻力 $1/(k_G a_b)$ 为零。或者，即使是混合气体，若组分 A 为难溶气体，其气膜阻力远较液膜小，气膜阻力 $1/(k_G a_b)$ 也可略去。这时，将式(7-60) 和式(7-61) 代入式(7-65) 并整理得：

$$\frac{C_A^*}{(-r_{Av})} = \frac{1}{K_{OG}} = \frac{d_b(1-\varepsilon_g)}{6\varepsilon_g k_L} + \frac{\rho_p d_p}{6}\left(\frac{1}{k_p} + \frac{1}{k\eta}\right)\frac{1}{m} \tag{7-66}$$

式中，$C_A^* = p_A/H_A$，为与气相分压 p_A 对应的平衡浓度。以 $C_A^*/(-r_{Av})$ 对 $1/m$ 作图可得一条直线，由直线的截距和斜率可以确定 $1/k_L$ 和 $1/k_p + 1/(k\eta)$ 的值。

如果反应体系中催化剂的浓度很高，即 m 的值很大，则式(7-66) 中的第二项可忽略不计，气液相界面的液膜内扩散成为反应速率控制步骤。相应的宏观反应速率方程变为：

$$(-r_{Av}) = k_L a_b C_A^* = \frac{6\varepsilon_g}{d_b(1-\varepsilon_g)} k_L C_A^* \tag{7-67}$$

若气体的溶解度很大，气液界面的传质阻力可忽略，这时如果反应速率也很快，则式(7-66) 可写成：

$$(-r_{Av}) = k_p a_p C_A^* = \frac{6m}{\rho_p d_p} k_p C_A^* \tag{7-68}$$

应该指出，前面虽然是以拟 1 级反应为例来分析气液固相催化反应过程的，但所用的处理方法及建立起的概念也适用于其他级数的反应。

7.2.2 滴流床反应器

7.2.2.1 流体力学特性

滴流床反应器中气、液两相的流动状态会影响床层的持液量和返混等反应器操作性能。因此，确定床内的流动状态是研究滴流床反应器性能的基础。

对于气、液并流向下操作的滴流床反应器，根据气相和液相流速的大小，反应器内的流动状态可分为涓流区、喷雾区、脉冲区和鼓泡区，如图 7-7 所示。气速和液速都较小时处于涓流区。此时，气体为连续相，液体为分散相，沿催化剂外表面成薄层向下流动或成滴状向下流动。若将气速增大，达到某一临界值后，床内所有液体均被气体吹散，呈雾状通过反应器，称为喷雾。在气速较小的涓流区，若加大液速，液体变为连续相，气体为分散相，呈气泡状通过液层，此时床层内流动处于鼓泡区。当气速和液速都很大时，液相内发生湍流，出现两种流态交替的节涌现象，此时处于脉冲区。

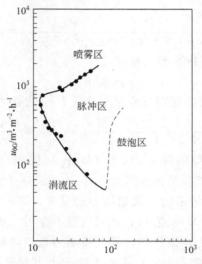

图 7-7 气液并流固定床流动状态与操作条件

(1) 床层压降 在滴流床反应器中床层压力降不仅影响反应系统的能耗，而且还与相间传质系数密切相关，是一个重要的设计参数。由于滴流床内两相流动的复杂性，压力降的计算通常采用经验关联式。计算滴流床压力降的经验式有很多，这里介绍其中应用较多的两个。

① 当催化剂颗粒直径 $d_p > 1.59\text{mm}$ 时，可以选用 Larkins 等人提出的关联式：

$$-\left(\frac{\Delta p}{\Delta l}\right)_{LG} = \delta_{LG} - \varepsilon_L \rho_L - (1-\varepsilon_L)\rho_G \tag{7-69}$$

上式中的各参数可由下列各式求得：

$$\lg\left(\frac{\delta_{LG}}{\delta_L + \delta_G}\right) = \frac{K_1}{(\lg X)^2 + K_2} \tag{7-70}$$

$$\lg\varepsilon_L = -A + B\lg X - C(\lg X)^2 \tag{7-71}$$

$$X = (\delta_L/\delta_G)^{1/2} \tag{7-72}$$

式中，δ_{LG} 为气、液两相通过单位床层高度时的能量损失；ε_L 为床层空隙中的液相体积分数；ρ 为流体密度；K_1 一般取值 0.416，对加氢为 0.620；K_2 一般取值 0.666，对加氢为 0.830；A 一般取值 0.714，加氢为 0.440；B 一般取值 0.525，加氢为 0.400；C 一般取值 0.109，加氢为 0.120。

② 当催化剂颗粒直径 $d_p<1.59\text{mm}$ 时，可以选用 Clements-Schmidt 式：

$$\frac{\Delta p}{\Delta l}=1.507\mu_L d_p\left(\frac{\varepsilon_b}{1-\varepsilon_b}\right)^3\left(\frac{Re_G We_G}{Re_L}\right)^{-1/3}\delta_G \tag{7-73}$$

$$We_G=\frac{u_{0G}^2 d_p\rho_G}{\sigma_L} \tag{7-74}$$

式中，Re_G 和 Re_L 均按颗粒直径 d_p 和空塔质量通量计算；σ_L 为液体的界面张力。

(2) 持液率 持液率是滴流床操作时，床内液体体积占床层体积的分率，由三部分组成，即内持液率 h_{Li}、静持液率 h_{Ls} 和动持液率 h_{Ld}，均以单位床层体积中液体的分率计。

$$h_L=h_{Li}+h_{Ls}+h_{Ld} \tag{7-75}$$

h_{Li} 是颗粒孔隙内的持液量，即催化剂微孔中所充满的液体容积与床层容积之比。假设微孔全部被液体充满，则可表示为：

$$h_{Li}=\varepsilon_p(1-\varepsilon_b) \tag{7-76}$$

式中，ε_p 为催化剂颗粒的孔隙率。颗粒的孔隙率越大，则内持液率越大，一般为 0.3~0.5。

h_{Ls} 是在床层停止进料并让液体流出后催化剂外表面上仍存留着的液体的体积分数，它与颗粒的种类、大小以及液体的表面张力等物理性质有关，因此常用 h_{Ls} 与 Eötvos 数（$E\ddot{o}=\frac{\rho_L d_p^2 g}{\sigma_s}$）关联，可从图 7-8 查得。$h_{Ls}$ 与颗粒的比外表面积和表面粗糙度有关。颗粒直径越小，外表面积越大或表面越粗糙，h_{Ls} 越大。

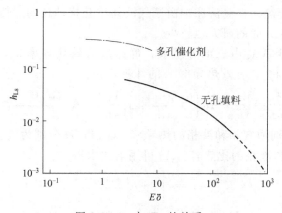

图 7-8 h_{Ls} 与 $E\ddot{o}$ 的关系

h_{Ld} 是床层停止进液料后能自动流出的液体体积占床层体积的分数。Shah 认为在没有现成实验数据时，可用 Specchia-Baldi 公式计算 h_{Ld}：

$$h_{Ld}=3.86\,Re_L^{0.545}Ga_{Lm}^{-0.42}(a_s d_p/\varepsilon_b)^{0.65} \tag{7-77}$$

式中

$$Ga_{Lm}=d_p^3\rho_L\frac{\rho_L g+(\Delta p/\Delta l)}{\mu_L^2}$$

$$Re_L = \rho_L u_{0L} d_p / \mu_L$$
$$a_s = 6(1-\varepsilon_b)/d_p$$

7.2.2.2 传递特性

(1) 气液相界面间气膜侧传质系数 k_G 在滴流区，k_G 与气速、液速和床层压降有关。Gianetto 等人推荐使用如下关联式：

$$\frac{k_G \varepsilon_b}{u_{0G}} = 0.035 \left(\frac{\Delta p}{\Delta l}\right)\left[\frac{g}{\Psi(\rho_G u_{0G}^2 + \rho_L u_{0L}^2)}\right] \tag{7-78}$$

式中，填充表面系数 Ψ 与填料的形状有关，其值见表 7-3。

表 7-3　各种填料的 Ψ 值

填料类型	玻璃球	鞍形填料	瓷环	玻璃环
Ψ/m^{-1}	24500	18400	36500	17100

(2) 气液相界面间液膜侧传质系数 k_L 在滴流区，k_L 与气速、液速和床层压降有关。Charpentier 认为在 $5\text{W/m}^3 < E_L < 100\text{W/m}^3$ 时，可采用下式计算 k_L：

$$k_L a_b = 4.58 \times 10^6 E_L D_A \tag{7-79}$$

$$E_L = \left(\frac{\Delta p}{\Delta l}\right) u_{0L} \tag{7-80}$$

式中，D_A 为组分 A 在液相的扩散系数。

(3) 液固间液膜侧传质系数 k_p 液相主体与催化剂外表面间的传质系数 k_p 可以按 Goto 等人提出的 J_D 因子关联式计算：

$$J_D = \frac{k_p a_s}{a_p}\left(\frac{1}{u_{0L}}\right)\left(\frac{\mu_L}{\rho_L D_L}\right)^{\frac{2}{3}} + 1.31 \times \left(\frac{u_{0L}\rho_L d_p}{\mu_L}\right)^{-0.436} \tag{7-81}$$

(4) 滴流床内的传热 在滴流床中由于气液间相互扰动较弱，传热性能较鼓泡床差，且床层温度较难控制，这方面的研究也较少。

滴流床内有效热导率 λ_e 由三部分组成：静床层有效热导率 λ_{e0}、气相径向有效热导率 λ_{eG} 和液相有效热导率 λ_{eL}。有效热导率 λ_e 的计算式为：

$$\frac{\lambda_e}{\lambda_L} = \frac{\lambda_{e0}}{\lambda_L} + A_G\left(\frac{d_p G_G c_{pG}}{\lambda_G}\right)\left(\frac{\lambda_G}{\lambda_L}\right) + A_L\left(\frac{d_p G_L c_{pL}}{\lambda_L}\right) \tag{7-82}$$

式中，λ_G 和 λ_L 分别为气相和液相的热导率；G_G 和 G_L 分别为气相和液相空塔质量流速；c_{pG} 和 c_{pL} 分别为气相和液相的比热容。A_L 可用下式求得：

$$A_L = a\left[1 + b\left(\frac{a_p \lambda_L G}{\mu_G}\right)\right] \tag{7-83}$$

λ_{e0}/λ_L 以及常数 A_G、a 和 b 的值与颗粒大小有关，松浦等人对这些值进行了测定，结果见表 7-4。

表 7-4　热导率计算相关参数值

d_p/mm	λ_{e0}/λ_L	A_G	a	b
1.2	1.3	0.412	0.201	2.83×10^{-2}
2.6	1.7	0.334	0.167	1.34×10^{-2}
4.3	1.5	0.290	0.152	6.32×10^{-3}

Specchia 和 Baldi 则提出了另一种计算 A_L 的方法：

在滴流区：

$$\frac{1}{A_L} = 0.041 \left(\frac{d_p G_L}{\varepsilon_L \mu_L} \right)^{0.87} \tag{7-84}$$

在脉冲区：

$$\frac{1}{A_L} = 338 \left(\frac{d_p G_L}{\mu_L} \right) \varepsilon_L^{0.29} \left(\frac{a_p d_p}{\varepsilon_p} \right)^{-2.7} \tag{7-85}$$

滴流床床层对反应器器壁的表面传热系数可用下列经验式计算：

在滴流区：

$$\frac{\alpha_w d_p}{\lambda_L} = 0.012 \left(\frac{d_p G_L}{\mu_L} \right)^{1.7} \left(\frac{c_{pL} \mu_L}{\lambda_L} \right)^{1/3} \tag{7-86}$$

在脉冲与鼓泡区：

$$\frac{\alpha_w d_p}{\lambda_L} = 0.092 \left(\frac{d_p G_L}{\varepsilon_b \varepsilon_L \mu_L} \right)^{0.8} \left(\frac{c_{pL} \mu_L}{\lambda_L} \right)^{1/3} \tag{7-87}$$

7.2.2.3 反应器数学模型

通常滴流床反应器的模型分为拟均相和多相两种。这里仅对拟均相模型作一介绍，多相模型可参阅有关手册。拟均相模型有活塞流模型、持液率模型和催化剂有效润湿模型。这里只介绍活塞流模型。

活塞流模型假定：两相流处于滴流区，气体和液体轴向及径向均无返混，固体催化剂完全润湿，液体不挥发，气液固三相温度相同。

按照固定床反应器的拟均相模型，并用传质速率代替反应速率，可分别得到组分 A 在气相和液相以及组分 B 在液相的物料衡算式：

$$u_{0G} \frac{dC_{AG}}{dl} = -\rho_b k_{LA} a_b \left(\frac{p_A}{H_A} - C_{AL} \right) \tag{7-88}$$

$$u_{0L} \frac{dC_{AL}}{dl} = -\rho_b \left[k_{pA} a_p (C_{AL} - C_{As}) - k_{LA} a_b \left(\frac{p_A}{H_A} - C_{AL} \right) \right] \tag{7-89}$$

$$u_{0L} \frac{dC_{BL}}{dl} = -\rho_b k_{pB} a_p (C_{BL} - C_{Bs}) \tag{7-90}$$

式中，u_{0G} 和 u_{0L} 分别为气体和液体的空塔速度；假定气膜阻力忽略不计，C_{AG} 和 p_A 等效，均表示气相浓度。

上述各式中共含有 l、C_{AG}（或 p_A）、C_{AL}、C_{BL}、C_{As} 和 C_{Bs} 六个变量。因此，要求得床层高度必须增加三个独立的方程式。

在定常态下，组分 A 从气相向液相的传质速率与液相向催化剂表面的传质速率和组分 A 在催化剂表面的反应速率相等。假定化学反应对组分 A 和 B 均为 1 级，则有：

$$k_{LA} a_b \left(\frac{p_A}{H_A} - C_{AL} \right) = k_{pA} a_p (C_{AL} - C_{As}) \tag{7-91}$$

$$k_{pA} a_p (C_{AL} - C_{As}) = \eta k C_{As} C_{Bs} \tag{7-92}$$

同样，组分 B 从液相向催化剂表面的传质速率与其在催化剂表面的反应速率相等：

$$k_{pB} a_p (C_{BL} - C_{Bs}) = b \eta k C_{As} C_{Bs} \tag{7-93}$$

根据边界条件：$l = 0$ 时，$p_A = p_{A0}$，$C_{AL} = 0$，$C_{BL} = C_{BL0}$，联立求解上述方程可求得达

到规定转化率所需的催化剂床层高度。

如果反应速率只与组分 A 的浓度有关，则上列各式中含 B 组分的浓度项均可取消，问题会大大简化。若反应为 1 级或可按拟 1 级处理，则可简化成一个模型方程：

$$u_{0G}\frac{dC_{AG}}{dl} = -\rho_b K_{OG} C_{AG} \tag{7-94}$$

或

$$\frac{dF_A}{dl} = -\rho_b A K_{OG} C_{AG} \tag{7-95}$$

式中，A 为反应器的截面积。

【例 7-3】 在等温滴流床反应器中进行加氢脱硫反应，反应温度为 573K，氢气压力为 3.0MPa，纯度为 90%，气体进料流量为 36mol·s⁻¹。该反应对氢气为 1 级，对含硫化合物为零级，573K 时的反应速率常数为 2.5×10^{-5} m³·kg⁻¹·s⁻¹，所用催化剂直径为 4mm，曲节因子为 1.9，颗粒密度 $\rho_p = 1600$kg·m⁻³，孔隙率 $\varepsilon_p = 0.45$，堆密度 $\rho_b = 960$kg·m⁻³。反应器的直径为 2m，床层压力降为 2×10^{-2}MPa·m⁻¹。已知：氢在液相中的扩散系数 $D_L = 7.0 \times 10^{-9}$ m²·s⁻¹，气膜阻力可忽略，$k_L a_b = 5.0 \times 10^{-6}$ m³·kg⁻¹·s⁻¹，$k_p a_p = 3.2 \times 10^{-5}$ m³·kg⁻¹·s⁻¹，氢在液相中的溶解度系数 $H_A = 6.0$。试求氢气转化率为 5% 时所需的催化剂床层高度。

解 由于该反应对氢气为 1 级反应，反应过程中 u_{0G} 沿轴向变化，可用式(7-95) 计算。床层高度 l 处的压力为：

$$p = 3.0 - 2.0 \times 10^{-2} l$$

氢气在气相中的摩尔分数为：

$$y_A = F_A / [F_0 - (F_{A0} - F_A)]$$

根据理想气体状态方程：

$$C_{AG} = \frac{p y_A}{RT} = \frac{F_A(3.0 - 2.0 \times 10^{-2} l)}{RT(F_0 - F_{A0} + F_A)}$$

代入式(7-95) 得：

$$\frac{dF_A}{dl} = -\rho_b A K_{OG} \frac{F_A(3.0 - 2.0 \times 10^{-2} l)}{RT(F_0 - F_{A0} + F_A)}$$

或

$$\frac{\rho_b A K_{OG}}{RT}(3.0 - 2.0 \times 10^{-2} l) dl = -\left(1 + \frac{F_0 - F_{A0}}{F_A}\right) dF_A$$

积分得：

$$\frac{\rho_b A K_{OG}}{RT}(3.0L - 2.0 \times 10^{-2} L^2) = (F_0 - F_{A0})\ln\frac{F_{A0}}{F_A} + F_{A0} - F_A$$

式中 L 即为催化剂床层高度。为求 L 须先知 K_{OG}，而 K_{OG} 与 η 有关。

梯尔模数：

$$\psi = \frac{R_p}{3}\sqrt{\frac{k_p}{D_e}}$$

而

$$k_p = \rho_p k = 1600 \times 2.5 \times 10^{-5} = 0.04(s^{-1})$$

$$D_e = \frac{\varepsilon_p}{\tau_m} D = \frac{0.45}{1.9} \times 7.0 \times 10^{-9} = 1.66 \times 10^{-9}(m^2 \cdot s^{-1})$$

所以，

$$\psi = \frac{0.002}{3} \times \sqrt{\frac{0.04}{1.66 \times 10^{-9}}} = 3.28$$

$$\eta = \frac{1}{\phi}\left[\frac{1}{\tanh(3\psi)} - \frac{1}{3\psi}\right] = \frac{1}{3.28}\times\left[\frac{1}{\tanh(3\times3.28)} - \frac{1}{3\times3.28}\right] = 0.27$$

宏观反应速率常数 K_{OG} 可由式(7-65)求得：

$$\frac{1}{K_{OG}} = 6.0\times\left(\frac{1}{5.0\times10^{-6}} + \frac{1}{3.2\times10^{-5}} + \frac{1}{0.27\times3\times10^{-5}}\right) = 2.13\times10^6$$

所以，
$$K_{OG} = 4.69\times10^{-7}(\text{m}^3\cdot\text{kg}^{-1}\cdot\text{s}^{-1})$$

根据题意知：$F_{A0} = 0.9\times36 = 32.4(\text{mol}\cdot\text{s}^{-1})$；当氢的转化率为 5% 时，$F_A = 32.4\times(1-0.05) = 30.78(\text{mol}\cdot\text{s}^{-1})$；反应器的横截面积 $A = (\pi/4)\times2^2 = 3.14(\text{m}^2)$。将所有已知值代入操作方程得：

$$\frac{960\times3.14\times4.69\times10^{-7}}{573\times8.314\times10^{-6}}\times(3L-2.0\times10^{-2}L^2) = (36-32.4)\ln\frac{32.4}{30.78} + 32.4 - 30.78$$

化简后得：

$$0.02L^2 - 3L + 6.07 = 0$$

解方程得，催化剂床层的高度 $L = 2.05\text{m}$。

7.2.3 三相淤浆反应器

三相淤浆反应器是指固体催化剂处于悬浮状态的气液固催化反应器。它与滴流床反应器的区别在于前者催化剂处于运动状态且液相为连续相，而后者催化剂处于静止状态且气相为连续相。淤浆反应器也是常用的三相反应器，广泛应用于加氢、氧化、聚合、发酵等过程中。

淤浆反应器的优点是：传质阻力小，移热速率快，温度和浓度分布均匀，时空收率高，连续操作和半连续操作均可，催化剂可及时再生。它的缺点是：返混严重，催化剂耗量大，由于液固比大，不利于抑制液相发生的均相副反应。

带机械搅拌的淤浆反应器中气体的负荷有一定的限制，超过此极限时，搅拌器对气体的分散不再起作用，气含率下降，平均气泡直径增大，气液接触面积减小。通常使用的气速为 $0.5\text{m}\cdot\text{s}^{-1}$ 或稍大些，气含率为 0.2~0.4。当搅拌器的转速足够高时，气速和气体分布器的型式对流体力学状态影响不大，反之则作用显著。

机械搅拌釜的高度与直径比一般等于 1。搅拌器的最佳直径为反应器直径的 1/3。搅拌器的位置与反应器底部的间距等于反应器直径的 1/6 最好。实际生产中有些搅拌釜的高径比大于 1，也有高达 2.5 的，这时应在同一搅拌轴上安装多个搅拌器。

7.2.3.1 流体力学特性

(1) 维持固体颗粒悬浮的条件 带机械搅拌的淤浆反应器所用的催化剂粒度较小，为 $100\sim200\mu\text{m}$，浓度是 $10\sim20\text{kg}\cdot\text{m}^{-3}$，其在液相中悬浮所需的能量主要靠机械搅拌器提供。机械搅拌的淤浆反应器保持颗粒悬浮的最小搅拌转速 $N_{\min}$ 可用 Zweitering 公式计算：

$$N_{\min} = \beta\nu^{0.1}d_p^{0.2}\left(\frac{g\Delta\rho}{\rho_L}\right)^{0.45}\frac{(100C_s)^{0.13}}{d_I^{0.85}} \tag{7-96}$$

式中，$\Delta\rho$ 为固体和液体的密度差；$\Delta\rho = \rho_p - \rho_L$；$\beta$ 为与搅拌器、反应器内挡板等特性有关的常数，对于透平式搅拌器，$\beta = (d_R/d_I)^{1.33}$；ν 为液体的运动黏度；d_R 为反应器的直径；d_I 为搅拌叶轮直径。

(2) 临界持留量 Roy 等人将淤浆反应器内淤浆所能容纳的最大固体含量称为临界持留

量，并提出了下列计算式：

当 $Re_G<600$ 时： $W_{s,max}=6.84\times10^{-4}Re_GN_b^{-0.23}\left(\dfrac{\varepsilon_Gu_t}{u_{0G}}\right)^{-0.18}\gamma^{-3}C_\mu$ (7-97)

当 $Re_G>600$ 时： $W_{s,max}=1.072\times10^{-1}Re_G^{0.2}N_b^{-0.23}\left(\dfrac{\varepsilon_Gu_t}{u_{0G}}\right)^{-0.18}\gamma^{-3}C_\mu$ (7-98)

其中：

$$C_\mu=0.232-0.1788\lg\mu_L+0.1026(\lg\mu_L)^2$$

$$Re_G=\frac{d_Ru_{0G}\rho_G}{\mu_G}$$

$$N_b=\frac{Re_b}{We_b}=\frac{\sigma_L\varepsilon_G}{u_{0G}\mu_L}$$

$$u_t=\frac{gd_p^2(\rho_p-\rho_L)}{18\mu_L}$$

$$\gamma\approx1$$

(3) 淤浆反应器中的三相持留率　在淤浆反应器中，气液固三相的持留率定义为各相体积与整个反应床层的体积之比。即

$$\varepsilon_G+\varepsilon_L+\varepsilon_S=\frac{V_G}{V_b}+\frac{V_L}{V_b}+\frac{V_S}{V_b}=1 \qquad (7-99)$$

按 Begovich 等人提出的经验式计算：

$$\varepsilon_S=1-(0.371u_L^{0.271}u_G^{0.041}\Delta\rho^{-0.376}d_p^{-0.268}\mu_L^{0.055}d_R^{-0.125}) \qquad (7-100)$$

$$\varepsilon_G=0.048u_G^{0.72}d_p^{0.168}d_R^{-0.125} \qquad (7-101)$$

7.2.3.2 传递参数

(1) 气液相界面间液膜侧传质系数　淤浆反应器中固体颗粒的存在虽然使气液相界面积有所减少，但气泡的浮升速度却增大，因此气液相间液膜侧的传质系数可按不含固体颗粒的气液鼓泡反应器的公式计算。

Calderbank 公式常用来计算气液间液膜传质系数：

$$k_L\left(\frac{\mu_L}{\rho_L D}\right)^{\frac{2}{3}}=0.31\left(\frac{\Delta\rho g\mu_L}{\rho_L^2}\right)^{\frac{1}{3}} \qquad (7-102)$$

式中，$\Delta\rho$ 为液相和气泡的密度差；D 为扩散系数。

(2) 液固传质系数　可按 Sano 等人提出的公式计算：

$$\frac{k_pd_p}{D}=\phi_c(2+0.4Re_m^{1/4}Sc^{1/3}) \qquad (7-103)$$

其中

$$\phi_c=6\frac{V_p}{s_gd_p} \qquad (7-104)$$

$$Re_m=\frac{Ed_s^4}{\nu_L^3} \qquad (7-105)$$

式中，E 为单位质量液体的能量消耗速率；d_s 为颗粒比表面当量直径；d_p 为颗粒直径；ν_L 为液体的运动黏度。

(3) 相间表面传热系数

① 气液间传热系数可按 Kato 提出的公式计算：

$$\frac{\alpha_{L}d_{p}\varepsilon_{L}}{\lambda_{L}(1-\varepsilon_{L})}=0.044 (Re'Pr)^{0.78}+2.0Fr_{G}^{0.085} \tag{7-106}$$

$$Re'Pr=\frac{d_{p}u_{0L}\rho_{L}C_{pL}}{\lambda_{L}(1-\varepsilon_{L})}$$

$$Fr_{G}=\frac{u_{G}^{2}}{d_{p}g}$$

② 机械搅拌反应器中液固间传热系数可按 Boon-Long 公式计算：

$$\frac{\alpha_{S}d_{p}}{D_{L}}=0.046\left(\frac{2d_{p}\rho_{L}d_{R}\pi^{2}N}{\mu_{L}}\right)^{0.283}\left(\frac{\rho_{L}^{2}gd_{p}^{3}}{\mu_{L}^{2}}\right)^{0.173}\left(\frac{C_{S}V_{L}}{d_{p}^{3}}\right)^{-0.011}\left(\frac{d_{R}}{d_{p}}\right)^{0.01}\left(\frac{\mu_{L}}{\rho_{L}D_{L}}\right)^{0.461}$$

$$\tag{7-107}$$

7.2.3.3 宏观反应动力学分析

对于 1 级或拟 1 级反应，式(7-66) 可以用来表示淤浆反应器的宏观反应速率。一般情况下气膜的阻力很小，可以忽略不计。式(7-66) 简化并整理得：

$$\frac{C_{A}^{*}}{(-r_{Av})}=\frac{p_{A}/H_{A}}{(-r_{Av})}=\frac{1}{k_{L}a_{b}}+\left(\frac{1}{k_{p}a_{p}}+\frac{1}{k\eta}\right) \tag{7-108}$$

上式右边的第一项与催化剂的浓度无关，而第二项实质上隐含了催化剂浓度这一参量（在指定操作条件下一般恒定，归入常数项中）。假定催化剂的浓度为 W_{S}，使 W_{S} 与本征常数项分离，上式可写成：

$$\frac{C_{A}^{*}}{(-r_{Av})}=\frac{1}{k_{L}a_{b}}+\frac{1}{W_{S}}\left(\frac{1}{k_{p}'a_{p}}+\frac{1}{k'\eta}\right) \tag{7-109}$$

由上式可见，在其他条件相同的情况下，$C_{AL}^{*}/(-r_{Av})$ 对 $1/W_{S}$ 作图，将得到一条直线。直线的截距等于 $1/(k_{L}a_{b})$，即气液相界面液面侧传质阻力。直线的斜率等于 $[1/(k_{p}'a_{p})+1/(k'\eta)]$，即扩散阻力与化学阻力之和。

图 7-9 为不同催化剂粒度的 $C_{AL}^{*}/(-r_{Av})$ 与 $1/W_{S}$ 的关系图。可见，催化剂的粒度减小时直线的斜率随之减小。这是因为粒度 d_{p} 减小使效率因子 η 增大，催化剂颗粒的外比表面积也增大，内外扩散阻力减小。当 d_{p} 小到一定值时，$\eta=1$，$1/(k_{p}a_{p})\to0$，直线的斜率等于 $1/k$。再减小 d_{p} 时直线的斜率不再变化。据此可求得液膜传质阻力和反应速率常数。

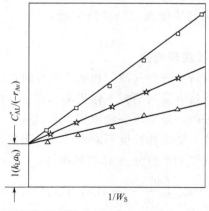

图 7-9 催化剂粒度不同时 $C_{AL}^{*}/(-r_{Av})$ 与 $1/W_{S}$ 间的关系

一般情况下，直线的斜率包含液固传质、内扩散和化学反应三种阻力。下面分析一下不同情况下各个步骤阻力的相对大小。

若液固相界面液膜侧传质阻力和内外扩散阻力均可忽略，则如前所述，对 d_p 作图应得一平行于横轴的直线。

若液固相界面液膜侧传质阻力可忽略而内扩散严重，则：

$$\eta = \frac{1}{\psi} = \frac{6}{d_p}\sqrt{\frac{De}{k\rho_p}} \tag{7-110}$$

或

$$\frac{1}{k\eta} = \frac{d_p}{6}\sqrt{\frac{\rho_p}{kDe}} \tag{7-111}$$

可见，若以 $\ln\left(\frac{1}{k_p a_p} + \frac{1}{k\eta}\right)$ 对 $\ln d_p$ 作图可得到一条斜率为 1 的直线，则表明液固传质的影响可忽略不计，过程阻力主要来自催化剂颗粒内部的扩散。

如果颗粒与液体一起运动且颗粒与液体间无剪力，则液固间的传质与静止液体和固体间的传质情况相似，则有：

$$\frac{1}{k_p a_p} = \frac{\rho_p m}{12De}d_p^2 \tag{7-112}$$

可见，以 $\ln\left(\frac{1}{k_p a_p} + \frac{1}{k\eta}\right)$ 对 $\ln d_p$ 作图，若得到斜率为 2 的直线，则说明液固传质起主要作用。

若颗粒与液体间有剪力，则下式成立：

$$\frac{k_p d_p}{De} = 2 + 0.6\left(\frac{d_p u\rho}{\mu}\right)^{1/2}\left(\frac{\mu}{\rho De}\right)^{1/3} \tag{7-113}$$

因为处于湍流状态，上式右边的第二项远大于 2，上式可简化为：

$$k_p = \kappa d_p^{1/2} \tag{7-114}$$

所以

$$\frac{1}{k_p a_b} = \frac{m\rho_p}{6\kappa}d_p^{1.5} \tag{7-115}$$

可见，以 $\ln\left(\frac{1}{k_p a_p} + \frac{1}{k\eta}\right)$ 对 $\ln d_p$ 作图，若得到斜率为 1.5 的直线，则说明液固传质起主要作用。加大搅拌速率会加快宏观反应速率。

综上所述，通过改变催化剂浓度及粒径进行实验，可以获得对设计和操作非常有用的信息。

7.2.3.4 带机械搅拌的淤浆反应器模型

在带机械搅拌的淤浆反应器中进行气液固相催化反应时，由于多相的存在，流动情况非常复杂，影响因素很多。目前这方面的研究工作仍不很充分，数据的积累十分有限。作为近似设计计算，在搅拌情况良好时，通常可假定液相为全混流。至于气相的流动状态，如果搅拌十分强烈，可认为是全混流。如搅拌程度不剧烈，则可假定呈活塞流的形式通过液层。

假定气膜阻力可忽略，对气相中组分 A 作物料衡算：

$$-u_{0G}\left(\frac{dC_{AG}}{dl}\right) = k_L a_b(C_{AG} - C_{AL}) \tag{7-116}$$

假定液相为全混流，液相中组分 A 的浓度 C_{AL} 为常量，不随高度 l 变化。积分式(7-116) 可得反应器内反应混合物层高为 L 与出口气体中组分 A 的浓度之间的关系式：

$$L = \frac{u_{0G}}{k_L a_b} \ln \frac{C_{AG0} - C_{AL}}{C_{AGf} - C_{AL}} \tag{7-117}$$

式中，C_{AG0} 和 C_{AGf} 分别为进口和出口气体中组分 A 的浓度。积分时假设 u_{0G} 为常数，对于微溶气体，这一假设基本成立。

式(7-117) 在计算床层高 L 时，需要知道液相主体中的浓度 C_{AL}。因此，还需建立其他相关的独立方程。

对反应器作组分 A 的物料衡算，并假定反应对 A 和 B 分别为 m 级和 n 级反应，若进口液体中不含 A，则：

$$\frac{V_R u_{0G}}{L} (C_{AG0} - C_{AGf}) = V_L C_{AL} + V_R \varepsilon_S \eta k C_{AS}^m C_{BS}^n \tag{7-118}$$

式中，V_L 为液体流量；V_R 为反应体积。

对液相作反应物 B 的物料衡算，假定 B 不挥发，则：

$$V_L (C_{BL0} - C_{BL}) = b V_R \varepsilon_S \eta k C_{AS}^m C_{BS}^n \tag{7-119}$$

对于串联进行的液固界面传质和表面反应过程，在定常态条件下组分 A 和组分 B 的相应速率必然相等：

$$k_{pA} a_p (C_{AL} - C_{AS}) = \eta k C_{AS}^m C_{BS}^n \tag{7-120}$$

$$k_{pB} a_p (C_{BL} - C_{BS}) = b \eta k C_{AS}^m C_{BS}^n \tag{7-121}$$

式(7-118)～式(7-121) 的四个方程式中包含 C_{AL}、C_{AS}、C_{BL} 和 C_{BS} 四个变量，联立可求得 C_{AL}。将 C_{AL} 代入式(7-117) 便可求得床层高度 L。应该指出的是，由于淤浆反应器所用催化剂的粒度很小，一般情况下可取 $\eta = 1$。

习 题

1. 用 NaOH 水溶液吸收空气中的 CO_2，反应方程式为：

$$CO_2 + 2OH^- \longrightarrow H_2O + CO_3^{2-} \qquad (A + 2B \longrightarrow C + D)$$

该反应为瞬间反应。假定 $D_A = D_B$，$k_G a_b = 1 \times 10^5$ mol·m^{-3}·h^{-1}·atm^{-1}，$k_L a_b = 40$h^{-1}，$H_A = 0.05$atm·m^3·mol^{-1}。求下列两种情况下该过程的吸收速率是物理吸收的多少倍。

(1) $p_A = 0.05$atm，$C_B = 5 \times 10^3$ mol·m^{-3}；

(2) $p_A = 0.5$atm，$C_B = 200$mol·m^{-3}。

2. 用 25℃的水吸收空气中的 CO_2 气体，反应式可表示为：

$$CO_2(A) + 2OH^-(B) \longrightarrow H_2O(C) + CO_3^{2-}(D)$$

已知：$k_{GA} a_b = 80$mol·h^{-1}·L^{-1}·atm^{-1}；$a_b = 110$m^2·m^{-3}；

$k_{LA} a = 25$h^{-1}；$D_{BL} = 2D_{AL}$；$H_A = 30$atm·L·mol^{-1}

试说明：(1) 气膜与液膜的相对阻力大小，并写出宏观反应速率方程。

(2) 当 $p_{CO_2} = 0.01$atm 时，采用 2mol·L^{-1} 的 NaOH 进行化学吸附，求反应速率、增强因子为多少？并求 C_{BL} 的最大值。

(3) 当 $p_{CO_2} = 0.2$atm 时，NaOH 的浓度为 0.2mol·L^{-1}，假定反应仍为瞬间不可逆，

求吸收速率、增强因子及 C_{BL} 的最大值。

3. 空气法乙烯直接氧化制备环氧乙烷前，需用 NaOH 溶液脱除空气中的 CO_2 杂质。已知操作温度为 20℃，压力为 15atm，空气中含 CO_2 为 1%，用 1mol·L^{-1} 的 NaOH 溶液逆流吸收，塔径为 0.52m；日处理空气 50000m^3，碱液流量为 2.5m^3·h^{-1}。反应可看成拟 1 级不可逆反应。已知：

$k_{GA} = 2.35$kmol·m^{-2}·h^{-1}·atm^{-1}；　　　　　　$a_b = 110$m^2·m^{-3}；

$k_{LA} = 1.33$m·h^{-1}；　　　　　　　　　　　　　　$H_A = 45$m^3·atm·kmol^{-1}；

$D_{AL} = 1.77 \times 10^{-9}$m^2·s^{-1}；　　　　　　　　　$k = 5700$m^3·kmol^{-1}·s^{-1}

试求出口空气中 CO_2 含量为 0.005% 时所需填料塔的高度。

4. 在例 7-2 中，将吸收液组分 B 的浓度提高到 $C_{B2} = 0.20$kmol·m^{-3}，其他参数不变。(1) 塔顶和塔底处气液相界面附近的浓度分布与图 7-1 中的哪个对应？(2) 试推导浓度分布发生变化后对应的 A 的分压 p_A 和液相浓度 C_B；(3) 试推导填料床层高度的通用计算式；(4) 试计算该反应条件下的填料床层高度。

8 反应工程新技术

伴随科技进展以及新时期对化学工业的新要求，反应工程技术取得了长足的发展，提出了许多新的概念和理论，涌现出了一大批新型的反应器。本章主要讨论反应工程技术一些新的研究方向和新型反应器实例。重点讨论和分析微通道反应器和反应-分离耦合反应技术（催化精馏技术和膜反应器），同时简要介绍超重力反应器和电化学反应器。

8.1 微通道反应器

20世纪90年代以来，伴随纳米材料以及微机械电子系统的发展，微化工技术得以兴起并以其独特的特点和优势在能源、制药、精细化学品、高能炸药及化工中间体的合成等领域受到越来越多的关注。微化工系统按其用途划分包括微混合器、微换热器、微反应器、微分离器、微控制器等关键组件，其中微反应、微混合、微热系统是核心部分。在传统的反应工程领域，微反应器（microreactor）一般特指实验室规模的小型反应器。为了与此区别，微化工系统中的微反应器又被称为微通道反应器（micro-channel reactor）或微结构反应器（micro-structured reactor）。微通道反应器本质上是一种连续流动的管式反应器。反应器内微通道特征尺寸一般在 $10 \sim 500 \mu m$，虽然远小于传统反应器的特征尺寸，但对分子水平的反应而言，该尺度依然非常大，因此利用微通道反应器并不能改变反应机理和本征动力学特性，而是通过改变流体的传热、传质及流动特性来强化化工过程。这是因为降低特征尺寸，不仅增大了温度和浓度梯度等传递过程的推动力，同时也大大增加了传递面积，有效降低了传质阻力，并能够精确控制反应条件，特别适用于受传递过程控制的反应体系。

8.1.1 微通道反应器定义、性质和特点

目前，关于通道的尺度划分尚没有统一标准。最简单的方法是根据通道的水力直径（D_h）划分。Mehendafe 等人针对换热器提出通道水力直径 $D_h=1 \sim 100 \mu m$ 的为微通道换热器（micro-heat exchanger），$D_h=100 \mu m \sim 1mm$ 的为介观通道换热器（meso-heat exchanger），$D_h=1 \sim 6mm$ 的为紧凑型换热器（compact heat exchanger），而 $D_h > 6mm$ 的为常规换热器（conventional heat exchanger）。2003年4月于美国纽约州罗切斯特召开的第一届"微通道和微小型通道国际会议"（International Conference on Nanochannels，Microchannels，and Minichannels）上，Kandlikar 建议对于单相或两相流体，可以按照水力直径（D_h）将通道划分为常规

通道（conventional channels，$D_h>3mm$）、小通道（Minichannels，$3mm>D_h>200\mu m$）、微通道（microchannels，$200\mu m>D_h>10\mu m$）、过渡通道（transitional channels，$10\mu m>D_h>0.1\mu m$）以及分子纳米通道（molecular nanochannels，$D_h<0.1\mu m$）。其中，过渡通道还可以细分为过渡微米通道（transitional microchannels，$10\mu m>D_h>1\mu m$）和过渡纳米通道（transitional nanochannels，$1\mu m>D_h>0.1\mu m$）。

此外，还可以按照作用力对通道进行划分。设备的微型化并非简单的几何缩小，还会引起支配流体运动的各种作用力的变化。微尺度下表（界）面张力及黏性力等表面力有可能取代重力成为控制因素。Kew 和 Cornwell 提出用限制数（confinement number，Co）划分微换热器尺度。限制数定义为：

$$Co=\frac{\left[\dfrac{\sigma}{g(\rho_l-\rho_g)}\right]^{1/2}}{D_h} \tag{8-1}$$

式中，σ 为表面张力，$N\cdot m^{-1}$；g 为重力加速度，$m\cdot s^{-2}$；ρ_l 和 ρ_g 分别为液相和气相流体的密度，$kg\cdot m^{-3}$。限制数 Co 反映了表面张力与重力对传热的影响，Co 越大，表面张力的影响就越显著。Kew 和 Cornwell 提出 $Co\geqslant0.5$ 的通道为微通道，而 $Co<0.5$ 的则为常规通道。Ong 和 Thome 则认为通道从宏观尺度到微观尺度是一个渐变的过程，在两者之间还存在一个表面张力和重力共同作用所谓的"小通道"：当 $Co\geqslant1$ 时，重力作用可以忽略，通道为微通道；当 $0.3\sim0.4<Co<1$ 时，重力影响较小，为小通道；当 $Co<0.3\sim0.4$ 时，重力作用显著，为常规通道。

可以看出，微通道反应器内通道尺寸在亚微米和亚毫米数量级。在这个特征尺度下，宏观领域作用较小的力和现象不能忽略，许多宏观过程特征和规律不再适用，流体的流动以及系统的传递特性都发生了显著变化，使得微通道反应器与常规反应器相比有着独特的优势和特点。

(1) 线尺度减小 在微通道内，一些物理量的梯度（如温度梯度、压力梯度及浓度梯度等）随线尺度减小增加非常快，从而增加了传递过程推动力，强化了传质和传热过程。例如，在一些经特殊设计的微通道换热器内，传热系数可达 $25000W\cdot m^{-2}\cdot K^{-1}$，比常规换热器大一个数量级。在微型混合器中，流体厚度一般为几十微米，通过特殊设计还可以将流体厚度进一步降低到纳米尺度，相应的混合时间可以降低到毫秒甚至纳秒数量级，这是常规设备难以达到的。

(2) 比表面积/比相界面积增加 在微通道内，由于特征尺度的减小，相应的面积体积比显著增加。通常微通道设备内的比表面积可以达到 $10000\sim50000m^2\cdot m^{-3}$，而常规实验室或工业反应器比表面积一般在 $100\sim1000m^2\cdot m^{-3}$。比表面积的增加能够强化传热过程。如在微通道反应器内，空气的层流传热系数可达 $100\sim1000W\cdot m^{-2}\cdot K^{-1}$，水的层流传热系数更是高达 $2000\sim20000W\cdot m^{-2}\cdot K^{-1}$。

对于多相体系来说，比表面积的增加还会带来比相界面积的增加。理论和实验结果都证明，在微通道反应器内多相体系界面积可以达到 $5000\sim30000m^2\cdot m^{-3}$。比如，在降膜式微通道反应器内，比相界面积可达 $25000m^2\cdot m^{-3}$，而传统鼓泡塔的比相界面积仅为 $100m^2\cdot m^{-3}$，即使采用喷射式对撞流的气液接触式反应器的比相界面积最大也仅为 $2000m^2\cdot m^{-3}$。在这样大的比相界面积条件下，传质和传热过程都得到了强化，因此在微通道内可实现多相体系的高效传质过程。

(3) 体积减小 由于微通道线尺度的缩小，微通道反应器内部体积急剧减小，典型设备内部尺寸仅几个微升。如果将一个大规模间歇反应器系统用连续操作的微型设备代替，这种差别就更为显著。

(4) 精确控制反应条件以及较高的安全性能 由于微反应器具有非常高的传质和传热速率和极窄的停留时间分布，因此可以实现反应物料的瞬间混合以及对反应工艺参数（反应温度和时间等）精确控制。微通道微反应器有很高的换热效率，能够及时移走反应中瞬时释放出的大量热量，从而实现对反应温度的精确控制。对于强放热反应，在常规反应器中由于混合速率及换热效率低，常常会出现局部过热现象，导致产品收率和选择性的下降。在许多化工生产过程中，为防止反应过于剧烈，部分反应物往往采用逐渐滴加的方式引入，这样就会造成一部分先加入的反应物停留时间过长，可能会导致副产物的产生。利用微通道反应器可以实现连续操作，能够精确控制物料在反应条件下停留的时间。对于受传递控制的快速反应过程，微通道反应器不仅有效抑制了副反应，提高了转化率和目的产物的选择性，还能够提高反应速率，使之接近其本征动力学控制范围，实现高空速操作模式，因而具有较高的时空收率。另外，利用微通道反应器还能够以精确的比例瞬间将物料混合均匀。微通道内流体厚度通常在微米级，其混合时间通常小于 1s，通过混合通道的结构优化设计甚至可达毫秒级。在对反应物料配比要求很严格的快速反应中，可以避免副产物的形成。而在常规反应器中，由于搅拌不够好，会出现局部配比过量，从而产生副产物。

由于微通道反应器具有很高的传热和传质效率，对某些易于失控的化学反应，反应热可以很快导出，因此反应温度可以有效控制在安全范围内。另外，由于微通道反应器采用连续流动反应，在线的化学品数量很少，即使失控，也不会带来重大安全问题。

(5) 快速放大 微通道反应器内每一通道都相当于一个独立的反应器。微通道反应器的放大不是通过增大微通道的特征尺寸，而是通过增加微通道的数量来实现的，即所谓的"数增放大"（number-up）。所以，小试的最佳反应条件不需要做很大的改变就可以直接进行生产，从而可以大幅度缩短产品由实验室到市场的时间，实现科研成果的快速转化。

8.1.2 微通道反应器的制造和集成

微反应技术的出现是建立在微电子工业中硅微加工技术基础上的。精密机械加工技术和工具的不断进步和完善，为微通道反应器的加工提供了更多的手段，制造微反应器的材料也逐渐扩充到金属、陶瓷、玻璃及塑料等。单晶硅材料不仅具有良好的化学惰性和热稳定性，并且导热性好，可用光刻和刻蚀等制备集成电路的成熟工艺进行加工及批量生产，并且容易集成。它的缺点是易碎、价格高、不能透过紫外线并且电绝缘性能不好。玻璃和石英有很好的电渗性质、光学性质及化学和生物相容性，可用化学方法进行表面改性，也可以采用光刻和刻蚀技术进行加工。缺点是难以得到深宽比大的通道，组合难度大、加工成本高。不锈钢材料在微通道中的应用比较广泛，它可以制作组件系统，或是单个的反应器如微混合器、换热器和微通道反应器。其制造尺度一般大于玻璃和硅材料的反应器，可用刻蚀、精细机械加工、冲压及压花等方法制造。有机聚合物材料成本低、品种多，能够通过可见和紫外光，可用化学方法进行表面改性。这种材料易于加工，可通过铸造成型、热压花、激光溅射、3D打印等方法制备深宽比大的通道。其缺点是不耐高温、热导率低。陶瓷材料的微通道主要是指蜂窝规整载体，组成主要有董青石、莫来石、镁铝尖晶石等，一般采用挤压成型。由于陶瓷材料耐热性能好，热膨胀系数小，因此它可以用于温度比较高的反应过程，而且与很多的化学和生物反应物具有相容性。目前，陶瓷微通道反应器已经广泛地应用于电厂选择性催化还原及处理汽车尾气的三效催化剂等。陶瓷材料的微通道反应器主要缺点是强度和导热性能不好，因此，其必须装填在其他材料的筒体内，而且对反应的控制不像不锈钢材料和硅材料的微通道灵活。

常用微通道反应器的制造加工技术有光刻和刻蚀技术、薄膜沉积和生长技术、LIGA技术、激光加工、超精密加工、放电加工、软刻蚀、玻璃微加工、微立体光刻、微接触印刷、热压法及模塑法等。光刻和刻蚀技术源于集成电路制造中利用光学-化学反应原理和化学、物理刻蚀方法，将电路图形传递到单晶表面或介质层上，形成有效图形窗口或功能图形的工艺技术，目前已广泛应用于硅、玻璃、石英和不锈钢、铜、铝等材质基片上的微结构制作。该技术由薄膜沉积、光刻和刻蚀三个工艺组成。根据基片材质特性和刻蚀方法的不同可分为湿法刻蚀和干法刻蚀两大类。湿法刻蚀时所用的刻蚀剂为酸性或碱性溶液，如在刻蚀玻璃和石英时常用HF溶液作刻蚀液。干法刻蚀的刻蚀剂为等离子体，由于等离子体中游离基的化学性质十分活泼，可以利用它和基片材料之间的化学反应实现刻蚀。湿法刻蚀加工成本较低，可以实现加工过程的批量生产。而干法刻蚀需要专门的设备产生低压气体等离子体和尾气抽出系统，设备投资费用较大。

LIGA是德文Lithographie、Galvanoformung和Abformung三个词，即光刻、电铸和注塑的缩写。它源自德国核能研究所在20世纪80年代初期所发展起来用以制造微结构的技术。它主要包括同步辐射X射线深刻、电铸成型及注塑等三个重要环节，适合量产高深宽比、低表面粗糙度及垂直侧壁的微结构，且材料的适用范围广泛，可制造金属及塑料的微结构。同步辐射光刻是LIGA技术最为关键的工艺环节，同步辐射具有非常好的平行性和非常广的X射线光谱，所制造的微结构具有非常高的精度和结构深度，在这方面是任何其他光源所不能相比的。但是，同步辐射光源资源有限且运行成本高，限制了其应用。近年来，国内外开发出了多种不需同步辐射光源的准LIGA技术，如基于厚胶紫外光刻的UV-LIGA技术，基于硅深槽刻蚀的DEM技术和基于激光刻蚀的Laser-LIGA等。这些准LIGA技术的出现大大降低了LIGA技术的成本，缩短了加工周期，扩展了LIGA技术的应用范围。超精密微机械加工主要包括微细放电加工、高能束加工、电化学加工、超声加工、扫描隧道显微镜（STM）加工以及其他多种复合加工技术等。超精密微机械加工技术适用于复杂三维结构的加工，但在加工效率、加工尺寸的可控性及加工重复性等方面还有待提高。

微通道反应系统一般采用层级结构（hierarchicmanner）方式构建。它的最小单元为微结构，在微结构基础上加上入口和出口就构成了微系统的一个元件（element）。这些元件与管线相连，再加上支撑部分就构成了微单元（unit）。为了增加处理量，可以以一定方式将这些微单元堆叠起来，当装配上外壳或盖板后就构成了微设备（device），也可称为微组件（component）。它们是微反应系统中可独立操作的最小单元。将微装置串联、并联或混联起来，就构成了微通道反应系统。

8.1.3 微通道反应器内流体流动、传质和传热

8.1.3.1 流体在微通道内的流动

（1）**单相流体** 流体在微通道内流动特性与常规通道有很大不同，主要体现在以下几个方面：①微通道尺寸以及其中流体的流速都很小，因而雷诺数很小，通常在200以下，属于层流支配区域，具有很强的方向性、对称性和高度有序性。相对于惯性作用力，流体黏度具

有较大的影响。层流流型也决定了流体在流道截面上速度分布不均匀，导致在微通道内轴向上流体微元存在返混现象。但是对于单个微通道来说，由于微通道直径非常小，其轴径比一般远远大于 100，可以忽略流体流动的返混，停留时间分布很窄，适用平推流模型。②流体在微通道内由层流到湍流过渡的雷诺数减小。文献报道的该过渡雷诺数在 200～900 之间，并且在雷诺数小于 10000 时，流体就可以充分发展为湍流。③连续性假设不是总适用于微通道内流体的流动。目前，关于微通道内流体流动特性与常规尺度通道的发生偏离的主要原因还没有统一的结论，一般认为可能与通道粗糙度、表面效应、端效应、可压缩性及稀薄气体效应等因素有关。此外，微系统与宏观测量装置的不匹配导致分析手段的精密度较差也是一个重要原因。比如，微通道压降的测量主要分为两种，一种是在微小通道进出口的大尺度连接管道上布置压差传感器，另一种直接在微小通道上布置压差传感器。由于管径较小，直接在管道上开孔困难，研究者往往采用第一种测压方法。但常规尺度计算局部阻力系数的方法能否适用于微通道尚无定论，可能导致实验结果与理论计算的不吻合。

由于微尺度效应的影响程度和方式的差异，气体在微通道中的流动及传递行为与液体有着明显的区别。气体的平均自由程比液体大，通道尺度对气体流动的影响更为明显，微细通道中气体的传递行为与经典理论的偏离要比液体显著。另外，由于结构和状态相对简单，对气体多尺度传递理论的研究比液体更为深入。

在微通道中，气体流动的连续性假设不一定成立。气体的流动状态可以用 Kundsen 数（K_n）描述：

$$K_n = \lambda / L \tag{8-2}$$

式中，L 为通道的径向特征尺寸；λ 为气体分子的平均自由程，定义为：

$$\lambda = \mu \sqrt{\pi} / \sqrt{2\rho^2 RT} \tag{8-3}$$

式中，μ 为气体的绝对黏度；R 为气体常数。根据 K_n 的值，可将气体的流动状态分为四种类型：①$K_n < 10^{-3}$ 时为连续流动；②$10^{-3} \leqslant K_n < 10^{-1}$ 时为滑移流动；③$10^{-1} \leqslant K_n < 10$ 时为过渡流动；④$K_n \geqslant 10$ 时为自由分子流动。此外，气体在微通道中流动还可能受到可压缩性、稀薄效应以及表面粗糙度等因素的影响。

对于特征尺寸在数百微米的微通道，K_n 一般非常小，当 K_n 趋近于 0 时，连续流体假设仍然成立。如果这时微通道中流体压力、温度、密度以及速度等参数都是连续的，则可用传统的 Navier-Stokes（N-S）方程描述气体的流动状态。当 $K_n > 0.001$ 时，就需要考虑滑移效应的影响。气体分子动力学研究表明，滑移流动区内的气体传递行为满足可压缩流体的 N-S 方程。但由于非连续性稀薄效应的影响，壁面处的边界条件需做温度突变和速度滑移修正，即在壁面处的气相速度不再为零，轴向速度在气固界面处存在滑移非连续。而当 $K_n > 0.1$ 时，流体的流动不再满足连续性假定，N-S 方程不再适用。目前，对于过渡区及自由分子流动区气体传递现象主要根据气体的刚性球模型采用 Monte-Carlo 法、分子动力学法、Lattice-Boltzmann法等进行直接数值模拟。

可以看出，K_n 数在气体动力学中是联系宏观和微观两个特征尺度的纽带，根据 K_n 数的值，可将气体分为不同的流型，各有相应的基本方程。但是对于液体流动，由于液体结构本身复杂，黏度也比气体大，其微流体力学问题更复杂，目前还没有完善的分子动力学理论。而关于液体流动在微观与宏观设备上现象的差异，也缺乏相应理论。现有的实验和模拟结果表明，微混合具有很强的传递性能，能实现液体间的快速均匀混合。微混合效率与通道结构、入口条件等有很大关系，但对液体流型的划分以及划分标准目前尚无定论。

(2) 多相流体　在多相流中，研究最多的是气液两相流。压降和空泡率是两相流体力学中最重要的两个参数。微通道内气液两相流特征与宏观尺度有明显区别，当通道特征尺度满足式(8-4)时，表（界）面效应占主导地位，气液两相流动行为不再受重力影响，流型转变主要由表面张力控制：

$$\frac{4\pi^2\sigma}{(\rho_L-\rho_G)d^2g}>1 \tag{8-4}$$

式中，σ 为表面张力；ρ_L、ρ_G 分别为液体和气体的密度；d 为通道特征尺度；g 为重力加速度。

气液两相的水力学性质对传质有很大的影响。微通道内气液两相流动类型受气液性质、表观流速、入口混合方式、通道的形状、放置方向、水力学直径大小以及表面的性质等多种因素的影响。一般来说，微通道内的气液流动状态可以分为泡状流、泰勒流、泰勒-环状流、环状流和分散流（图 8-1）。

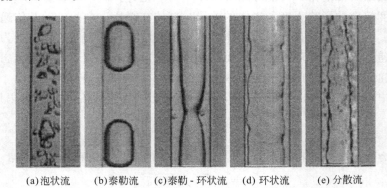

(a)泡状流　　(b)泰勒流　　(c)泰勒-环状流　　(d)环状流　　(e)分散流

图 8-1　微通道内的气液流动状态

泡状流是在较小的气体表观流速下形成的，主要的流动特征是其在微通道内形成不同形状的小气泡，而且这些气泡的长度一般小于通道的内径。随着气体流速的增加，气泡的长度加长形成泰勒流（弹状流、活塞流或者是加长的气泡流动），这时气泡的长度大于通道的内径，并且气泡的直径与通道的内径相当，弹状流的液体和气泡间隔地在通道内流动，而且由于液体的浸润性，气泡和通道被液膜隔开。在液体流速较低的泰勒流中，增加气体流量，会造成气泡之间的连接从而形成泰勒-环状流，这时气体在通道的中心流动，而在气体和通道壁之间形成了大振幅的液体波峰，并且有时在液体内存在小气泡。在泰勒-环状流的流动状态中，当气体的流速继续增加的时候，液体的波纹会消失，从而形成环状流。分散流是在很高的气体和液体流速下形成的一种流型。其流动的特征是气体在通道内形成气核，而液体以小液滴的形式夹杂在气体中流过通道。一般情况下，分散流中的液体还会在通道内壁上形成液膜。目前对微通道内气液两相流体流型的判定还没有统一的标准。在已经提出的一些判据和标准中，一般根据表面张力和惯性力的相互作用大小，把气液两相流型分为表面张力控制区、惯性力控制区和过渡区。这三个流动类型囊括了上述的几种流型：泡状流和泰勒流属于表面张力控制区；环状流和分散流属于惯性力控制区；而过渡区包括泰勒-环状流。

由于气液两相在微通道内的流动过程比较复杂，表面张力发挥了重要的作用，因此计算气液两相压力降比较困难。总的说来，计算模型可以分为两种，一种是均相流模型，另一种是分相流模型。均相流模型假设两相混合物是均一单相流体，混合物具有平均的流体性质，因此混合流体的性质估算是均相流模型的关键。而分相流模型不详细地考虑两相流动行为，而是假设每相流体单独在各自的通道内流动。

8.1.3.2 流体在微通道内的传热

在微通道反应器中，传热过程得到强化。以壁温恒定的光滑圆管内充分发展的层流流动流体换热为例，在这种情况下 Nu 为常数，即

$$Nu = \frac{hL}{k} = 3.66 \qquad (8\text{-}5)$$

式中，h 为对流传热系数；L 为通道特征尺寸；k 为流体的热导率。可以看出，根据常规尺度的传热机理，传热系数 h 与管径 L 成反比。当通道尺寸在 $100\mu m \sim 1.0mm$ 范围内时，空气的层流传热系数可高达 $100 \sim 1000W \cdot m^{-2} \cdot K^{-1}$，水的层流传热系数亦高达 $2000 \sim 20000W \cdot m^{-2} \cdot K^{-1}$，均远高于常规尺度下空气和水的层流传热系数。当流道断面的当量直径小到 $0.5 \sim 1mm$ 时，对流换热系数可增大 50%。

与常规尺度相比，微通道内传热有自身的特点。某些在常规尺度下可以忽略的影响因素将会对微通道内传递现象产生很大的影响。根本原因在于在微尺度下，各种表面效应以及与表面有关的各种力（如表面张力、库仑力及范德华力等）也变得越来越重要。此外，当分子平均自由程变得和流动的特征尺度相当时，流体连续性假设已不再成立，傅里叶导热定律、流动的 N-S 方程和能量方程不能真实地反映流动和传热规律。影响微通道内传热的因素主要有以下几个方面：①微通道表面粗糙度。在经典流体力学中，通常不需要考虑通道表面粗糙度对层流流动的影响。但是对于小通道和微通道，其表面粗糙度高度与水力直径的比值（相对粗糙度）远大于常规尺度通道，这时边界层传递特性的变化对系统传递过程的影响不能再忽略，而表面粗糙度则是造成边界层扰动的一个重要因素。比如，有的研究表明，不同的表面，粗糙度对 Nu 有不同的影响，可能增大 Nu，也可能减小 Nu。对于一定的相对粗糙度，粗糙原材料热导率与流体热导率之比是主要影响因素，并且 Nu 随着材料/流体热导率比值的增加而增加。此外，在靠近壁面处材料与流体热导率比值对温度影响较大，比值越大，流体温度越接近壁温。②由于微通道尺度很小，流体流动压降较大。可以通过调变通道表面性能，改变流动阻力和界面层结构，从而影响其流动和传热性能。比如宋善鹏等制备了具有超疏/亲水表面的铝基微通道，该通道表面具有微纳米级相间的阶层结构，这种特殊的结构可以捕捉到空气而形成微纳米级的气泡，使得水在表面上流动时主要与空气接触，从而降低水流过超疏水微通道时的摩擦阻力，产生滑移。气泡内的气体在水的滑移速度的作用下，在微纳米凹槽中发生涡旋流动。气体的涡旋流动使传热得到一定程度的强化，因此超疏水表面微通道具有低流阻且传热性能较好等特点。另外，在微尺度下，微纳流体具有极大的表体比（表面积与体积比），流体与通道表面间的表面力作用常常成为影响流体输运性质的主导因素，毛细流动起到重要作用。而通道壁面亲/疏水性会影响微结构流体内的毛细输运和充满过程。③轴向热传导在常规通道中壁面内的轴向导热通常可以忽略，但在微尺度下，由于通道壁面厚度与当量直径在同一个数量级，轴向导热将会对壁面温度分布及局部 Nu 的分布产生很大的影响。在很多情况下，流体和壁面的轴向热传导将会明显影响热量的传递。④黏性耗散是流体在流动过程中由黏性摩擦力引起的机械能转换成热能的现象。它导致流动过程中流体的温度、黏度以及热量传递行为等发生变化，进而影响流体的流动特性。在宏观尺寸流动中，通道表体比小，流体所受剪切作用强度较弱，因而黏性耗散作用对流体流动的影响相对较小，可被忽略。但对在微尺度通道中流动的流体而言，由于受通道特征尺寸减小

和表体比成倍增加以及通道表面相对粗糙度增大等因素的影响，流体流动时所受的剪切作用强度和摩擦阻力大大增加，由此产生的黏性耗散作用也非常强烈，进而影响微通道内流体流动时的温度分布及压力传递，导致微通道流体流动和传热特性发生明显变化。

微通道内传热现象的主要研究方法有理论模拟与实验研究两种。理论研究主要从微观能量输运本质出发，运用 Boltzmann 方程、分子动力学、直接 Monte-Carlo 模拟以及量子分子动力学等方法来分析微尺度的传热机制。后者主要进行实验研究，根据建立在宏观经验上的模型对实验数据进行关联，并与传统的关联式比较。目前，实验大多集中于微尺度的对流传热和相变传热，近年来对生命系统内的传热问题也有较多的关注。这里根据杨海明等人的研究工作简要介绍实验研究方法。首先确定流体在微通道换热器中流动时雷诺数 Re 与摩擦系数 f 的对应关系（流动特性）以及雷诺数 Re、普朗特数 Pr、努塞尔数 Nu（传热特性）的对应关系。假设在微通道中，与气体流动和传热相关的方程为：

$$\Delta p = f\left(\frac{L}{d_h}\right)\frac{u^2\rho}{2} = \frac{8\rho LM^2}{\pi^2 d_h^5}f \tag{8-6}$$

式中，M 为体积流量，$m^3 \cdot h^{-1}$；ρ 为气体密度，$kg \cdot m^{-3}$；L 为通道长度，m；d_h 为通道水力直径，m。

$$Re = \frac{2\rho M}{\mu d_h} \tag{8-7}$$

式中，μ 为动力黏度，$Pa \cdot s$。

$$Pr = \frac{\nu}{a} \tag{8-8}$$

式中，ν 气体的运动黏度，$Pa \cdot s$；a 为气体热扩散率，$m^2 \cdot s^{-1}$。

$$Nu = \frac{Q}{\pi\lambda L \Delta T} \tag{8-9}$$

式中，Q 为换热器制冷功率，W；λ 为气体热导率，$W \cdot m^{-1} \cdot K^{-1}$；$\Delta T$ 为冷热气体热交换平均温差，K。然后确定并测定温差、热流、热导率等参数以及流体力学参量如流量、压强、黏度、摩擦系数等待测物理量，再根据确定的各特征数之间对应关系建立有关传质和传热模型，由实验测定各方程中的未知量。他们在研究中，假定对于管内强制流换热，函数间存在以下的关系：

$$Nu = f(Re, Pr) \tag{8-10}$$

根据传热学的相关理论，上式可以表达为：

$$Nu = cRe^m Pr^n \tag{8-11}$$

式中，c 为关系式系数；m 和 n 分别为 Re 和 Pr 的指数。根据实验，可以确定 c、m 和 n，建立传热模型。

8.1.3.3　流体在微通道内的传质

微通道内的传质现象集中体现在混合、吸收（吸附）、萃取及反应过程中。传质过程通常是与流动、换热和反应耦合在一起的，而且由于多相流动其本身的复杂性，这些都增加了微通道中多相传质研究的难度，所以与传热和流动状况相比，微通道内的传质状况研究相对较少。目前，可通过添加指示剂、可视化等实验手段来表征过程中的传质速率及效率，而精确的理论模拟报道较少。

在微通道中，流体流型主要为层流，层流区内的流体组分之间的传质通常是通过分子扩散实现的。根据 Fick 定律，混合时间 t 可由下式表示：

$$t \propto l^2/D \tag{8-12}$$

式中，l 为扩散特征长度；D 为扩散系数。由于微通道特征尺寸很小，扩散距离很短，因此在微通道内能很快实现不同物相的完全混合，混合时间一般在毫秒至微秒之间。扩散混合效率可以用 Fourier 数 Fo 描述：

$$Fo = Dt/l^2 \tag{8-13}$$

式中，t 为接触时间。当 Fo 在 $0.1 \sim 1$ 之间时，体系混合良好；而当 $Fo > 1$ 时则为完全混合。

根据微混合器的结构型式以及混合方式不同，可以分为单通道微混合器和多通道微混合器。最简单的微混合器即为 T 形或 Y 形微通道混合器（图 8-2），两进口通道以一定角度合并为一个混合通道，两股流体同时流动并发生混合。T 形微通道混合器对扩散系数较高的物质混合过程（比如一些气液传质过程）在低流速下通常具有很好的混合效果。但在高流速下，由于停留时间较短会使混合进行得不够充分。为了提高产量，适应工业生产的需要，多通道微混合器主要包括交叉指型微混合器以及叠片式微混合器等。总的说来，在微混合器内，由于流体流层薄，相间接触面积增加，扩散路径变短，混合时间可以达到毫秒级，从而强化了传质过程，实现两相间的均匀、快速混合。

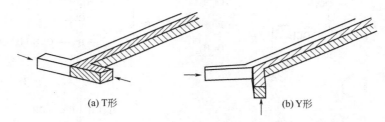

(a) T形   (b) Y形

图 8-2 T 形（a）和 Y 形（b）微混合器示意图

8.1.4 微通道反应器应用实例

微反应器并非适用于所有类型的化学反应，特别适用于如下类型的反应。

（1）剧烈放热反应 对这类反应，常规反应器一般采用逐渐滴加的进料方式，即使这样，在滴加的瞬间局部也会过热，造成一定量的副产物。而微反应器由于能够及时导出热量，对反应温度实现精确控制，消除局部过热，能够显著提高反应的收率和选择性。

（2）反应物或产物不稳定的反应 某些反应的反应物或生成物很不稳定，在反应器中停留时间长时会分解而降低收率。微通道反应器是连续流动系统，可以精确控制反应物的停留时间。

（3）对反应物配比要求很严的快速反应 某些反应对配料比要求很严格，其中某一反应物过量就会引发副反应（如目标为单取代的反应，可能有二取代和三取代物产生）。由于微反应器系统可以瞬间达到均匀混合，避免局部过量，副产物可减少到最低。

（4）危险化学反应以及高温高压反应 对某些易于失控的化学反应，一旦失控，就会造成反应温度急剧升高，压力急剧增加，引起冲料甚至爆炸。而微反应器的反应热可以很快移出，因此反应温度可以有效控制在安全范围内，使失控的风险降到最低。微反应器中又是连续流动反应，即使发生安全事故，在线的化学品量极少，造成的危害也是微不足道的。

（5）纳米材料及需要产物均匀分布的颗粒形成反应或聚合反应　由于微反应器能实现瞬间混合，对于形成沉淀的反应，颗粒形成、晶体生长的时间是基本一致的，因此得到的颗粒的粒径有窄分布特点。对于某些聚合反应，则有可能得到聚合度窄分布的产品。

8.1.4.1　快速反应和强放热反应

这里以 Grinard 试剂与硼酸酯低温反应合成苯基硼酸为例介绍微通道反应器在这一类型反应中的应用。有机硼化合物是有机合成中一类重要的化合物，在医药和农药合成中都有重要用途。例如，通过 Suzuki 反应可以合成很多高附加值化合物。使用 Grinard 试剂制备有机硼化合物是一种常用合成路线。但是该反应速度很快，反应放热比较剧烈，而且一旦温度过高就会出现副产物。如图 8-3 所示，R_1、R_2 是反应物，P_1 是产品。I_1～I_4 是过渡态中间体，C_1、C_2 分别是二取代和三取代产物，S_1～S_5 是各种反应路径产生的其他副产物。

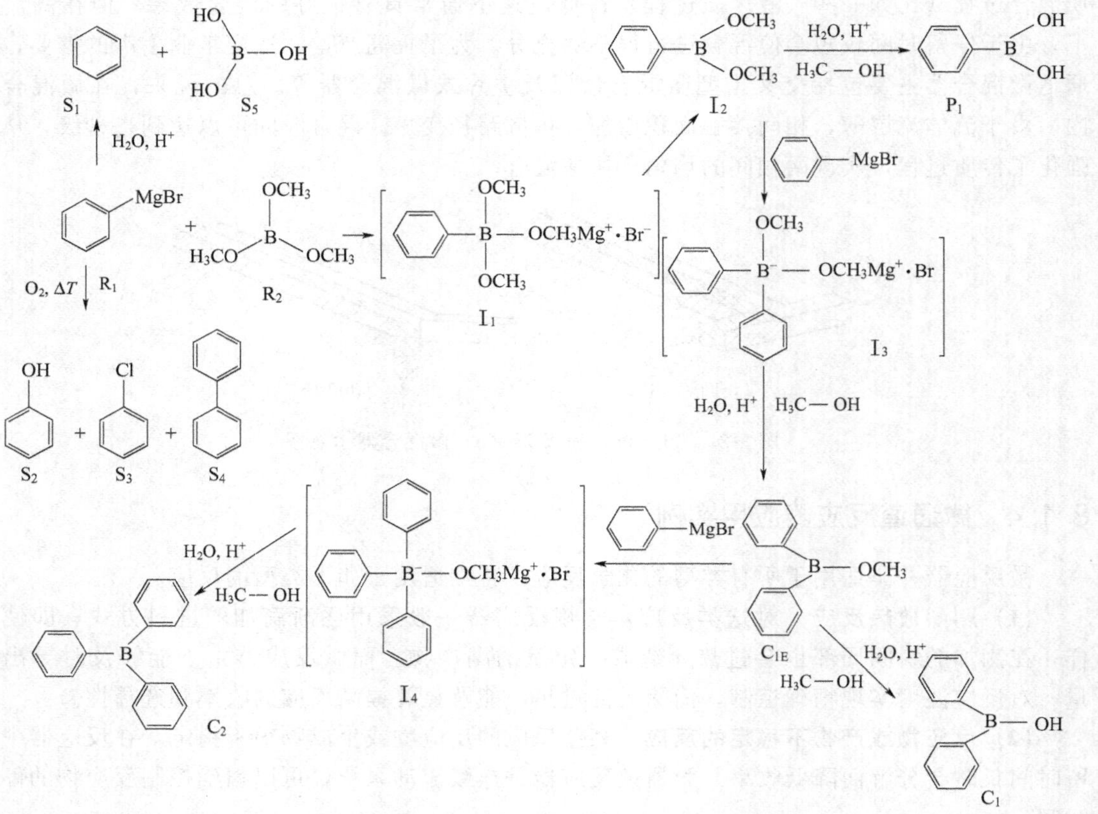

图 8-3　苯基硼酸的制备及其副反应

为了抑制副产物的产生，取得满意的收率，工业上常采用以下方法：①硼酸酯大大过量；②反应在 -35～-55℃ 的低温下进行；③由于反应放热比较剧烈，要求长时间逐渐滴加反应物。因此，传统反应方法经济性差，工业上操作较烦琐。

Hessel 等用微反应器对此反应进行了研究，比较了相同条件下两种反应器的实验结果。如表 8-1 所示，同样是小试，在 20℃ 左右，微反应器收率比常规反应器提高约 12%，而且微反应器在 50℃ 取得了和 22℃ 几乎相同的收率。中试生产结果表明，在 10℃，可达到 89.2% 的满意收率。

表 8-1 以微反应器合成苯基硼酸结果

反应器类型	反应规模	反应温度/℃	主产物收率/%
常规反应器	1.5L 小试	20	70.6
	工业生产	20	65.0
微反应器	小试	22	83.2
	小试	50	82.1
	中试生产	10	89.2
	中试生产	40	79.0

8.1.4.2 离子液体的合成

离子液体与超临界二氧化碳和双水相一起被认为是三大绿色溶剂与催化介质，在分离、催化以及电化学等许多领域中受到了广泛关注，应用前景广阔。离子液体的制备过程通常伴随着强烈的放热效应，加之大多数离子液体的高黏度及与原料的不相溶性，制备过程中随着离子液体的生成，会形成液-液两相，搅拌釜式反应体系既不利于散热，也不利于相间传质。虽然加入有机溶剂或某一原料过量在一定程度上能加强传热、传质，但是如果反应条件控制不当，温度仍然难以控制。而微通道反应器不但具有所需空间小、质量和能量消耗少以及反应时间短的优点，而且能够显著提高产物的产率与选择性以及传质传热效率。采用传质、传热效率高的连续流动微通道反应装置可以有效避免上述离子液体制备中的问题，实现无溶剂条件下离子液体的大规模生产。

Waterkamp 等利用微通道反应器合成离子液体［Bmim］Br，发现采用微反应器制备［Bmim］Br 时产率高，产物的纯度高达 99%，且不需使用其他溶剂。模拟结果表明，微通道反应器效率是传统的间歇反应器效率的 20 倍。2009 年，Löwe 等将热管换热技术与微通道反应器集成，大大改善了装置的热交换性能，并选择 1-甲基咪唑与三氟甲磺酸甲酯经烷基化制备 1,3-二甲基咪唑三氟甲磺酸根离子液体为探针反应研究了装置的性能。对于这样一个快速且强烈放热的二级动力学反应，利用如图 8-4 所示集成热管的微通道反应器，在反应温度为 60～80℃、停留时间为 4s 时，转化率达到 100%。

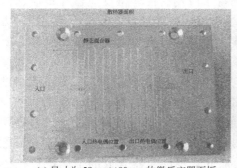

(a) 尺寸为 58mm×80mm 的微反应器面板　　(b) 集成热管的微通道反应系统

图 8-4　微通道反应器（a）及集成热管的微通道反应系统（b）

8.1.4.3 催化反应

微通道反应技术在有机合成中已经初步实现了工业化。近年来，人们还尝试将微通道反应器和催化相结合，拓展了微通道反应器的应用范围。催化剂固定在芯片微通道后可以得到高比表面积的催化床层，反应物和催化剂能充分接触，从而提高反应速率和目标产物选择性。

(1) 液固两相反应　在常规间歇釜式反应器中，均相催化反应产物与催化剂的分离比较困难。而将催化剂固定在微通道内，反应物溶液通过高比表面积的催化床时，不仅能够实现充分接触，还能够有效解决上述分离问题。

Greenway 等将 1.8％的 Pd 溶液与二氧化硅混合形成的浆液加到微通道反应器中，100℃加热 1h，构筑二氧化硅多孔结构，用作催化剂 Pd 的固定床。该微反通道应器用于 Suzuki 反应，在室温条件下即可催化苯基硼酸和 4-溴苯基腈反应，生成 4-氰基联苯，反应时间 25min，4-氰基联苯产率达（67±7）％。而传统釜式反应器中，反应 8h 后，4-氰基联苯产率仅有 10％。同传统催化系统相比，反应中钯损失小、催化剂使用时间长。

$$\text{—B(OH)}_2 + \text{HBr—}\text{—CN} \xrightarrow[\substack{75\%\text{THF} \\ 200\text{V}/25\text{min}}]{1.8\%\text{Pd}/\text{SiO}_2} \text{——CN} \tag{8-14}$$

(2) 气液固三相反应　在传统反应器中进行气液固催化反应时，由于传热和传质不均匀会在局部产生所谓"热点"，导致产物选择性下降、催化剂中毒、副反应增加、甚至使反应器毁损等问题。为保证反应顺利进行，必须使反应物与催化剂充分接触。在微通道反应器中，可将催化剂粉末填充到微通道中，获得较大的比表面积，使得反应物与催化剂充分接触。

有机化合物加氢反应是常见的气液固多相催化反应。氢气穿过液体到达催化剂表面的传质过程往往是控制步骤。在芯片上同时设计多个平行反应通道增加比表面积，可以提高反应效率。例如，Jensen 等在硅和玻璃基片上制作了长、短两通道交叉的十字形通道微反应器。短通道用于灌注浆状催化剂，长通道为液态与气态反应物反应的主通道［图 8-5(a)］。长通道入口分隔成 9 个细进样口，分别为 4 个氢气入口和 5 个环己烯入口，促进反应物与催化剂间的混合［图 8-5(b)］；出口是栅栏状的过滤结构，防止催化剂的流失［图 8-5(c)］。在环己烯催化加氢反应中，实验测得 Pt/Al_2O_3 催化剂上传质系数在 $5\sim15s^{-1}$ 之间，比传统喷淋床反应器的结果高两个数量级。

8.1.4.4　纳米颗粒的制备

微通道反应器在微-纳米材料的合成中也获得了应用。由于微反应器在传质、传热等方面的优异特性以及微通道尺寸的限制性和可调变性，人们能通过控制反应条件比较方便地控制合成微粒的大小与粒径分布。目前，国内外已有大量报道利用微通道反应器合成纳米材料，如无机纳米颗粒、半导体以及聚合物等。

贵金属纳米颗粒由于具有催化、等离子体共振、光谱学等特有性质而成为无机纳米材料中研究最广泛的胶体体系之一，除了作为催化剂有巨大的应用前景以外，同时也能应用于分析表面增强拉曼光谱、比色基因检测、纳米颗粒增强芯片毛细管电泳、分子交互作用光学检测。尺寸效应和颗粒特征决定着金属颗粒的应用性能，因此在合成过程中需要精确控制颗粒的物理尺寸、形貌和粒径分布。但是，目前大部分常规反应器合成的金属颗粒粒径分布较宽。而微反应器凭借其优异的传热传质性能以及微通道尺寸的限制可以较精确地调控颗粒的大小与分布。比如，Wanger 等以氯金酸（H_2AuCl_4）和抗坏血酸为原料，在 $178\sim700\mu m$ 宽、$160\mu m$ 深、尺寸为 $22mm\times14mm$ 的片基扩散微反应器中，连续合成了粒径介于 $5\sim50nm$ 的纳米金颗粒。通过调整实验参数获得了较窄的粒径分布，平均粒径的最小标准偏差为 13％，较传统合成方法缩小了 2 倍。

聚合物微粒的制备通常采用乳液、微乳液聚合，悬浮液聚合等方法，过程复杂，耗时较

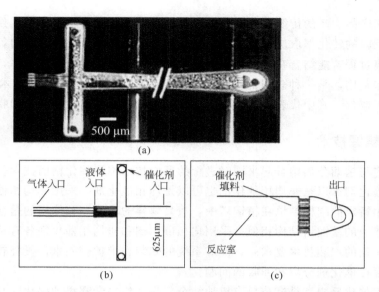

图 8-5　（a）充填有催化剂的单通道填充床、（b）填充床微反应器的气液入口部分及
（c）填充床微反应器的出口部分

长，并且得到的聚合物微粒粒径分布较宽。传统方法合成的聚合物微粒为球形，而非球形微粒常具有独特的性能。Dendukuri 等利用 T 形连接微通道反应器结合紫外线固化技术控制合成了非球形聚合物微粒，并且通过控制流体性质与微通道的几何构型实现了对非球形颗粒大小与形态的调变（图 8-6）。

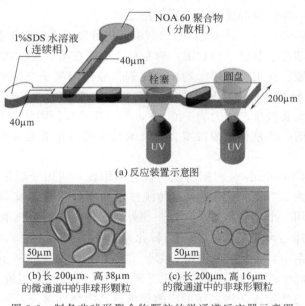

图 8-6　制备非球形聚合物颗粒的微通道反应器示意图

8.2　反应-分离耦合催化反应技术

在前言中，我们曾提到化学工艺实质上由反应和分离（原料预处理和产品精制）两类过

程构成。在化工产品生产的传统工艺中，大多数反应单元和分离单元是相互独立的。对于可逆反应来说，反应的转化率取决于热力学平衡状态，从而增加了分离单元的负担和能耗。因此，反应与分离过程若能结合在一起，则有利于打破平衡限制实现高转化率，也有利于减少用地和投资操作费用，是一种理想的反应技术。近年来，反应-分离耦合技术发展很快，有些已经实现了工业化。其中代表性的反应技术包括催化（反应）精馏技术和膜反应器。

8.2.1 催化精馏技术

将催化反应与精馏分离结合起来同时进行的反应技术称为催化精馏技术。在催化精馏技术中所采用的催化剂可以是非均相催化剂也可以是均相催化剂。采用非均相催化剂时，固体催化剂颗粒采用特定的结构装填在精馏塔中，兼具填料的功能。若使用的是均相催化剂，则反应精馏塔与普通的精馏塔结构相似。采用均相催化剂和非均相催化剂各有利弊，采用非均相催化剂时催化剂的填装技术要求高，反应系统的安装和维护较困难，投资较大。而对于均相催化体系，存在催化剂分离和回收的问题。

催化精馏把催化反应和精馏分离有机地结合起来，使二者都得到强化。与传统的反应和精馏单独进行的过程相比，具有如下优点：①催化反应和精馏在同一设备中进行，简化了流程，设备投资和操作费用低。②对于放热反应过程，反应热可提供一部分精馏过程所需热量，节省能量。③对于可逆反应过程，由于产物的不断分离，可以打破平衡限制，提高转化率。④在连串反应中可以抑制副反应，提高产物选择性。⑤由于反应热被精馏过程所利用，且塔内各点温度受气液平衡的限制，始终为系统压力下该混合物的泡点，故反应温度可通过调整系统压力来控制，且不存在飞温问题。因此，催化精馏技术已在醚化、酯化、烷基化、异构化、加氢、水解、酯交换等反应中得到广泛应用。

美国化学研究特许公司（CR&L公司）1978年开始发展催化精馏技术，1979年获得用催化精馏技术合成甲基叔丁基醚（MTBE）的专利，已经在美、英、法等国建立了多套20～100kt·a^{-1}的工业装置。该工艺采用非均相催化剂（酸性阳离子交换树脂）。中国石化齐鲁石化公司开发的催化精馏生产MTBE的系列技术在国内已建成34套装置，生产能力达800kt·a^{-1}，其中最大装置生产能力为140kt·a^{-1}。CR&L公司从1985年开始开发用于苯和丙烯烷基化合成异丙苯的催化精馏技术，该技术采用的催化剂也是非均相催化剂（Hβ沸石等）。

Eastman-Kodak Chemicals公司则首次将催化精馏技术应用于酯化反应，用于合成乙酸甲酯，其工艺流程如图8-7所示。可见，与传统技术相比催化精馏技术工艺大大简化，9个精馏塔和1个反应器用一个反应精馏塔代替。此外，采用催化精馏技术还可以提高反应的转化率。因为酯化反应都是可逆反应，平衡的转化率都不高，如乙酸乙酯的平衡转化率约为66%。在酯化反应体系中，各反应物（酸、醇）和各产物（酯、水）的挥发度不同。然而，大多数情况下反应物和产物间能形成二元或三元最低共沸物。采用催化精馏技术可利用酯化反应体系中反应物与产物或产物之间形成的低沸点共沸物的沸点差异，通过精馏的作用将生成的产物（酯和水）及时连续分离出反应区域，大大降低了产物对反应的抑制作用，单程转化率高于95%，大大减轻了粗产品分离的负荷，缩短了生产流程，生产能耗也大幅度降低。

催化精馏技术的发展初期，一般都将特殊构型的催化剂和精馏塔填料填充在一个塔中实现反应与分离的耦合。近年来，许多研究者发现这样的组合对反应速率提出很严格的要求，

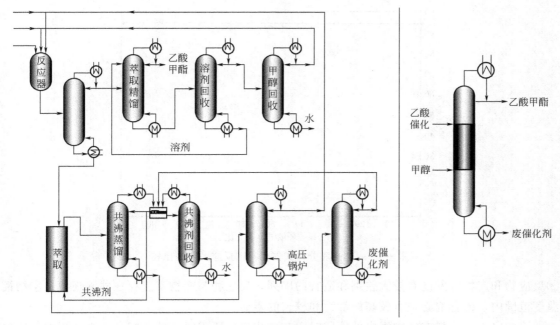

图 8-7 传统乙酸甲酯生产工艺与催化精馏工艺的流程比较

由于物料在催化剂区的停留时间较短，在同一装置中进行时要求催化反应必须是快反应。因此，最近出现了反应区与精馏区在两个装置（分体式）中但同样实现反应-精馏耦合的反应技术。Schoenmakers 等人对在两种不同的催化精馏装置中进行的酯化反应作了比较（图 8-8），发现当分体式中泵的循环量足够高时，二者的差别很小，反应效率都很高（如图 8-9 所示）。

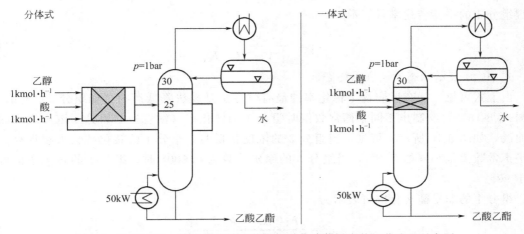

图 8-8 分体式和一体式催化精馏装置上进行酯化反应的工艺流程示意图

8.2.1.1 反应与设备的选择原则

催化精馏技术与传统的化工过程相比，由于反应与精馏的协同作用，既提高转化效率又节约成本和能源。但是并不是任何反应系统都能用催化精馏技术实现。催化精馏技术的应用受以下条件的限制：①操作必须在组分的临界点以下，否则蒸汽与液体形成均相混合物将无法进行分离；②精馏塔中反应区的操作温度和压力必须在催化反应的适宜压力和温度围内；

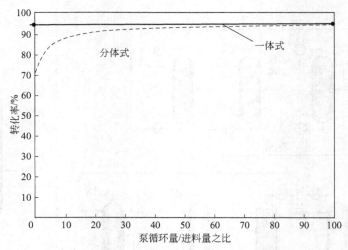

图 8-9 一体式和分体式催化精馏反应系统的比较

③反应物和产物挥发度有较大差别和适宜的序列，反应物与产物不能存在共沸现象；④精馏温度范围内，催化剂必须有较高的活性和较长的寿命。

除此之外，物料在精馏塔中的停留时间与催化反应所需时间的匹配与否也会影响反应的转化率。下面以可逆反应为例进行分析。假定某可逆反应：

$$A_1 + A_2 \underset{k_2}{\overset{k_1}{\rightleftharpoons}} A_3 + A_4$$

其平衡常数可表示为：

$$\frac{C_3^* C_4^*}{C_1^* C_2^*} = \frac{k_1}{k_2} = K_c \tag{8-15}$$

关键组分 1 的平衡转化率可表示为：

$$x_1 = 1 - \frac{V C_3^* C_4^*}{V_0 C_1^0 C_2^* K_c} \tag{8-16}$$

式中，0 表示始态；* 表示终态。

由上式可见，提高反应物 1 转化率的最有效方法是设法降低产物（如组分 3）的浓度。根据式(8-16)可绘制出不同平衡常数值时组分 1 的转化率（浓度）与组分 3 浓度之间的关系曲线，如图 8-10 所示。可见，当组分 3 的浓度很低时，组分 1 的转化率会大幅提高。即使平衡常数值很小（如 0.01），当组分 3 的摩尔分数为 0.0001 时，组分 1 的转化率仍可以高于 90%。

组分 1 的非平衡转化率可表示为：

$$x_1 = \tau \frac{k_1 C_1 C_2 - k_2 C_3 C_4}{C_1^0} \tag{8-17}$$

可见，降低组分 3 的浓度同样可以提高组分 1 的转化率。但是，非平衡转化率还与停留时间 τ 或者 τk 有关。由图 8-10 中动力学曲线可以看出，当组分 3 的浓度降低到一定程度后，组分 1 转化率的提高非常有限，这是因为非平衡转化率还与反应的动力学特性和停留时间有关。因此，对于催化精馏过程来说，根据操作条件可分为两个不同的区域：①当反应转化率主要受分离出的产物浓度影响时，该操作区间称为"精馏控制区"；②当影响反应转化率的

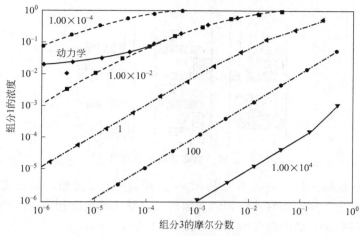

图 8-10 反应平衡线与动力学曲线

主要因素为停留时间和动力学常数时，该操作区间称为"动力学控制区"。不同的操作区间，应选用不同的催化精馏反应器结构。

快反应不需要太长的停留时间，则反应和精馏可以在同一精馏塔中实现。所谓快反应是指在精馏塔中的停留时间内可以达到平衡。高效进行反应需要解决的问题就是设法提高精馏段的效率。若要移出组分的挥发度较低，则需要的塔板数较多，因而必须选用精馏塔，可以是填料塔也可以是板式塔。若要移出组分的挥发度中等，同样需要精馏塔进行分离，但所需的塔板数较少，可以采用板式塔，也可以使用泡罩塔，这时关键是保持持液量恒定。若要移出组分的挥发度较高，塔板数对反应的影响很小，各段的持液量可以很大，这时甚至可以使用蒸发器进行分离。

对于慢反应来说，反应和精馏往往无法在同一精馏塔中实现。所谓慢反应是相对于在精馏塔中的停留时间而言的。若停留时间是主要影响因素，则反应器部分最好采用多段全混流反应器。若要移出的组分的挥发度很高，则采用一段蒸发就可以满足要求。若要移出的组分的挥发度较低，则需要较多的塔板数，在反应的顶部需要安装精馏塔。若挥发度更低，则可能需要增加提馏段和再沸器。

8.2.1.2 填料塔装填技术

当采用非均相催化剂时，由于催化精馏过程中的催化剂既起催化作用，又起精馏填料的作用，所以不仅要求催化剂有较高的催化效率，还应有较好的分离效率。因此，反应段催化剂床层的结构设计与安装至关重要。

为了让催化反应和精馏分离达到最佳耦合，使整个催化精馏塔操作稳定，设计和选择反应段装填方式的原则是：①为催化剂提供均匀的空间分布，防止溶胀时发生挤压破碎；②为催化反应提供足够的表面积和停留时间；③为气液两相提供通畅的流动通道，保证有较高的传质效率。根据以上原则，催化精馏塔的装填通常采用如下四种方式：①板式塔装填方式；②填充式装填方式；③悬浮式装填方式；④催化剂散装填料。

（1）板式塔装填方式 如图 8-11 所示，催化剂颗粒直接堆放在塔板上，或者将催化剂放在降液管中。

（2）填充式装填方式 将催化剂装入玻璃纤维制成的小袋中，用不锈钢波纹丝网覆盖，

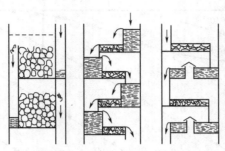

图 8-11　板式塔填装示意图

再卷成圆柱体，形成捆扎包（如图 8-12 所示）。这种结构装卸方便，而且其强度很高，催化剂结构尺寸可大可小，在安装时若将相邻两层催化剂结构的波纹丝网走向错开，则可使气液分布均匀。催化剂捆束在塔内的装填方式如图 8-13 所示。

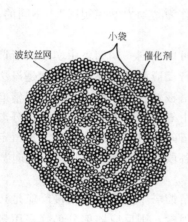

图 8-12　捆扎包的结构

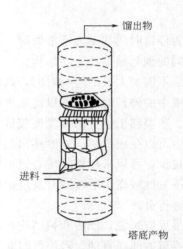

图 8-13　催化剂在塔内的布置

　　但是，由于催化剂被一层玻璃布包着，催化精馏过程中催化剂包内传质阻力很大，影响催化剂效能的发挥。美国 Koch 公司研制出一种称为 Katamax 的新型催化剂填充方式，催化剂装入两片波纹丝网构成的夹层中，然后将其捆成砖状规则地装入塔中，经检验该种催化剂装填方式的催化剂效率大于 75%，而且传质效果与精馏塔填料相当。后来，Sulzer 公司推出了 Katapak-S 型催化剂填充方式（如图 8-14 所示），把催化剂颗粒放入两片金属波纹丝网的夹层中，形成的横向通道使气液两相充分接触，催化剂完全润湿，从而提高催化反应效率，其传质特性与常规的规整填料相近。此外，夹层可用各种材料制成，不仅适合腐蚀性产品的生产，而且在催化剂活性降低时，可以在塔内再生。

　　(3) 悬浮式装填方式　在悬浮式催化精馏塔中，将细粒催化剂悬浮于进料中，从反应段上部加入塔内，在下部和液体一起进入分离器，分出的清液到提馏段。催化剂可以循环使用，其工艺流程如图 8-15 所示。

　　(4) 催化剂散装填料　催化剂填料主要由离子交换树脂直接加工成，主要形状可以分为鞍形和环形。催化剂填料兼具催化作用和散装填料的分离作用，具有单位体积催化精馏塔效率最高，反应段比表面积和空隙率大，床层压降低等特点。

图 8-14　Katapak-S-250-Y 型催化精馏塔填料

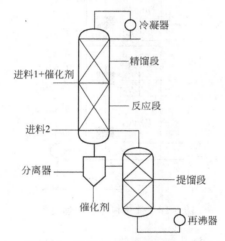

图 8-15　悬浮式催化精馏工艺流程

8.2.1.3　数学模型

关于催化（反应）精馏的模型有多种。这里简要介绍我国学者盖旭东等人报道的一种通用数学模型。他们以乙酸甲酯的水解反应为例推导出了反应器的数学模型，并给出了求解方法。催化精馏的物理模型如图 8-16 所示。假定各塔板为全混流反应器，离开塔板的气体和液体达到平衡状态，反应只发生在催化剂表面，操作处于定常态，反应热全部被反应物料吸收，全塔压力恒定，径向温度和浓度梯度可以忽略。

根据上述物理模型，可列出下列方程：

（1）组分物料衡算方程

全凝器：$U_1 \dfrac{\mathrm{d}x_{1,i}}{\mathrm{d}t} = V_2 y_{2,i} + F_1 Z_{1,i} - (L_1 + S_1^{\mathrm{L}})x_{1,i} + W_1 \nu_i r_i$　$(i = 1, 2, \cdots, m)$　(8-18)

第 j 平衡级：　$U_j \dfrac{\mathrm{d}x_{j,i}}{\mathrm{d}t} = F_j Z_{j,i} + V_{j+1,i} y_{j+1,i} + L_{j-1}^* x_{j-1,i}^* -$

$(V_j + S_j^{\mathrm{L}})y_{j,i} - (L_j + S_j^{\mathrm{L}})x_{j,i} + W_j \nu_i r_j$　$(i = 1, 2, \cdots, m; j = 2, 3, \cdots, N-1)$　(8-19)

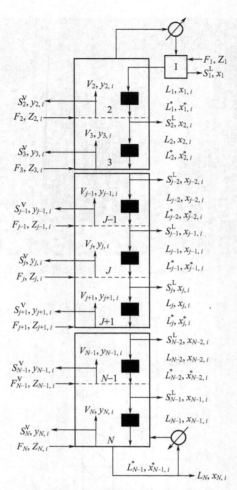

图 8-16　催化精馏的物理模型

再沸器：

$$U_N \frac{\mathrm{d}x_{N,i}}{\mathrm{d}t} = F_N Z_{N,i} + L^*_{N-1} x^*_{N-1,i} -$$

$$(V_N + S^V_N) y_{j,i} - L_N x_{N,i} + W_j \nu_i r_N \quad (i=1,2,\cdots,m) \tag{8-20}$$

(2) 热量衡算方程

全凝器：
$$F_1 H_{f1} + V_2 H_2 = (L_1 + S^L_1) h_1 + Q_1 + \Delta H_1 r_1 W_1 \tag{8-21}$$

第 j 平衡级：
$$F_j H_{fj} + V_{j+1} H_{j+1} + L^*_{j-1} h^*_{j-1} =$$

$$(V_j + S^V_j) H_j + (L_j + S^L_j) h_j + Q_j + \Delta H_j r_j W_j (j=2,3,\cdots,N-1) \tag{8-22}$$

再沸器：
$$F_N H_{fN} + L^*_{N-1} h^*_{N-1} = (V_N + S^V_N) H_N + L_N h_N + Q_N + \Delta H_N r_N W_N \tag{8-23}$$

(3) 反应段衡算方程：

物料衡算方程：
$$\frac{\mathrm{d}l^*_j}{\mathrm{d}W^*_j} = \nu_i r^*_j \quad (i=1,2,\cdots,m; \; j=1,2,\cdots,N-1) \tag{8-24}$$

热量衡算方程：
$$\frac{\mathrm{d}T^*_j}{\mathrm{d}W^*_j} = -\frac{\Delta H^*_j r^*_j}{\sum\limits_{i=1}^{m} l^*_{j,i} c^*_{pj,i}} \quad (j=1,2,\cdots,N-1) \tag{8-25}$$

式(8-24)和式(8-25)中的 $l_{j,i}^*$ 与式(8-18)～式(8-20)中的 L_j^* 和 $x_{j,i}^*$ 的关系如下：

$$L_j^* = \sum_{i=1}^{m} l_{j,i}^* \quad (j=1,2,\cdots,N-1) \tag{8-26}$$

$$x_{j,i}^* = l_{j,i}^*/L_j^* \quad (i=1,2,\cdots,m;j=1,2,\cdots,N-1) \tag{8-27}$$

初始条件：$l_{j,i,0}^* = L_j x_{j,i}$，$T_{j,0}^* = T_j$。反应速率方程式为：$r=k(C_1 C_2 - C_3 C_4/K_\tau)$。

催化精馏塔数学模型除了上述模型方程以外，还包括相平衡方程、归一化方程、反应动力学方程、气液相摩尔焓计算式和相平衡常数计算式。

由于建立的催化精馏塔数学模型需要联解固定床反应器模型，模型方程的收敛难度大大增加，故采用具有强劲收敛性的松弛法求解。求解时，首先采用具有绝对稳定性的隐式 Euler 公式代替模型方程中的微分项，再将相平衡方程代入物料衡算式，经简化后得如下线性代数方程组：

$$\begin{pmatrix} B_1 & C_1 & & & \\ & B_2 & C_2 & & \\ & & \cdots & \cdots & \\ & & & B_{N-1} & C_{N-1} \\ & & & & B_N \end{pmatrix} \begin{pmatrix} X_{1,i}^{t+1} \\ X_{2,i}^{t+1} \\ \cdots \\ X_{N-1,i}^{t+1} \\ X_{N,1}^{t+1} \end{pmatrix} = \begin{pmatrix} D_1 \\ D_2 \\ \cdots \\ D_{N-1} \\ D_N \end{pmatrix} \tag{8-28}$$

式中，t 为迭代次数。

$$D_j = x_{j,i}^t + \mu_j(F_j Z_{j,i} + L_{j-1}^* x_{j-1,i}^* + W_j \nu_i r_j)$$
$$B_1 = 1 + \mu_1(L_1 + S_1^L)$$
$$C_1 = -\mu_1 V_2 K_{2,i}$$
$$D_1 = x_{1,i}^t + \mu_1(F_1 Z_{1,i} + W_1 \nu_i r_1)$$
$$B_j = 1 + \mu_j[(L_j + S_j^L) + (V_j + S_j^V)K_{j,i}]$$
$$C_j = -\mu_j V_{j+1} K_{j+1,i}$$
$$B_N = 1 + \mu_N[L_N + (V_j + S_N^V)K_{N,i}]$$
$$D_N = x_{N,i}^t + \mu_N(F_N Z_{N,i} + L_{N-1}^* x_{N-1,i}^* + W_N \nu_i r_N)$$
$$\mu_j = \frac{\Delta t}{U_j}$$

8.2.2　膜反应器

膜是一个可渗透或半透性的相，能使混合物中某种成分选择性地通过或透过。20 世纪 50 年代膜技术作为分离技术开始工业应用，60 年代提出膜催化的概念，80 年代中期膜催化技术开始发展起来。

膜通常以薄膜的形式存在，由无机多孔固体或各种高分子聚合物等材料制成。膜的主要功能是用于控制在两种相邻流体相之间的物质交换。因此，膜必须能够作为一个屏障，通过筛分或控制组分透过膜的相对速率，实现组分间的分离。在浓度梯度、压力梯度、温度梯度或电势梯度等的推动下，膜的一侧流体相（称为截流相）中原有的某种组分逐渐减少，而在另一侧的流体相（称为透过相）中这些组分不断富集。描述膜对混合物的分离能力的参数主要有渗透性和选择性。以压力梯度为例，渗透性定义为单位压差下穿过单位厚度膜时单位膜面积的摩尔流量或体积流量。由于膜的厚度通常未知，常用渗透通量来表示渗透性，即单位压差下穿过单位膜面积的摩尔流量或体积流量。膜的选择性表示膜分离两种特定组分的能力，定义为两种组分单独渗透时的速率之比。

催化膜反应器是把催化反应和膜的分离作用有机结合起来的设备单元，完成催化和膜分离的双重任务。利用反应膜分离技术能够提高反应（特别是可逆反应）的转化率和选择性，已广泛应用于化工、生物、制药、食品和环境等领域。

膜与反应器的结合形式主要有两种：①膜是反应区的一个分离元件，只具有分离功能，通过有选择性地将反应产物从反应区移出从而打破化学反应平衡的限制，提高反应的转化率和选择性。这种类型的膜反应器称为惰性膜反应器［图 8-17(a)］。②膜本身具有催化活性，或通过在多孔的膜上负载一层活性组分使其具有催化功能。这种膜反应器称为催化膜反应器［图 8-17(b)］。

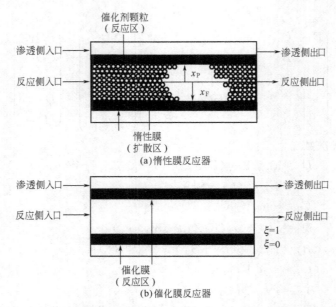

图 8-17 惰性膜反应器（a）和催化膜反应器（b）的示意图

8.2.2.1 膜的分类与特性

膜可以根据其选择渗透薄层是多孔的还是致密的进行分类，也可以根据制膜的材料（有机膜、高分子膜、无机膜、金属膜等）来进行分类。具体选用多孔膜还是致密膜，或选择哪种材料所制备的膜，要根据所需的分离过程、操作温度和分离过程的驱动力等进行选择。材料的选择依赖于所需的渗透率和选择性，以及所需的热力学性质和机械稳定性等因素。

多孔膜由高分子聚合物、陶瓷（三氧化二铝、二氧化硅、氧化钛、氧化锆、沸石等）以及微孔碳构成。致密膜由高分子聚合物、金属（铂、钯、银等）或固体氧化物（改性氧化锆、钙钛矿等）构成。膜也可以根据其结构是对称（均质）和非对称来进行分类。如膜材料具有足够的机械强度足以自支撑时，可以制备均质膜，也称为对称膜。许多情况下，多孔性的膜层机械强度不足以自支撑时，膜的活性层常附着在一个其他材料制成的多孔支撑层上，形成的膜称为非对称膜。支撑层为膜提供了必要的机械强度，而不对传质过程产生不利影响。

按照国际纯粹与应用化学组织（IUPAC）的分类，平均孔径大于 50nm 的多孔膜称为大孔膜，平均孔径在 2～50nm 的称为介孔膜，平均孔径小于 2nm 的称为微孔膜。膜过程分为微滤、超滤、气体分离和渗透气化。图 8-18 示出了不同膜过程的分离组分类型和分子大小。

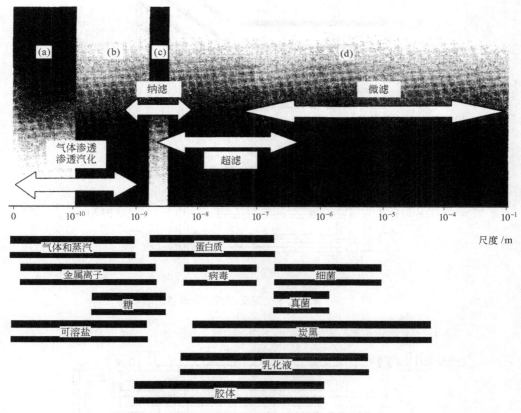

图 8-18　不同膜过程和不同类型的膜及对应的分离组分
(a) 致密和超微孔；(b) 微孔；(c) 中孔；(d) 大孔

8.2.2.2　膜反应器组件

　　膜反应器组件是将膜反应技术应用于实际工业生产的重要设备。在膜组件的研究中，高温下膜组件中无机膜（特别是陶瓷膜）与金属外壳的密封连接是一个关键技术，因为无机材料与金属材料的热膨胀系数不同，在操作中会产生热应力，易造成膜损坏。此外，催化剂的装填方式还涉及催化剂与膜的匹配问题。

　　膜反应器组件的典型结构包括错流式催化膜反应器（如图 8-19 所示）、管壳式膜反应器（如图 8-20 所示）和双管程浮头管壳式膜反应器（如图 8-21 所示）等。

8.2.2.3　膜反应器的模型

　　以多层膜为例，介绍膜反应器的数学模型建立方法。多层膜反应器的示意图如图 8-22 所示。它实质上是催化膜反应器和惰性膜反应器的组合，为一套管式结构。催化多孔膜附着在管式惰性支撑体的内侧，管程和壳程都填装颗粒催化剂。

　　一般认为，气体通过中孔膜层的扩散属于努森扩散。该模型假定，在管程和壳程中流体的流动均为活塞流。在工业反应器中，由于流体流动呈湍流状态，而且反应器长度与颗粒直径之比和管径与颗粒直径之比较大，这一假设是近似成立的。该反应器沿径向可分为四个区

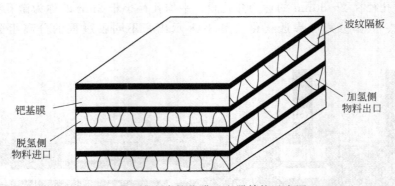

图 8-19 错流式催化膜反应器结构示意图

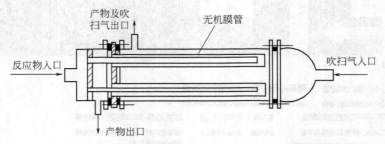

图 8-20 管壳式无机膜反应器结构示意图

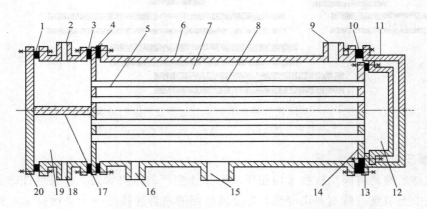

图 8-21 浮头管壳式无机膜反应器结构示意图

1,3,10,13— 密封圈；2—进料口；4,14—金属花板；5—管程（透气室）；6—反应器外壳；
7—壳程（反应室）；8—无机膜管（管束）；9—反应物进入口；11—封头；12—浮头；15—催化剂装填口；
16—反应产物出口；17—管箱挡板；18—渗透气出口；19—管箱；20—盲板

域，可分别得到其物料衡算方程如下。

管程（Ⅰ区）：

$$u\frac{\partial C_A^I}{\partial l}=D_A^I\frac{1}{r}\times\frac{\partial}{\partial r}\left(r\frac{\partial C_A^I}{\partial r}\right)-(-r_A)^I\rho_b \quad 0\leqslant r\leqslant r_i,\quad 0\leqslant l\leqslant L \quad (8\text{-}29)$$

式中，C_A^I 为组分 A 在管程的浓度；D_A^I 为组分 A 在管程的有效扩散系数；$(-r_A)^I$ 为管程的反应速率；ρ_b 为管程的床层密度。

反应活性膜中（Ⅱ区）：

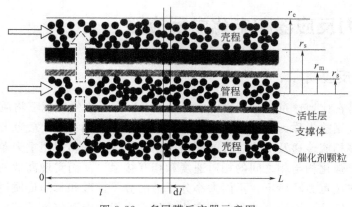

图 8-22　多层膜反应器示意图

$$D_{\mathrm{A}}^{\mathrm{II}}\,\frac{1}{r}\times\frac{\partial}{\partial r}\left(r\,\frac{\partial C_{\mathrm{A}}^{\mathrm{II}}}{\partial r}\right)=(-r_{\mathrm{A}})^{\mathrm{II}}\rho_{\mathrm{m}}\quad r_{\mathrm{i}}\leqslant r\leqslant r_{\mathrm{m}} \tag{8-30}$$

式中，$C_{\mathrm{A}}^{\mathrm{II}}$ 为组分 A 在活性膜的浓度；$D_{\mathrm{A}}^{\mathrm{II}}$ 为组分 A 在活性膜中的有效扩散系数；$(-r_{\mathrm{A}})^{\mathrm{II}}$ 为活性膜中的反应速率；ρ_{m} 为活性膜的密度。

支撑层中（Ⅲ区）：

$$D_{\mathrm{A}}^{\mathrm{III}}\,\frac{1}{r}\times\frac{\partial}{\partial r}\left(r\,\frac{\partial C_{\mathrm{A}}^{\mathrm{III}}}{\partial r}\right)=0\quad r_{\mathrm{m}}\leqslant r\leqslant r_{\mathrm{s}} \tag{8-31}$$

式中，$C_{\mathrm{A}}^{\mathrm{III}}$ 为组分 A 在支撑层中的浓度；$D_{\mathrm{A}}^{\mathrm{III}}$ 为组分 A 在支撑层中的有效扩散系数。

壳程（Ⅳ区）：

$$u_{\mathrm{IV}}\frac{\partial C_{\mathrm{A}}^{\mathrm{IV}}}{\partial l}=D_{\mathrm{A}}^{\mathrm{IV}}\,\frac{1}{r}\times\frac{\partial}{\partial r}\left(r\,\frac{\partial C_{\mathrm{A}}^{\mathrm{IV}}}{\partial r}\right)-(-r_{\mathrm{A}})^{\mathrm{IV}}\rho_{\mathrm{b}}\quad r_{\mathrm{s}}\leqslant r\leqslant r_{\mathrm{e}},\quad 0\leqslant l\leqslant L \tag{8-32}$$

式中，$C_{\mathrm{A}}^{\mathrm{IV}}$ 为组分 A 在壳程的浓度；$D_{\mathrm{A}}^{\mathrm{IV}}$ 为组分 A 在壳程的有效扩散系数；$(-r_{\mathrm{A}})^{\mathrm{IV}}$ 为壳程的反应速率；ρ_{b} 为壳程的床层密度。

上述各式的边界条件和初始条件如下：

$l=0$（反应器入口）处：

$$C_{\mathrm{A}}^{\mathrm{I}}=C_{\mathrm{A0}}^{\mathrm{I}} \tag{8-33}$$

$$C_{\mathrm{A}}^{\mathrm{IV}}=C_{\mathrm{A0}}^{\mathrm{IV}} \tag{8-34}$$

$r=0$ 处：

$$\frac{\partial C_{\mathrm{A}}^{\mathrm{I}}}{\partial r}=0 \tag{8-35}$$

$r=r_{\mathrm{e}}$ 处：

$$\frac{\partial C_{\mathrm{A}}^{\mathrm{IV}}}{\partial r}=0 \tag{8-36}$$

在不同区域的界面处，假定流动和浓度的分布是连续函数。例如，Ⅰ区和Ⅱ区之间的流动连续方程可写成：

$$D_{\mathrm{A}}^{\mathrm{I}}\left(\frac{\partial C_{\mathrm{A}}^{\mathrm{I}}}{\partial r}\right)_{r=r_{i-}}=D_{\mathrm{A}}^{\mathrm{II}}\left(\frac{\partial C_{\mathrm{A}}^{\mathrm{II}}}{\partial r}\right)_{r=r_{i+}} \tag{8-37}$$

8.3 超重力反应器和电化学反应器

8.3.1 超重力反应器

超重力指的是在比地球重力加速度（$9.8 \mathrm{m \cdot s^{-2}}$）大得多的环境下物质所受到的力，利用超重力创制的应用技术称为超重力技术（HIGEE，即 High "g"，意为 high gravity）。超重力技术是强化多相流传递及反应过程的新技术，基本原理是利用超重力条件下多相流体系的独特流动行为，强化相与相之间的相对速度和相互接触，从而实现高效的传质传热过程和化学反应过程。在超重力环境下，不同大小分子间的分子扩散和相间传质过程均比常规重力场下的要快得多。气液、液液、液固两相在比地球重力场大上百倍至千倍的超重力环境下在多孔介质或孔道中产生流动接触，巨大的剪切力和快速更新的相界面，使相间传质速率比传统的塔器中的提高 1～3 个数量级，微观混合和传质过程得到极大强化。

超重力技术的研究始于 20 世纪 70 年末期。英国帝国化学工业公司 Colin Ramshaw 教授领导的研究团队为应征美国太空署关于微重力条件下太空实验项目，针对微重力场中的精馏分离过程开展了研究。在微重力条件下，由于重力加速度趋近于 0，两相接触过程的动力因素即浮力因子 $\Delta(\rho g) \rightarrow 0$，两相不会因为密度差而产生相间流动。而分子间力（如表面张力）将会起主导作用。液体团聚，不得伸展，相间传递失去两相充分接触的前提条件，从而导致相间质量传递效果很差，分离无法进行。反之，重力加速度越大，$\Delta(\rho g)$ 越大，流体相对滑动速度也越大。巨大的剪切应力克服了表面张力，可使液体伸展出巨大的相际接触界面，从而极大地强化传质过程。之后，超重力技术在化学工程领域受到广泛关注。

实现超重力环境的简便方法是通过旋转产生离心力来模拟实现，这样的旋转设备被称为超重力机，又称为旋转填充床，主要由转子、液体分布器和外壳组成（图 8-23）。当超重力机用于气液多相过程时，气相为连续相的气液逆流接触，又称逆流旋转填充床。其工作原理

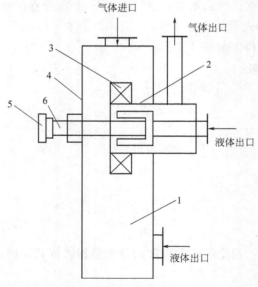

图 8-23 超重力机示意图

1—转子；2—密封；3—填料；4—壳体；5—联轴节；6—轴

如下：气相经气体进口管引入超重力机外腔，在气体压力的作用下由转子外缘处进入填料。液体由液体进口管引入转子内腔，在转子内填料的作用下，周向速度增加，所产生的离心力将其推向转子外缘。在此过程中，液体被填料分散、破碎形成极大的、不断更新的微元，曲折的流道进一步加剧了界面的更新。液体在高分散、高湍动、强混合以及界面急速更新的情况下与气体以极大的相对速度逆向接触，极大地强化了传质过程。而后，液体被转子甩到外壳汇集后经液体出口管离开超重力机，气体自转子中心离开转子，由气体出口管引出，完成整个传质和反应过程。

超重力技术的核心在于对传递过程和微观混合过程的强化，因此它特别适用于需要对相间传递过程进行强化的多相过程以及需要相内或拟均相内微观混合强化的混合与反应过程。超重力技术具有以下特点：①传质强度高，传质单元高度仅 1~3cm，可大大减小设备体积；②停留时间短；③不怕振动和倾斜，适用于活动场所，如在海上采油平台和舰船上使用；④适用于处理高黏度物质，持液量小，还适用于处理贵重物料；⑤具有自清洗作用，填料不易被颗粒杂质沉积堵塞；⑥填料易于更换；⑦开停车容易，可在几分钟内达到稳定操作。鉴于超重力技术这些特点，其在蒸馏/精馏、热敏性物料的处理、贵重物料或有毒物料的处理、选择性吸收分离、高质量纳米材料的生产、快速反应过程以及聚合物脱除单体等领域有广阔的应用前景。在国内，超重力技术已经在合成氨变换气脱碳、纳米材料制备、水除氧、粉尘消除、脱硫、二氧化碳的吸收和解吸以及快速反应等领域见诸应用。硝化、磺化、阳离子聚合、卤化等是工业生产中的常见反应过程，它们的共同特点是反应速率快，反应过程受传热、传质和混合限制，因此反应器中的传递和微观混合情况对产品的产量和质量有着决定性的影响。北京化工大学陈建峰等尝试将超重力技术用于阳离子聚合制备丁基橡胶，产品的数均分子量在 15 万~40 万之间，分布指数达到 1.9，生产效率比常规搅拌釜提高了 2 个数量级。

8.3.2 电化学反应器

实现电化学反应的设备或装置统称为电化学反应器。电化学反应工程技术已应用多年，并且遍及许多工业部门。例如，食盐水电解生产烧碱和氯气是历史悠久、规模巨大的一项电解工业。电化学反应器的基本特征是：①所有的电化学反应器都由两个电极（一般是第一类导体）和电解质（第二类导体）构成；②所有的电化学反应器都可归入两个类别，即由外部输入电能，在电极和电解液界面上促成电化学反应的电解反应器，以及在电极和电解质界面上自发地发生电化学反应产生电能的化学电源反应器。

电化学反应器种类繁多，有多种分类方式。按照反应器的结构，可分为箱式（图 8-24）、框板式或压滤机式（图 8-25）以及特殊结构电化学反应器。箱式反应器一般为长方体，具有不同的三维尺寸，电极常为平板状。压滤机式或板框式反应器由单元反应器重叠并加压密封组合，每一单元反应器都包括电极、板框和隔膜等部分。此外，还可以利用结构特殊的电化学反应器以增大比电极面积、强化传质、提高反应器的时空产率等。按照反应器的工作方式可分为间歇式、柱塞流式以及连续搅拌箱式电化学反应器。间歇式电化学反应器定时送入一定量的反应物（电解液）后，经过一定时间，放出反应产物。在柱塞流电化学反应器中，反应物不断进入反应器，产物不断流出，达到稳态。在连续搅拌箱式反应器中，在反应物连续加入并以同一速率放出产物的同时，不断搅拌，反应器内的组成恒定。按反应器中工作电极的形状，可分为二维电极和三维电极反应器（多孔材料及纤维网等）。二维电极呈平面或曲

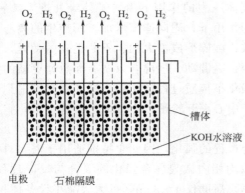

图 8-24　水电解用单极箱式电解槽

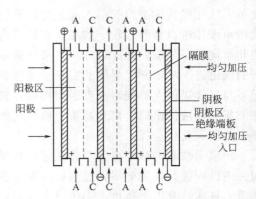

图 8-25　单极式板框压滤机式电化学反应器

面状，电极的形状比较简单，如平板、圆柱电极。电极反应发生于电极表面上，其电极表面积有限，比表面积很小，但电势和电流在表面上分布比较均匀。三维电极的结构复杂，通常是多孔状，电极反应发生于电极内部，整个三维空间都有反应发生。特点是比表面积大，床层结构紧密，但电势和电流分布不均匀。在三维电极反应器中，填充的导电粒子或纤维处于静止状态时，称为固定床反应器；若导电粒子或纤维处于流动状态，为流化反应器。同固定床电极比较，流化床电极具有如下特点：①由于电极（颗粒状材料）呈悬浮分散状态，因而具有更大的比电极面积；②传质速度高；③颗粒的相互接触及物理接触有助于提供活性更高的电极表面；④在合适的条件下，电位和电流密度的分布可能更为均匀；⑤在用于金属的电解提取时，产物可连续不断地由反应器取出。流化床电极需要合理设计结构，以获得均匀分布的流场和电场，还需要防止颗粒团聚、解决金属在馈电电极上的沉积及由于金属颗粒磨损或短路造成的隔膜的损坏等问题。

尽管电化学反应器可分为许多形式，每一种形式的电化学反应器又由各种构件组成，但是，几乎所有的电化学反应器在设计或选型时都要遇到三项选择，即电解槽、电极材料和隔膜。

（1）电解槽　电解槽由槽体及其内部的阳极、阴极、电解液、膜和参比电极组成。最简单的电解槽内部只有阳极、阴极和电解液。当电解槽内只有阳极和阴极时，称为两电极型；有参比电极时称为三电极型；电解槽内没有隔膜时称为一室型；用隔膜将阳极室和阴极室分开的称为两室型。

（2）电极材料　电极材料应该对所进行的电化学反应有最高的效率，它至少应该有以下几种特性：①电极表面对电极反应具有良好的催化活性，电极反应的超电势低；②一般来说，它在所用的环境下应该是稳定的，不会受到化学或电化学的腐蚀破坏；③是电的良导体；④容易加工，具有足够的机械强度。但电极材料很难同时满足上述所有要求。电极催化剂活性随反应而异，而且一般具有催化性能的物质都是比较昂贵的。工业上常常将它们涂敷在某种较便宜的基底金属上，如阳极基体用钛，阴极基体用铁、锌和铝等。

（3）隔膜　有些电化学过程，必须把阴极液和阳极液隔开，以防止两室的反应物或产物相互作用或混合。选择隔膜的原则是：①电阻率低，具有良好的导电性能，以便减少电解槽的欧姆压降；②能防止某些反应物质的扩散渗透；③足够的稳定性和较长的使用寿命；④价廉、易加工、无污染等。隔膜通常分为两大类，即非选择性的隔膜和选择性的离子交换膜。非选择性隔膜是多孔材料，不能完全防止因浓度梯度存在所发生的渗透作用。这类材料一般价廉易得。离子交换膜是具有高选择性的隔离膜，它仅让某种离子通过，而阻止其他离子穿透，性能十分优良，但价格昂贵。

电化学反应器中发生的主要过程是电化学反应，并包括电荷、质量、热量、动量的四种传递过程，服从电化学热力学、电极过程动力学及传递过程的基本规律。电化学反应器又是一种特殊的反应器。首先它具有化学反应器的某些特点，在一定条件下可以借鉴化学工程的理论和研究方法；其次它又具有自身的特点，如在界面上的电子转移及在体相内的电荷传递，电极表面的电势及电流分布，以电化学方式完成的新相生成等。它们与化学及化工过程交叠，错综复杂，很难利用现有的化工理论及方法完全解释其现象，揭示其规律，这里不再展开讨论。

参 考 文 献

[1] Mehendale S S, Jacob A M, Shah R K. Fluid flow and heat transfer at micro- and meso-scales with application to heat exchanger design. Applied Mechanics Reviews, 2000, 53: 175.

[2] Kandlikar S G. Microchannels and minchannels-History, terminology, classification and current research needs. Proceedings of ICMM2003 Microchannels and Minichannels, 2003.

[3] Kew P A, Cornwell K. Correlations for the prediction of boiling heat transfer in small-diameter channels. Applied Thermal Engineering, 1997, 17 (8-10): 705.

[4] Ong C L, Thome J R. Macro-to-microchannel transition in two-phase flow: Part 1-Two-phase flow patterns and film thickness measurements. Experimental Thermal and Fluid Science, 2011, 35: 37.

[5] 赵玉潮, 张好翠, 沈佳妮, 陈光文, 袁权. 微化工技术在化学反应中的应用进展. 中国科技论文在线, 2008, 3: 157.

[6] 陈光文, 袁权. 微化工技术. 化工学报, 2003, 54: 427.

[7] 郑慧凡, 秦贵棉, 范晓伟, 李安桂, 张文全. 微通道内单相流流动特性的实验研究进展. 节能技术, 2008, 26: 32.

[8] Rostami A A, Mujumdar A S, Saniei N. Flow and heat transfer for gas flowing inmicrochannels: a review. Heat and Mass Transfer, 2002, 38: 359.

[9] 叶明星, Mansur E H A, 王运东, 戴猷元. 微混合技术研究进展. 化工进展, 2007, 26: 755.

[10] 刘敏珊, 王国营, 董其伍. 微通道内液体流动和传热研究进展. 热科学与技术, 2007, 6: 283.

[11] 宋善鹏, 于志家, 刘兴华, 秦福涛, 方薪晖, 孙相彧. 超疏水表面微通道内水的传热特性. 化工学报, 2008, 59: 2465.

[12] 杨海明, 朱魁章, 张继宇, 杨萍. 微通道换热器流动和传热特性的研究. 低温与超导, 2008, 36: 5.

[13] Hessel V, Hofmann C, Löwe H, Meudt A, Scherer S, Schönfeld F, Werner B. Selectivity gains and energy savings for the industrial phenyl boronic acid process using micromixer/tubular reactors. Organic Process Research & Development, 2004, 8: 511.

[14] Waterkamp D A, Heiland M, Schlüter M, Sauvageau J C. Beyersdorff T, Thöming J. Synthesis of ionic liquids inmicro-reactors——a process intensification study. Green Chemistry, 2007, 9: 1084.

[15] Löwe H, Axinte R D, Breuch D, Hofmann C. Heat pipe controlled syntheses of ionic liquids in microstructured reactors. Chemical Engineering Journal, 2009, 155: 548.

[16] Greenway G M, Haswell S J, Morgan D O, Skelton V, Styring P. The use of a novel microreactor for high throughput continuous flow organic synthesis. Sensors and Actuators B, 2000, 63: 153.

[17] Losey M W, Schmidt M A, Jensen K F. Microfabricated multiphase packed-bed reactors: characterization of mass transfer and reactions. Industrial & Engineering Chemistry Research, 2001, 40: 2555.

[18] Wagner J, Köhler J M. Continuous synthesis of gold nanoparticles in a microreactor. Nano Letters, 2005, 5: 685.

[19] Dendukuri D, Tsoi K, Hatton T A, Doyle P S. Controlled synthesis of nonspherical microparticles using microfluidics. Langmuir, 2005, 2: 2113.

[20] 张鹏远, 杨旷, 陈建峰. 超重力技术及工业化应用. 全国磷肥、硫酸行业第十七届年会资料汇编, 2009.

[21] 陈建峰, 邹海魁, 初广文, 赵宏, 邵磊. 超重力技术及其工业化应用. 硫磷设计与粉体工程, 2012, 1: 6.

[22] 陈建峰. 超重力技术及应用——新一代反应与分离技术. 北京: 化学工业出版社, 2003.

[23] 孙继良. 超重力技术的应用与研究进展. 炼油与化工, 2003, 23: 14.

符 号 说 明

a——单位时间所需的反应操作费用，元·h^{-1}

a_b——单位气液界面积相当的液相体积，m^3·m^{-2}；单位体积的液体所具有的气液界面积，m^2·m^{-3}

a_0——单位时间辅助操作的费用，元·h^{-1}

a_f——固定费用，元·h^{-1}

a_m——单位质量催化剂的外表面积，m^2

a_p——单位体积的液体所具有的液固相界面积，m^2·m^{-3}

A——传热面积，反应器的截面积，m^2

C——浓度，mol·L^{-1}

$\overline{C}$——平均浓度，mol·L^{-1}

C_t——液相的总摩尔浓度，mol·L^{-1}

$\overline{c}_p$——平均定压比热容，J·mol^{-1}·K^{-1}

c_p——定压比热容，J·mol^{-1}·K^{-1}

$(C_{BL})_c$——临界浓度，mol·m^{-3}

d_b——气泡直径，cm

d_e——当量直径，cm

d_s——比表面积相当直径，cm

d_t——床层直径，m

d_p——球形颗粒的直径，cm

d_c——圆柱形颗粒直径，cm

d_{ti}——水平管的外径，cm

D——扩散系数，m^2·s^{-1}

Da——Damkohler 数

D_e——有效扩散系数，m^2·s^{-1}

D_K——努森扩散系数，m^2·s^{-1}

E——反应活化能，单位质量液体的能量消耗速率，kJ·mol^{-1}

$\overrightarrow{E}$——正反应活化能，kJ·mol^{-1}

$\overleftarrow{E}$——逆反应活化能，kJ·mol^{-1}

E_D——外扩散活化能，kJ·mol^{-1}

F——摩尔流量，kmol·h^{-1}

f——摩擦系数；原料流量之比

$\Delta G_T^{\ominus}$——温度 T 时的标准生成自由焓，kJ·mol^{-1}

G——质量流速，$kg \cdot m^{-2} \cdot h^{-1}$

G_m——质量流量，$kg \cdot h^{-1}$

G_M—— 单位空塔截面积的气体的流量，$kg \cdot h^{-1}$

g——重力加速度，$m \cdot s^{-2}$

ΔH_{r298}——298K 时的标准生成焓，$kJ \cdot mol^{-1}$

H ——亨利系数，$Pa \cdot L \cdot mol^{-1}$

k —— 反应速率常数，与级数有关，0 级 $mol \cdot L^{-1} \cdot s^{-1}$，1 级 s^{-1}，2 级 $L \cdot mol^{-1} \cdot s^{-1}$

$\overrightarrow{k}$——正反应速率常数，与级数有关，0 级 $mol \cdot L^{-1} \cdot s^{-1}$，1 级 s^{-1}，2 级 $L \cdot mol^{-1} \cdot s^{-1}$

$\overleftarrow{k}$——逆反应速率常数，与级数有关，0 级 $mol \cdot L^{-1} \cdot s^{-1}$，1 级 s^{-1}，2 级 $L \cdot mol^{-1} \cdot s^{-1}$

k_0——指前因子或称频率因子，与级数有关，0 级 $mol \cdot L^{-1} \cdot s^{-1}$，1 级 s^{-1}，2 级 $L \cdot mol^{-1} \cdot s^{-1}$

k_V —— 本征速率常数，与级数有关，0 级 $mol \cdot L^{-1} \cdot s^{-1}$，1 级 s^{-1}，2 级 $L \cdot mol^{-1} \cdot s^{-1}$

k_G——以浓度差表示传质推动力时的传质系数，$m \cdot s^{-1}$

k_p——以分压差表示传质推动力时的传质系数，$mol \cdot m^{-2} \cdot s^{-1} \cdot Pa^{-1}$

k_L——液膜传质系数，$m \cdot s^{-1}$

K_e —— 化学反应平衡常数

K——传热系数，$W \cdot m^{-2} \cdot ℃^{-1}$；交换系数

K_G——气相的总传质系数，$m \cdot s^{-1}$

K_{OG}——宏观反应速率常数，与级数有关，0 级 $mol \cdot L^{-1} \cdot s^{-1}$，1 级 s^{-1}，2 级 $L \cdot mol^{-1} \cdot s^{-1}$

L—— 反应器长度，m；孔道长度，cm；床层高度，m

L_f——流化床反应床层的高度，m

L_p——按柱塞流求得的填料层高度，m

L_M—— 单位空塔截面积液体的流量，$m^3 \cdot m^{-2} \cdot h^{-1}$

l_c——圆柱形颗粒的高度，cm

n——物料的物质的量，mol

r——以化学计量式为基准的反应速率，$mol \cdot L^{-1} \cdot s^{-1}$

$(-r_A)_{obs}$——宏观反应速率，$mol \cdot L^{-1} \cdot s^{-1}$

Re——Reynolds 数

R_H——水力半径，m

m—— 单位液体体积中催化剂的质量，g

N——扩散通量，$kg \cdot m^{-2} \cdot s^{-1}$

P——生成产物

p——压力，Pa

p_t——总压，Pa

Pe——Peclet 数

Pr —— Prandtl 数

Q_g—— 反应的放热速率，$kJ \cdot s^{-1}$

Q_r—— 反应的移热速率，$kJ \cdot s^{-1}$

q_m—— 单位质量的催化剂的传热速率，$kJ \cdot s^{-1}$

——气体穿流量

$_p$—— 平均孔径，nm

R——气体常数，$J \cdot mol^{-1} \cdot K^{-1}$；床层的半径，m

S——选择性；截面积，m^2

S_g——比表面积，$m^2 \cdot g^{-1}$

$S(t)$——瞬时选择性

Sh——Sherwood 数

Sc——Schmidt 数

T——温度，℃

T_R——衡算基准温度，℃

t——时间，s

t_0——辅助时间，s

$\bar{t}$——平均停留时间，s

u——线速度，$cm \cdot s^{-1}$

u_{mb}—— 气泡形成起始速度，$cm \cdot s^{-1}$

u_{mf}—— 临界流化速度，$cm \cdot s^{-1}$

u_t—— 带走速度，$cm \cdot s^{-1}$

u_{br}—— 流化床中单个气泡的上升速度，$cm \cdot s^{-1}$

u_f——乳化相中气泡的真实速度，$cm \cdot s^{-1}$

u_{OG}—— 空釜气速，$cm \cdot s^{-1}$

v——生产强度或体积流量，$m^3 \cdot h^{-1}$

V—— 孔的总容积，$cm^3 \cdot g^{-1}$

V_g—— 孔容，$cm^3 \cdot g^{-1}$

V_R—— 反应体积，m^3

V_P—— 颗粒体积，cm^3

V_b—— 气泡体积，cm^3

V_w—— 尾涡体积，cm^3

w—— 质量分数

We—— Weisz 模数

x_A—— 组分 A 的转化率

x_L—— 液膜厚度，cm

y_A—— 组分 A 摩尔分数

Y——收率

z——距离，m

Z——填料塔高度，m

希腊字母：

α——气膜传热系数，$W \cdot m^{-2} \cdot K^{-1}$

α_b—— 床层传热系数，$W \cdot m^{-2} \cdot K^{-1}$

α_w—— 壁膜传热系数，$W \cdot m^{-2} \cdot K^{-1}$

β——循环比；发热参数；增强因子

δ_A—— 膨胀因子

δ_b—— 床层中气泡所占体积分数

γ—— Arrhenius 参数

μ—— 黏度，$Pa \cdot s^{-1}$

ε—— 持留率

ε_A—— 膨胀率

ε_b—— 床层空隙率

ε_p—— 颗粒孔隙率

ε_g—— 气相的体积分率

ε_L—— 床层空隙中的液相体积分率

ε_{mf}—— 临界流化床空隙率

ν—— 液体的运动黏度，$m^2 \cdot s^{-1}$

ϕ—— 装料系数

σ_L—— 液体的界面张力，$mN \cdot m^{-1}$

σ^2—— 方差

ρ_b—— 堆密度，$g \cdot cm^{-3}$

ρ_p—— 颗粒密度，$g \cdot cm^{-3}$

ρ_t—— 真密度，$g \cdot cm^{-3}$

λ_a—— 分子平均自由程，nm

λ_e—— 有效热导率，$W \cdot m^{-1} \cdot K^{-1}$

Γ—— 曲节因子

η—— 效率因子

η_x—— 外扩散效率因子

ϕ—— Thiele 模数

ψ—— 通用 Thiele 模数

τ—— 平均停留时间，s

下标：

0—— 起始状态

e—— 平衡

i—— 入口处

f—— 出口处

g—— 气相

max—— 最大

opt—— 最佳

obs—— 表观

s—— 表面，固体（第 6 章）

L—— 液相

R—— 中间物